Berechnung von gußeisernen emaillierten Druckbehältern

Verfahrenstechnik in Einzeldarstellungen

Herausgegeben von Dr.-Ing. J. Spangler und Dr.-Ing. W. Matz

7

Berechnung von gußeisernen emaillierten Druckbehältern

Messungen an einem 6 cbm-Rührwerksbehälter

Von

Dr. phil. nat. Günther Matz
Farbenfabriken Bayer-Elberfeld

Dr. phil. Peter Gayer
Farbenfabriken Bayer-Leverkusen

Mit 97 Abbildungen und 11 Aufgaben

Springer-Verlag

Berlin / Göttingen / Heidelberg

1959

ISBN-13: 978-3-540-02482-8   e-ISBN-13: 978-3-642-45940-5
DOI: 10. 1007/978-3-642-45940-5

Vorwort

In der chemischen und Verbrauchsgüter-Industrie sowie in verwandten Industriezweigen gewinnt der *Oberflächenschutz* von Behältern infolge der vielfältigen Verwendung der verschiedensten aggressiven Agenzien immer mehr an Bedeutung.

Unter der Vielzahl der für den Oberflächenschutz verfügbaren Werk- und Kunststoffe hat das *Email*, einer der am frühesten angewendeten Stoffe, seine Zweckmäßigkeit behauptet.

Aus wirtschaftlichen Gründen wird eine *Vergrößerung des Inhaltes* der Gefäße angestrebt. Während bisher Behälter von 50 bis 500 l Inhalt vornehmlich Versuchszwecken dienten, werden in der Produktion Gefäße bis 4000 l sehr häufig angewendet. Die Konkurrenzfähigkeit erfordert zur Verbesserung der Wirtschaftlichkeit in der Herstellung *vieler verschiedener* Produkte unter anderem den Einsatz noch größerer Apparate-Einheiten.

In Tab. 1 auf S. VIII sind die Ursachen der mechanischen und thermischen Beanspruchungen von emaillierten, gußeisernen Rührwerkskesseln zusammengestellt.

Es war nun wünschenswert, einmal an einem größeren emaillierten Kessel das Verhalten der Emailschicht zumindest bei der wichtigsten Beanspruchung, nämlich bei wachsendem inneren Überdruck, kennenzulernen. Daraus ergaben sich folgende Problemstellungen: Einerseits Messung der Dehnungen der Emailfaser und der Außenfaser des Trägerwerkstoffes, andererseits Berechnung der Dehnungen für die Außen- und Innenfaser nach der Festigkeitslehre und schließlich Vergleich der gemessenen Dehnungen des Emails mit den berechneten Dehnungen des Trägerwerkstoffes. Diese Aufgaben sind für einen emaillierten 6000 l-Gußkessel gelöst worden. Es wird aber besonders betont, daß die Darstellung des Meßverfahrens und die Ableitungen auf Grund der Festigkeitslehre so allgemein gehalten sind, daß die Anwendung auf andere Kessel keine grundsätzlichen Schwierigkeiten mehr aufwirft.

Im I. Abschnitt dieses Buches wird das *Meßverfahren mit Dehnungsmeßstreifen*, das hier angewendet wurde, dargestellt und einer kritischen Prüfung auf seine Verwendungsfähigkeit im vorliegenden Fall unterzogen. Dabei wird nicht Bekanntes wiederholt, und es werden die Gesichtspunkte herausgearbeitet, die für die Messung an einem so großen Werkstück, das nicht eigens vorher zurechtgemacht wurde, sondern im Gegenteil sehr rauhen Betriebsbedingungen ausgesetzt war, von besonderer Wichtigkeit sind.

Im II. Abschnitt wird die Bedeutung der wichtigsten Festigkeitsstoffwerte für die Bestimmung der Beanspruchung erläutert. Dies mag dem Leser vielleicht überflüssig erscheinen, aber seit den Untersuchungen DIETZELS und MEURES weiß man z. B., daß *der* mittlere lineare Wärmeausdehnungskoeffizient von Trägerwerkstoff und Email mit allergrößter Sorgfalt bestimmt werden muß, wenn man nicht zu vollkommen falschen Schlüssen über die *Vorspannung* des Emails gelangen will. Da es sich um den Trägerwerkstoff Gußeisen handelt, kam dem Nachweis eines *linearen* Zusammenhangs zwischen Spannung und Dehnung Bedeutung zu und verstand sich keinesfalls von selbst.

Der III. Abschnitt ist der Auswertung der Messungen gewidmet. Hier stehen statistische Methoden im Vordergrund der Betrachtung, auch werden an manchen Stellen Richtung und Größe der Hauptdehnungen bestimmt. Gewisse Rückschlüsse auf die Inhomogenität des verwendeten Gußeisens sind möglich.

Im IV. Abschnitt wird eine *vollständige* Festigkeitstheorie des gesamten Kessels gebracht. Dabei wurden teils bekannte Theorien benutzt, teils neue Theorien und Ansätze entwickelt. Dort, wo verschiedene Theorien zur Verfügung standen, wie z. B. beim Flansch, wurde im Anhang eine kritische Sichtung vorgenommen, wie denn überhaupt die *kritische Durchleuchtung* von Experiment und Theorie vornehmlich angestrebt wurde. Der mathematisch weniger geschulte und interessierte Leser kann diesen Abschnitt ohne Einbuße des Verständnisses übergehen, zumal die Ergebnisse der ganzen Untersuchungen in § 22 zusammengefaßt sind; immerhin ist der Stoff durch Bilder möglichst anschaulich gemacht worden. Die dargebotenen und abgeleiteten Formeln sind von allgemeiner Gültigkeit, so daß sie auf beliebige andere Kessel angewendet werden können. Wir haben uns bemüht, einen mathematischen Kurzstil zu vermeiden und die Formeln durch genügend Text aufzulockern. 11 Aufgaben, teils leichtere, teils schwerere, sollen dem Leser, der sich die Rechenmethoden selbst aneignen möchte, die Möglichkeit dazu geben. *Die vollständige Berechnung der Spannungen, die durch den Innendruck an jeder Stelle des Kessels erzeugt werden, wird hier erstmalig geboten.* Die Ergebnisse der Schalentheorie und der Stufenkörpermethode wurden an Hand der eigenen Messungen und der Untersuchungen SIEBELS und SCHWAIGERERS kritisch geprüft; auch die Schnellberechnungsverfahren wurden zum Vergleich herangezogen.

Wenn auch der mathematische Aufwand dieser Arbeit nicht unbeträchtlich ist, so lassen sich doch alle Theorien programmieren, und mit Hilfe einer *programmgesteuerten elektronischen Rechenmaschine* wird man in Zukunft die Beanspruchungen wesentlich schneller berechnen können, als es uns hier noch möglich war. An der Durchführung solcher Rechnungen mit Rechenmaschinen wird man künftig wohl nicht mehr vorbeigehen können.

Im V. Abschnitt sind schließlich die Ergebnisse von Experiment und Theorie einander gegenübergestellt; ferner werden die *Wärmespannungen* berechnet, die verschiedenen Betriebszuständen entsprechen. Hier zeigt es sich, worauf die Fehler des Emails (im wesentlichen Abplatzungen des Deckemails) zurückzuführen sind, hier werden auch einige Empfehlungen für eine geeignetere Formgebung ausgesprochen.

Im VI. Abschnitt sind die Lösungen der Aufgaben so ausführlich angegeben, daß es für den Leser nicht schwierig sein wird, die wenigen verbindenden Schritte selbst zu tun.

Im VII. Abschnitt (Anhang) sind schwierigere Probleme, die entweder einen größeren mathematischen Aufwand oder eine umfangreiche Rechenarbeit erfordern, und ein vergleichender Überblick über verschiedene Flanschtheorien zusammengestellt worden. Dies soll der Ergänzung der Festigkeitsrechnungen und der Abrundung des mathematischen Bildes dienen.

Das Buch wendet sich an den studierenden und forschenden Ingenieur, Physiker und angewandten Mathematiker. Insbesondere dem Ingenieur möchte es eine Hilfe bei der Planung und Betriebsarbeit sein.

Zum Schluß möchten wir unseren herzlichsten Dank allen denen sagen, die das Zustandekommen dieses Buches unterstützt und bei der Abfassung geholfen haben. Den unmittelbaren Anlaß zu dieser Arbeit gab Herr Direktor Dr. phil. W. HAGGE, Farbenfabriken Bayer, Leverkusen, durch die Forderung nach einer längeren Haltbarkeit der mit einem Oberflächenschutz versehenen Apparate. Unser Dank gilt ferner Herrn Senator Prof. Dr.-Ing. K. RIESS, Farbenfabriken Bayer, Leverkusen, daß er die vorliegenden Untersuchungen an einem gußeisernen, innen emaillierten Kessel von 6000 l Inhalt durchführen ließ und Herrn D. I. LEONHARD WEISS, der die Messungen und Berechnungen veranlaßt und viele praktische Ratschläge gegeben hat. Wegweisend war für uns die Arbeit „Berechnung der Ausmauerung stählerner Gefäße" von Dr. Ing. W. MATZ, in der zum ersten Male ein Problem des Oberflächenschutzes vollständig behandelt wurde. Für Hilfe bei den Berechnungen schulden wir Herrn Prof. GEBERG und Herrn Dr. DETTMAR, Farbenfabriken Bayer, und Herrn KÜHLMANN Dank. Wertvolle Anregungen bei den theoretischen Untersuchungen verdanken wir Herrn Privatdozent Dr. H. JUNG, TH Stuttgart, und Herrn Dipl.-Ing. H. WAGNER, TH Karlsruhe. Dem Verlag danken wir herzlichst für die vorzügliche Ausgestaltung des Buches und das Eingehen auf Sonderwünsche.

Elberfeld und Leverkusen, 28. Februar 1959

Günther Matz und **Peter Gayer**

Tabelle 1. *Ursachen von mechanischen und thermischen Beanspruchungen gußeiserner, emaillierter Rührwerkskessel*

Art der Beanspruchung	Ursachen		
	Bei der Herstellung	Bei Transport und Montage	Im Betrieb
Mechanisch	Vorsätzlich in Email erzeugte Druckspannungen durch Wahl einer (gegenüber dem Gußeisen) kleineren linearen Wärmedehnzahl. Ungleiche Wandstärken (Ungleiches Gußgefüge) durch ungleichmäßige Abkühlung. Auslösen von Eigenspannungen durch *Abstechen des verlorenen Kopfes* und durch das Bohren der Schraubenlöcher. Wasserdruckprobe mit 1,3fachem Betriebsdruck. Entfernen eines Teiles der inneren Gußhaut durch Sandstrahlen.	Anheben des Kessels an Traglaschen, die am Flansch angeschraubt werden. Absetzen auf einem quadratischen oder runden Ausschnitt (örtliche Beanspruchungen). * Anziehen der Flanschschrauben. * Dichtheitsprobe mit Wasserdruck in Höhe des Betriebsdruckes.	Einsaugen der reagierenden Flüssigkeiten in die evakuierten Behälter. * Ansteigen des Innendruckes durch Heizen mit gespanntem Dampf. * Abdrücken des Einsatzes mit Druckluft. Auskochen des Kessels. Erschütterungen durch das am Deckel angeschraubte Rührwerk.
Thermisch	Glühprozeß zur Umwandlung des perlitischen Gußgefüges in ferritisches. Glühprozeß für das Emaillieren.	Keine	Aufheizen und Verdampfen des Einsatzes mit gespanntem Dampf. Abkühlen des Einsatzes mit Kaltwasser oder Sole.

* In den mit „*" bezeichneten Fällen entstehen innen Stauchungen am Übergang zum Flansch, die, wie bei allen konvexen Flächen, eine nach innen gerichtete Resultierende ergeben, die eine größere Haftfestigkeit des Emails auf dem Gußeisen verlangt.

Inhaltsverzeichnis

Bezeichnungen XI

Einleitung 1

I. Das Meßverfahren 6

§ 1. Der Dehnungsmeßstreifen (DMS) 6
§ 2. Das Kleben 8
§ 3. Die Meßapparatur 9
§ 4. Versuche an DMS 11
§ 5. Versuche mit DMS 13
§ 6. Dehnungsmessungen an einem gußeisernen, emaillierten 6000 l-Kessel 15

II. Die Bedeutung der wichtigsten Festigkeitsstoffwerte für die Bestimmung der Beanspruchung 19

§ 7. Zusammensetzung des Gußeisens 19
§ 8. Thermischer Ausdehnungskoeffizient des Trägerwerkstoffes . . . 22
§ 9. Zerreißfestigkeit, E-Modul und Querkontraktionszahl des Trägerwerkstoffes 24
§ 10. Thermischer Ausdehnungskoeffizient des Emails 32
§ 11. Zerreißfestigkeit, E-Modul und Querkontraktionszahl des Emails 35

III. Auswertung von Dehnungsmessungen 37

§ 12. Wahl der Meßstellen 37
§ 13. Statistische und graphische Auswertung zweier kennzeichnender Meßreihen 39
§ 14. Tabellarische Aufstellung der Verzerrungen und Genauigkeit des Meßverfahrens 45
§ 15. Meßstellen, an denen die Hauptdehnungen bestimmt werden können 46
§ 16. Vergleich mehrerer gleichartiger Tangentialverzerrungen 54

IV. Die Berechnungen (Schalentheorie) 55

§ 17. Boden und Bodenkrempe 56
§ 18. Der mittlere zylindrische Teil 67
§ 19. Kritik der Berechnungen für Boden und Bodenkrempe (Vergleich mit den Untersuchungen SIEBELS und seiner Mitarbeiter) . . . 70
§ 20. Der Flansch nach W. MÜLLER 75
§ 21. Der Deckel 94
    a) Spannungen und Verzerrungen am Durchbruch und im anschließenden Teil der Kugelschale unter Vernachlässigung der durch die Krempe verursachten Störungen 94
    b) Biegetheorie des Deckels unter Berücksichtigung der durch Krempe und zentralen Durchbruch verursachten Störungen 99
    c) Zwei Anwendungsbeispiele zur Biegetheorie des Deckels . . 107
    d) Spannungen und Verzerrungen eines nichtdurchbrochenen Deckels bei radial starrer Einspannung 116
    e) Spannungen und Verzerrungen in Deckelwölbung und -krempe beim nicht starr eingespannten Deckel mit zentralem Durchbruch 119

f) Zusammenfassung und kritische Sichtung aller Rechenergebnisse für den Deckel 128
§ 22. Zusammenfassung aller Rechenergebnisse des IV. Abschnittes . . 148

V. Vergleich zwischen Messung und Berechnung 152
(Zusammenfassung aller Ergebnisse und Schlußfolgerungen)
§ 23. Vergleich der gemessenen Verzerrungen der Außenfaser des Emails
mit den berechneten der Innenfaser des Gußeisens 152
§ 24. Aufstellung und Diskussion des Diagramms $\varDelta \varepsilon - \varepsilon_{ig}$ 156
§ 25. Berechnung der Vorspannungen (Eigenspannungen) des Emails 160
§ 26. Berechnung zusätzlicher Wärmespannungen durch Aufheizen bzw.
Abkühlen des Kesseleinsatzes und Berechnung der Gesamtspannungen 173

VI. Lösung der Aufgaben 181

VII. Anhang 200
1. Aufteilung des kegelförmigen Flanschansatzes in zwei zylindrische
Stufenkörper 200
2. Der Flansch nach R. V. Baud 205
3. Kurzer Überblick über andere Flanschtheorien 219

Schrifttum 225

Namen- und Sachverzeichnis 228

Bezeichnungen

1. Längen (alle in cm)

a) Konstante Abmessungen

a Radius des zylindrischen Kesselteiles (Mantels)
a_0 Bis zur Wandungsmitte des Zylinders gerechneter Kesselhalbmesser
a Kesselradius bis zur Mitte der Dichtung
a Kesselradius bis Flanschende nach BAUD
a Meßlänge eines Balkens
a' Deckelradius bis zum äußeren Krempenrand
a_D Hebelarm der Dichtungskraft
a_H Hebelarm der Kraft P_H
a_J Hebelarm der Kraft P_J } für den Deckel nach SCHWAIGERER
a_s Hebelarm der Schraubenkraft
a_v Hebelarm der Kraft P_v
b Abstand des Krempenmittelpunktes von der Rotationsachse
b Lochkreishalbmesser für den Kessel
b_D Breite der Dichtung
b Kesselradius bis zur Flanschinnenkante nach BAUD
b' Lochkreishalbmesser für den Deckel
b Flanschbreite für den Deckel nach HEIN
b Breite eines Balkens
d Flanschhalbmesser (bis Flanschende gerechnet)
d Kesseldurchmesser
d Breite des Preßringes (*Länge* der Dichtung) nach BAUD
d_0 Nenndurchmesser des Deckels nach SCHWAIGERER
D Durchmesser des zylindrischen Kesselteiles
D Verzerrung eines kreisförmigen Zweischichtenkörpers nach TIMOSHENKO
h Höhe eines Balkens
h_D Höhe der Dichtung
h Flanschhöhe nach HEIN
H Wölbungshöhe des Bodens
l Länge eines Stufenkörpers (im zylindrischen Teil)
l Abstand Mitte Lochkreis — Mitte Dichtung nach HEIN
L Kreisumfang nach TIMOSHENKO
r Krempenradius
r_i Innenradius eines Rohres
r_a Außenradius eines Rohres
R Radius des Bodens (bzw. Deckels)
R_c Kesselradius bis zur Zylinderwandmitte nach BAUD
R_p Kesselradius bis zur Mitte Dichtung nach BAUD
R Krümmungshalbmesser
s Wandstärke
t_c Wandstärke des Kesselmantels
t_p Flanschdicke (-stärke) nach BAUD
t Gesamtwandstärke = Emailstärke + Gußeisenstärke
δ Wandstärke des zylindrischen Teiles
δ' Flanschdicke (-stärke)
δ_Θ Radiale Ausweitung auf Grund der Drehung Θ nach BAUD

Δ Radiale Verschiebung nach BAUD

Θ Drehwinkel des Flansches nach BAUD

b) Koordinaten

x Abstand eines Punktes am Kesselmantel vom Anfang des zylindrischen Teiles in cm

x Länge des auf den Kessel- (bzw. Deckel-) Durchmesser projizierten Meridians in cm

y Ordinate in cm

ϱ Abstand eines Schalenpunktes von der Rotationsachse in cm

φ Winkel zwischen der Schalennormalen und der Rotationsachse, dimensionslos

c) Bezogene Längen (dimensionslos)

$$\varkappa = \frac{R_a}{R_i} \quad \text{Radienverhältnis beim Mantel}$$

$$\left.\begin{aligned} \xi &= \frac{b}{a} \\[1em] \eta &= \frac{d}{a} \\[1em] \varrho &= \frac{r}{a} \end{aligned}\right\} \quad \text{für den Kesselflanschteller}$$

$$\left.\begin{aligned} \xi' &= \frac{b}{a'} \\[1em] \eta' &= \frac{d}{a'} \\[1em] \varrho' &= \frac{r}{a'} \end{aligned}\right\} \quad \text{für den Deckelflanschteller}$$

$$m = \frac{\text{Emaildicke}}{\text{Metalldicke}}$$

2. Deformationen

ε Verzerrung (dimensionslos) (positiv: Dehnung; negativ: Stauchung)

$\bar{\varepsilon}$ Verzerrung der Mittelfaser (dimensionslos)

ε^* Verzerrung, die für $M_\Theta = v\,M_\varphi$ berechnet wurde

w Aufweitung senkrecht zur Rotationsachse in cm

w Senkrechte Durchbiegung des Flanschtellers in cm

χ Neigungsänderung = Drehwinkel der Meridiantangente, dimensionslos

3. Kräfte

A_B Reaktionskraft am Preßring nach BAUD in kg

K_D Formänderungsfestigkeit nach SCHWAIGERER in kg/cm²

L Kraft parallel zur Rotationsachse in kg/cm

L Längszugkraft nach BAUD in kg

$M = M_\varphi$ Biegemoment in der Meridianebene in kg

M_Θ Tangentiales Biegemoment in kg

M_t Tangentiales Biegemoment des Flanschtellers in kg
M_r Radiales Biegemoment des Flanschtellers in kg
M_a Äußeres Moment in kg
M_α Äußeres, durch die Schraubenkraft hervorgerufenes Moment in kg
$N \equiv N_\varphi$ Normalkraft in der Meridianebene (senkrecht zu einem Querschnitt
    $\varphi =$ const) in kg/cm
P Last in kg
P Schraubenkraft in kg
P_D Dichtungskraft in kg
P_R Rohrkraft in kg
P_B Bodenkraft $=$ Membrankraft (am Deckel) in kg/cm
P_{D_1} Betriebsdichtungskraft in kg/cm
P_H Horizontalkomponente der Kraft P_B in kg/cm
P_J Horizontalkraft auf der Innenfläche des Flansches in kg/cm
P_{s_1} Schraubenkraft im Betriebszustand in kg/cm
P_v Vertikalkomponente der Kraft P_B in kg/cm
p Innendruck in kg/cm^2
p_i Innendruck in kg/cm^2
p_a Außendruck in kg/cm^2
p_v Schrumpfdruck (Pressung) in kg/cm^2
Q Querkraft in der Meridianebene (im Querschnitt $\varphi =$ const) in kg/cm
S Kraft senkrecht zur Rotationsachse in der Meridianebene in kg/cm
S Schraubenkraft nach BAUD in kg
$T \equiv N_\Theta$ Tangentialkraft in kg/cm
V Schubkraft an der Flanschinnenkante in kg/cm

μ $2\pi \dfrac{p}{P}$ für den Flansch (dimensionslos)

σ Spannung in kg/cm^2 (positiv: Zug; negativ: Druck)
σ_l Längsspannung nach BAUD in kg/cm^2 am Flanschhals
σ_r Ringspannung nach BAUD in kg/cm^2 am Flanschhals
σ_r Radialspannung des Flanschtellers in kg/cm^2
σ_t Tangentialspannung des Flanschtellers in kg/cm^2
σ_v^* Höchstwert der Anstrengung in der Bodenkrempe nach SIEBEL in kg/cm^2

4. Materialkonstanten

E Elastizitätsmodul in kg/cm^2

$$E' = \frac{E}{1 - v^2} \quad \text{in kg/cm}^2$$

$$m = \frac{1}{v}$$

$$n = \frac{E_e}{E_g} \quad \text{(dimensionslos)}$$

α linearer thermischer Ausdehnungskoeffizient in grad^{-1}

$$\alpha = \frac{1}{E} \quad \text{in cm}^2/\text{kg}$$

γ kubischer thermischer Ausdehnungskoeffizient in grad^{-1}; $\gamma = 3\alpha$
λ Wärmeleitfähigkeit in kcal/m h °C
v Querkontraktionszahl

5. Abkürzungen und Konstanten

a) *Formelgrößen*

$$K = \sqrt[4]{3(1-\nu^2)}\,\sqrt{\frac{R}{s}} \qquad \text{für den kugelförmigen Teil, dimensionslos}$$

$$Z = \frac{(1+m)^2}{t\,[3(1+m)^2 + (1+mn)(m^2+1/mn)]} \qquad \text{nach Timoshenko in cm}^{-1}$$

$$\alpha = \frac{\lambda\,l}{a} \qquad \text{für den zylindrischen Kesselteil, dimensionslos}$$

$$\beta = \sqrt[4]{\frac{3(1-\nu^2)}{R_c^2\,t_c^2}} \qquad \text{für den Flansch nach Baud in cm}^{-1}$$

$$\lambda = \sqrt[4]{3(1-\nu^2)}\,\sqrt{\frac{a}{s}} \qquad \text{für den zylindrischen Kesselteil, dimensionslos}$$

b) *Kugelschale*

A, B, C, D — Integrationskonstanten in kg/cm
A_1, A_2 — Beiwerte zur Berechnung von A
B_1, B_2 — Beiwerte zur Berechnung von B
C_1, C_2 — Beiwerte zur Berechnung von C ⎫ dimensionslos
D_1, D_2 — Beiwerte zur Berechnung von D
X_a, X_b, X_c, X_d — Beiwerte zur Berechnung von χ
W_a, W_b, W_c, W_d — Beiwerte zur Berechnung von w

$A^* = KA$
$B^* = KB$ ⎫ in kg/cm
$C^* = KC$
$D^* = KD$

n_a, n_b, n_c, n_d — Beiwerte zur Berechnung von N
t_a, t_b, t_c, t_d — Beiwerte zur Berechnung von T ⎫ dimensionslos
m_a, m_b, m_c, m_d — Beiwerte zur Berechnung von M

$Z_i\,(i = 1,\ldots,4)$ Schleichersche Funktionen
$Z_i'\,(i = 1,\ldots,4)$ 1. Ableitung der Schleicherschen Funktionen nach ihrem Argument $K\sqrt{2\,\varphi}$
E_0, E_1, L_0, L_1 Durch die Randwerte bestimmte Konstanten beim durchbrochenen Deckel in kg/cm
$F_0, F_1, G_0, G_1, H_0, H_1, J_0, J_1$ Durch die Randwerte bestimmte Konstanten beim durchbrochenen Deckel, dimensionslos
Δ Nenner — Determinante, dimensionslos
Δ_B Determinante zur Bestimmung der Integrationskonstante B
Δ_C Determinante zur Bestimmung der Integrationskonstante C ⎫ in kg/cm
Δ_D Determinante zur Bestimmung der Integrationskonstante D

c) *Stufenkörpermethode*

$F_i\,(i = 1,\ldots,6)$ Beiwerte zur Berechnung von S
$G_i\,(i = 1,\ldots,7)$ Beiwerte zur Berechnung von M ⎫ dimensionslos
$H_i\,(i = 1,\ldots,7)$ Beiwerte zur Berechnung von χ und w
y_0 Formfaktor zur Berechnung der maximalen Krempenspannung nach Siebel, dimensionslos
α Formwert zur Berechnung der maximalen Anstrengung nach Siebel, dimensionslos

d) Kreiszylinderschale

K_1, K_2, K_3, K_4 Integrationskonstante in cm
t_m, t_q Beiwerte zur Berechnung von T, dimensionslos
m_m, m_q Beiwerte zur Berechnung von M, dimensionslos
(Vorsicht! In Tab. 5, S. 100 des ESSLINGERschen Buches ist der Wert $m_q = 0{,}39683$

für $\dfrac{\lambda x}{a} = 1{,}25$ durch 0,2718 zu ersetzen!)

$a_i\ (i = 1, \ldots, 6)$ Abkürzungswerte zur Berechnung der Deformationen des endlich langen Rohres, dimensionslos

$b_i\ (i = 1, \ldots, 6)$ Abkürzungswerte zur Berechnung der inneren Kräfte an der Stoßstelle des endlich langen Rohres mit dem halbunendlich langen; b_1, b_3, b_5 sind dimensionslos; b_2 in cm, b_4 und b_6 in cm^{-1}

$J = \dfrac{t_e^3}{12} = \dfrac{s^3}{12}$ Auf die Umfangseinheit bezogenes Flächenträgheitsmoment in cm³

e) Dichtung

k_0 Dichtungskennwert für den Einbau- (Montage-) Zustand in cm
k_1 Dichtungskennwert für den Betriebszustand in cm

f) Statistische Größen

M Mittelwert
n Anzahl der Werte
R Regressionskoeffizient (Richtungskoeffizient)
r Korrelationskoeffizient

6. Elektrische Größen

$\varkappa$ Geberfaktor, dimensionslos
R Elektrischer Widerstand in Ω

7. W = Widerstandsmoment eines Balkens in cm²

8. t = Temperatur in °C

9. Indizes

Bei Spannungen und Verzerrungen
1. Index a axial
           t tangential
2. Index a außen, Außenfaser
           i innen, Innenfaser
3. Index g Gußeisen
           e Email
*   Verzerrung oder Spannung wurde mit Hilfe der Bezeichnung $M_\Theta = \nu\, M_\varphi$ berechnet
r Reduzierte Spannung
N Normal
T tangential
o Schnittstelle zwischen Boden (Deckel) und Krempe
a Anfangs-Schnittstelle eines Stufenkörpers

e End-Schnittstelle
m Mitte eines Stufenkörpers
R Rohr nach SCHWAIGERER
D_1 bezieht sich auf Dichtung im Betriebszustand
D_0 bezieht sich auf Dichtung im Montagezustand
Pl Platte nach BAUD
$Cyl.$ Zylinder nach BAUD
M Montagezustand
B Betriebszustand
r am Rand
b auf Biegung beansprucht
M bezieht sich auf Membranzustand nach SIEBEL

Einleitung

Über Emails liegen bislang zahlreiche Untersuchungen vor, die es dem flüchtigen Betrachter zunächst überflüssig erscheinen lassen, durch weitere vermehrt zu werden. Nun befaßt sich aber ein Großteil dieser Untersuchungen mit Fragen des chemischen Aufbaus oder der chemischen Beständigkeit der Emails und der Abhängigkeit verschiedener physikalischer Größen (wie z. B. Wärmeleitfähigkeit, thermischer Ausdehnungskoeffizient usw.) von der Zusammensetzung [1][1]. Durch die Arbeiten auf diesem Gebiet ist man heute in der Lage, Fragen, die mit dem chemischen Aufbau zusammenhängen, recht befriedigend beantworten zu können.

Sehr viel spärlicher sind Untersuchungen, die sich mit der experimentellen Bestimmung oder der Berechnung der Spannungen im Email beschäftigen. Immerhin gibt es glänzende Arbeiten, die vor allem der Berechnung oder Messung der thermischen Spannungen gewidmet sind. So haben A. DIETZEL und K. MEURES [2] schon 1933 eine grundlegende Abhandlung über *Die Aufklärung der Ausdehnungsverhältnisse bei Eisenblechemails* geschrieben. A. M. BLAKELY [3] hat 1938 in seinem Aufsatz *Life History of a Glaze* über die Messung der Spannungen eines abkühlenden Glases berichtet. R. A. JONES und A. J. ANDREWS [4] haben 1948 die Eigenspannungen emaillierter Metallproben durch Messung der Größenänderung beim Entemaillieren bestimmt. W. KERSTAN [5] hat 1953 in seiner Untersuchung *über Haarrisse in Gußpuderemails* mit Hilfe des bekannten STEGERschen Spannungsprüfers die Spannungen emaillierter Bleche beim Abkühlen nach der Emaillierung und beim Wiedererhitzen gemessen. J. D. WALTON [6] schließlich gab in seinem *Study of Strains between Enamel and Iron as Related to Physical Properties of each* 1954 einen Überblick über die wichtigsten Methoden der Messung der thermischen Spannungen und zeigte in eigenen Messungen, durch welche Einflußgrößen diese Spannungen bestimmt werden.

Bei all diesen Untersuchungen handelte es sich aber in der Regel um solche über thermische Spannungen in *verhältnismäßig kleinen*

---

[1] Die zwischen eckigen Klammern stehenden, kursivgesetzten Ziffern verweisen auf das Schrifttum am Schluß des Buches (s. S. 225).

Probestücken. Größere Werkstücke wurden kaum auf ihr Spannungsverhalten geprüft, der Spannungsverlauf im Email eines gußeisernen 6000 l-Kessels, der durch Innendruck beansprucht wird, wurde nach unserem Wissen noch niemals gemessen. Ausgehend von der Tatsache, daß die Emailschicht dieser großen Kessel im Betrieb nur von kurzer Haltbarkeit und Lebensdauer war, hat Herr D. I. LEONHARD WEISS, Farbenfabriken Bayer, Leverkusen, die Dehnungsmessungen und Berechnungen an dem hier untersuchten 6000 l-Kessel angeregt und veranlaßt. Sowohl bei der Messung als auch bei der Berechnung waren *erhebliche* Schwierigkeiten zu überwinden, so daß die gesamte Arbeit mehrere Jahre Zeit beanspruchte. Die meßtechnischen Schwierigkeiten, über die eingehend im I. Abschnitt berichtet wird, hängen mit dem Problem des *Klebens* der verwendeten Dehnungsmeßstreifen, mit der *Anzeigegenauigkeit* und dem *Nullpunktsverhalten* zusammen. Es muß besonders betont werden, daß es sich im vorliegenden Fall um kein ideales, für die Messungen eigens zurechtgemachtes Werkstück, sondern um einen Kessel handelt, der rauhen Betriebsbedingungen unterworfen war. Natürlich konnten hier die gewöhnlichen Labormeßmethoden nicht angewendet werden. Weil aus diesem Grunde an die Meßtechnik hohe Anforderungen gestellt wurden, blieb es nicht aus, *das ganze Verfahren der Messung mit Dehnungsmeßstreifen einer kritischen Prüfung zu unterwerfen.* Wenn auch *ein* Zweck dieser Untersuchungen das Studium des Verhaltens der Emaillierung ist, so sollte außerdem die Eignung des Meßverfahrens mit Dehnungsmeßstreifen für den vorliegenden Fall geprüft werden.

Die Berechnung der Spannungen und Dehnungen — es sollten nämlich nach einem Vorschlag von Herrn D. I. L. WEISS die Dehnungen der inneren Gußeisenfaser berechnet und mit den gemessenen Emaildehnungen verglichen werden — erschien uns zunächst nicht schwierig, je mehr wir uns aber mit der Durchführung beschäftigten, desto größere Hindernisse traten auf. Wir wollen diese Schwierigkeiten kurz andeuten.

Für die Berechnung der Spannungen und Verzerrungen im Boden, in der Bodenkrempe und im anschließenden zylindrischen Teil stand uns das vortreffliche Buch von M. ESSLINGER [7] über die *statische Berechnung von Kesselböden* zur Verfügung, auf das uns ebenfalls Herr D. I. WEISS hingewiesen hatte. Nun enthält dieses Buch aber leider zahlreiche Druck- und auch manche Rechenfehler (z. B. Vorzeichenfehler und Fehler in den Tabellen), so daß eine mehrfache Durchrechnung — die Verfasser wurden hier insbesondere von Herrn Prof. GEBERG und Dr. DETTMAR, Farbenfabriken Bayer, Leverkusen, unterstützt — notwendig war. Außerdem werden sämtliche *Tangential-*Spannungen bei ESSLINGER nicht exakt berechnet, was sich insbesondere dort am störendsten bemerkbar macht, wo die benutzte Theorie zu den genauesten Ergebnissen führen müßte, nämlich in Bodenmitte oder, beim Deckel, am Rande des zentralen Durchbruches. Dies wird deutlicher werden, wenn wir einen kurzen historischen Abriß der Schalentheorie geben. Die grundlegende Differentialgleichung der biegebeanspruchten Kugelschalen konstanter Wandstärke, die wir E. MEISSNER [8] verdanken, lautet:

$$\frac{d^2 Q}{d\varphi^2} + \frac{dQ}{d\varphi}\,\text{ctg}\,\varphi - Q\,\text{ctg}^2\,\varphi \pm 2\,i\,K^2 Q \equiv R\,L\,(Q) \pm 2\,i\,K^2 Q = 0 \,. \qquad (1)$$

Q Querkraft in kg/cm

φ Zentriwinkel

$K^4 = 3\,(1 - \nu^2)\,\dfrac{R^2}{s^2}$

R Wölbungshalbmesser der Kugel in cm

s Wandstärke der Kugelschale in cm

$L(Q)$ MEISSNERscher Operator

MEISSNER gewinnt durch Variablentransformation aus dieser Differentialgleichung die Lösung in Form der *hypergeometrischen Reihe*. Um diese Lösung auf praktische Fälle anwenden zu können, muß man sehr viele Reihenglieder berechnen, in manchen Fällen ist die Anwendung vollkommen unmöglich, z. B. dann, wenn die Schalendicke klein im Vergleich zum Radius ist. Man hat sich daher frühzeitig nach Näherungslösungen umgesehen. So schreibt W. FLÜGGE [9]:

Wir gehen von der Erfahrung aus, daß die durch eine Randbelastung entstehenden Biegungsmomente und die zugehörigen Anteile der Längs- und Schubkräfte vom Rand weg nach Art gedämpfter Wellen abklingen und bald sehr klein werden. Die 1. Ableitung einer solchen Schnittkraft nach der Koordinate φ ist daher groß gegen die Schnittkraft selbst und die 2. Ableitung wiederum groß gegen die erste. *Solange φ nicht zu klein* und daher ctg φ nicht zu groß ist, kann man deshalb im MEISSNERschen Operator Q und $\dot{Q}$ gegen $\ddot{Q}$ vernachlässigen und einfach

$$R\,L\,(Q) = \ddot{Q}$$

setzen.

Damit vereinfacht sich die Differentialgleichung (1) zu

$$\ddot{Q} \pm 2\,i\,K^2 Q = 0 \qquad (2)$$

und kann durch den Exponentialansatz

$$\left. \begin{array}{l} Q = e^{\lambda\varphi} \\ \lambda = \pm\,(1+i)\,K \end{array} \right\} \qquad (3)$$

gelöst werden.

Dieses Vorgehen entspricht auch im wesentlichen dem J. W. GECKELERS (1926) in den Forschungsarbeiten [10]. ESSLINGER schreibt dazu:

Für die praktischen Belange ist der Bericht von GECKELER am besten geeignet. GECKELER geht von den bekannten strengen Differentialgleichungen aus und vereinfacht das Rechenverfahren durch Vernachlässigungen und Annahmen, so daß es verhältnismäßig kurz, aber dafür *ungenau* wird.

Insbesondere ist dieses Verfahren nicht geeignet, die Spannungen in Bodenmitte oder am Rande eines zentralen Durchbruches zu beschreiben. ESSLINGER geht daher nach einem Vorschlag FLÜGGES so vor, daß sie ctg $\varphi = 1/\varphi$ setzt, was bis zu einem Grenzwinkel $\varphi = 30°$ annähernd möglich ist. Damit erhält man aus Gl. (1) die BESSELsche Differentialgleichung

$$\ddot{Q} + \frac{1}{\varphi}\dot{Q} - \frac{1}{\varphi^2}Q \pm 2iK^2Q = 0, \tag{4}$$

deren allgemeine Lösung die Form

$$Q = AZ_1'(K\sqrt{2}\,\varphi) + BZ_2'(K\sqrt{2}\,\varphi) + CZ_3'(K\sqrt{2}\,\varphi) + DZ_4'(K\sqrt{2}\,\varphi) \tag{5}$$

hat. Hierin sind $Z_i'\,(i = 1, \ldots, 4)$ die Ableitungen der vier SCHLEICHERschen Z-Funktionen nach ihrem Argument. Diese Lösung ist *sehr genau für kleine Winkel φ*. Demzufolge kommen auch die am Rande zentraler Durchbrüche hohen und voneinander verschiedenen Tangentialspannungen σ_{Ta} und σ_{Ti} vollkommen richtig heraus, wenn man die Tangentialspannungen aus den inneren Kräften an Hand der Formel:

$$\left.\begin{aligned}
\sigma_{Ta} &= \frac{T}{s} - \nu\,\frac{6M}{s^2} - \frac{Es^3}{2R}\,\frac{\chi}{\varphi} \\
\sigma_{Ti} &= \frac{T}{s} + \nu\,\frac{6M}{s^2} + \frac{Es^3}{2R}\,\frac{\chi}{\varphi}
\end{aligned}\right\} \tag{6}$$

berechnet.

T Tangentialkraft in kg/cm
M Biegemoment in der Meridianebene in cm kg/cm
s Wandstärke der Kugelschale in cm
R Wölbungshalbmesser der Kugelschale in cm
χ Neigungsänderung (Rotation der Meridiantangente)

ESSLINGER vernachlässigt jeweils das 3. Glied auf der rechten Seite von Gl. (6) und damit ergeben sich für den Rand des zentralen Durchbruches gleiche innere und äußere Tangentialspannungen, *was den Erfahrungen widerspricht*. Das große Verdienst ESSLINGERS besteht demgegenüber darin, die Methode des *Stufenkörperverfahrens* für die Krempe eingeführt zu haben. Dieses Differenzverfahren geht auf SCHILHANSL [11] zurück, der es einer Anregung von Prof. D. THOMA, München, verdankt. Erst das Stufenkörperverfahren macht eine einigermaßen exakte Krempenberechnung möglich. Mit Hilfe des Stufenkörperverfahrens kann auch das Problem der *nichtkonstanten Wandstärken* gemeistert werden. Schon FLÜGGE schreibt, daß es ziemlich hoffnungslos ist, eine exakte Lösung der Biegungsdifferentialgleichung für nichtkonstante Wandstärke und beliebige Meridianform zu finden.

Einzelne Schalenelemente (Stufenkörper) können jedoch immer als Kugel-, Kreisring-, Zylinderschale oder dgl. von konstanter Wandstärke aufgefaßt werden, und man kann bei Aufteilung der Schalen in genügend viele Stufenkörper das Problem lösen. Das ist sicherlich recht viel Rechenarbeit. Aber nach Aufstellung eines Rechenprogramms für eine programmgesteuerte elektronische Rechenmaschine können die Schwierigkeiten mit mäßigem Zeitaufwand überwunden werden. Wir werden als Beispiele die von Herrn Dr. DETTMAR, Farbenfabriken Bayer, Leverkusen, für 7 Kessel berechneten Spannungen am Übergang zum Kesselflansch bringen, wobei eine Unterteilung des Übergangskonus in 4 Stufenkörper vorgenommen wurde.

Es ließ sich also im Verlaufe dieser Untersuchungen nicht vermeiden, die Schalentheorie einer *eingehenden* Prüfung und Ergänzung zu unterziehen. Auch das ist ein Zweck dieses Buches, weshalb der mathematische Teil dieser Abhandlung verhältnismäßig umfangreich ist. Für den Deckel wurden verschiedene Ansätze geprüft und mit den Messungen verglichen. Wir betrachten aber die Berechnungen am Deckel nur als ersten, tastenden Schritt zur Lösung eines schwierigen Problems. Zusammenfassend können wir sagen, daß wir Sinn und Ziel der vorliegenden Arbeit in der Behandlung der folgenden 4 Punkte sehen:

    a) Untersuchung des Verhaltens der Emailfaser,

    b) Prüfung der Schalentheorie an den Messungen,

    c) Entwicklung eigener theoretischer Ansätze,

    d) Prüfung der Leistungsfähigkeit des Dehnungsmeßstreifenverfahrens.

I. Das Meßverfahren

§ 1. Der Dehnungsmeßstreifen

In der letzten Zeit hat sich der Dehnungsmeßstreifen (DMS) in der Praxis gut eingeführt und bewährt. Sein geringes Gewicht, seine kleinen Abmessungen, seine Geschmeidigkeit und sein einfacher Aufbau

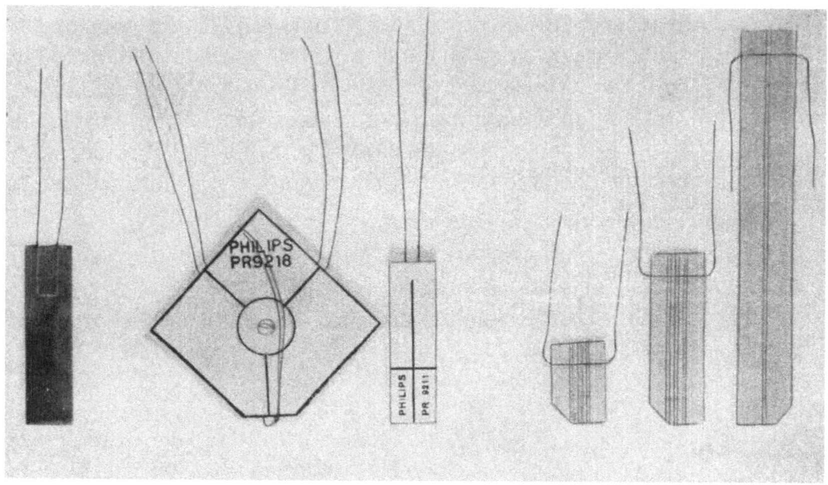

Abb. 1. Dehnungsmeßstreifen verschiedener Herstellerfirmen

verschaffen ihm große Vorteile, die seine vielseitige Anwendung ermöglichen. Trotz des universellen Charakters ist seine Verwendung jedoch ebenfalls begrenzt. In jedem Fall einer Prüfung wird man aus den zur Verfügung stehenden Dehnungsmessern die geeignetsten für den besonderen Zweck aussuchen. Die anderen Dehnungsmesser sind also mit der Einführung der DMS nicht verdrängt worden, sondern die Dehnungsmessung hat eine willkommene Ergänzung erfahren.

Der Meßstreifen als Element für die Messung der Dehnungen bzw. Stauchungen (vgl. Abb. 1) besteht aus einem Trägermaterial, in dem ein dünner Metalldraht eingebettet ist. Als Trägermaterial für die handelsüblichen DMS werden Papier und Lack benutzt. (Für Papierträger seien die Abkürzungen DMP und für Lackträger DML erlaubt.) Da die Theorie in der Literatur eingehend behandelt ist, seien hier nur einige Formeln kurz angeführt:

$$\varepsilon = \frac{\Delta l}{l} = \frac{1}{\varkappa}\,\frac{\Delta R}{R}. \tag{7}$$

Gl. (7) gibt den Zusammenhang zwischen der Dehnung ε und der Widerstandsveränderung des Drahtes beim Dehnvorgang. Der Faktor $\varkappa$, er möge als *Geberfaktor* bezeichnet werden, gibt das Verhältnis: Widerstandsverhältnis zur Dehnung, also die Empfindlichkeit des Streifens, an und muß für die praktischen Dehnungsmessungen genau bekannt sein. Für Konstantan liegt er etwa bei 2. Damit man bei den Meßbrücken ohne Umrechnung die Dehnungen sofort ablesen kann, muß die Brücke auf diesen Geberfaktor eingestellt werden können.

Da nach dem HOOKEschen Gesetz zwischen Spannung σ, Elastizitätsmodul E und Dehnung ε folgende Beziehung besteht:

$$\sigma = E\,\varepsilon, \tag{8}$$

erhält man für 1 kg/mm² Spannung bei einem E-Modul von $2 \cdot 10^4$ kg/mm² eine Dehnung $\varepsilon = 0,5 \cdot 10^{-4} = 50 \cdot 10^{-6}$. Dieser Dehnung entspricht nach Gl. (7) für einen Geber (aus Konstantan) mit $R = 100\ \Omega$ etwa eine Widerstandsänderung von $\Delta R = 10^{-2}\ \Omega$. Um diese geringe Widerstandsänderung genau messen zu können, benötigt man Präzisionsmeßbrücken, deren Nullpunkt auch über längere Zeit hin konstant bleiben muß. Ferner dürfen keine Widerstandsänderungen durch Temperatur und Zuleitungsdrähte eintreten, da man sonst diese Änderungen als Verformung ansieht.

Die Verwendung von Konstantandraht ist aus 2 Gründen vorteilhaft: Erstens bleibt der Geberfaktor $\varkappa$ bei Verformungen hinreichend konstant, und zweitens ist der Temperaturkoeffizient gering. Um den Temperatureinfluß des Gebers sehr klein zu gestalten ($\varepsilon = \pm 1$ bis $5 \cdot 10^{-6}/°\mathrm{C}$), verwendet man einen Kompensationsstreifen, der den gleichen Geberfaktor und Widerstandswert hat. Es kompensieren sich dann die Temperaturschwankungen, vorausgesetzt, daß der Geber und der Kompensationsmeßstreifen immer die gleiche Temperatur haben, selbsttätig. Allerdings sind damit nur *die* Temperaturschwankungen, *die von Meßstreifen herrühren*, ausgeschaltet, nicht aber die Temperaturschwankungen des *Werkstückes*. Für genaue Messungen muß demnach entweder die Temperatur des Werkstückes konstant gehalten oder bei jeder Messung mitbestimmt werden, damit man die Verformungen des Werkstückes mit Hilfe des Ausdehnungskoeffizienten berechnen kann.

Da die Zuleitungsdrähte durch ihren Widerstand den effektiven $\varkappa$-Faktor verringern, kann man die Zu- und Ableitung nicht beliebig lang machen. Für ihre Länge gibt R. G. BOITEN [12] eine Faustregel an: Der Widerstand einer Zu- und Ableitung darf höchstens 0,5% des Meßstreifenwiderstandes betragen. Bei gemeinsamen Leitungen muß der Leitungswiderstand durch die Anzahl der Meßstreifen dividiert werden. Bei diesem Widerstand wird eine Temperaturschwankung von 1 bis 2°C zwischen Zu- und Ableitungsdraht einen Fehler von $\pm 10 \cdot 10^{-6}$ ergeben.

Für die Genauigkeit der mit Hilfe von DMS gemessenen Werte kann man nunmehr zusammenfassen: Der Fehler durch Temperaturänderung ist:

1. bei den DMS für 5°C maximal   etwa $\varepsilon = \pm 25 \cdot 10^{-6}$,
2. bei den Zuleitungen für 1 bis 2°C etwa $\varepsilon = \pm 10 \cdot 10^{-6}$.

Demnach beträgt der maximale Gesamtfehler für die DMS etwa $\varepsilon = \pm 35 \cdot 10^{-6} = \pm 3,5 \cdot 10^{-5}$. Nach Gl. (8) entspricht dies einer Spannung $\sigma = \pm 0,7 \ \text{kg/mm}^2$. Dabei sind die Fehler, die durch die Ablesegenauigkeit der Meßbrücke, Toleranz des Geberfaktors und Hysteresis der DMS bedingt sind, nicht berücksichtigt. Höhere Verformungen sind häufig von Interesse; so beträgt der Fehler z. B. bei $\varepsilon = 500 \cdot 10^{-6}$ etwa $\pm 7\%$.

§ 2. Das Kleben

Von ausschlaggebender Bedeutung für eine erfolgreiche Dehnungsmessung mit DMS ist das sorgfältige Aufkleben der Meßstreifen auf das Werkstück. Verschiedene Faktoren, die bei Nichtbeachtung eine Messung zum Scheitern verurteilen können, müssen unbedingt eingehalten werden: 1. Sauberkeit der Klebstelle, 2. dünne Leimschicht, 3. Feuchtigkeitsschutz, 4. geeignete Kleber.

Die Klebstelle muß mechanisch und mit einem Lösungsmittel gut gereinigt werden. Sodann ist die Oberfläche der gesäuberten Stelle mit einem Schutzmittel gegen Oxydation und Feuchtigkeit zu versehen, das erst kurz vor dem Aufkleben des DMS entfernt werden darf. Das Bestreichen der Klebstelle mit säurefreier Vaseline genügt zu diesem Zweck.

Der Kleber, der auf den DMS und auf die von der Vaseline durch ein Lösungsmittel befreite Stelle aufgebracht wird, darf nicht zu dick aufgetragen werden, da dadurch Kriecherscheinungen hervorgerufen werden können, die eine Hysteresis des Materials vortäuschen. Ein anderer Grund, warum die Leimschicht ziemlich dünn sein soll, ist die erforderliche Blasenfreiheit der Schicht zwischen Werkstück und DMS. Beim Andrücken des DMS ist größte Sorgfalt zu üben, daß keine Deformation des Gebers eintritt.

Da sowohl Papier- wie Lackgeber feuchtigkeitsempfindlich sind, die einen mehr die anderen weniger, ist für guten Feuchtigkeitsschutz zu sorgen. Die Feuchtigkeit wird im allgemeinen durch die Luft an den Geber gelangen, jedoch gibt es Fälle, bei denen die Feuchtigkeit durch das Werkstück an den DMS dringt. Im 1. Falle kann man sich relativ einfach durch wasserdichte Überzüge wie Gummikappen, Kunststoffolien, Paraffinüberzüge usw. schützen. Bei der 2. Art des Feuchtigkeitsganges kann man keine allgemeingültigen Abwehrmaßnahmen treffen. Bei Beton kann man sich nach R. G. BOITEN [*13*] so schützen, daß man auf den Beton eine Feinzementschicht aufbringt und hierauf mit Wasserglas die Oberfläche der Meßstelle dichtet.

Von einem geeigneten Kleber müssen folgende Eigenschaften gefordert werden: 1. große Klebkraft, 2. kurze Trockenzeit, 3. Unempfindlichkeit gegen Feuchtigkeit, 4. Freiheit von Hysteresis, 5. Unempfindlichkeit gegen Risse. Dem Praktiker, besonders dem Anfänger, wird ein vergleichender Versuch zwischen gewöhnlichen Klebern und solchen *Spezialleimen* der handelsüblichen DMS empfohlen. Er wird dann wahrscheinlich für Präzisionsmessungen dem von der Herstellerfirma der DMS empfohlenen Spezialklebstoff den Vorzug geben, obwohl die Trockenzeiten keineswegs kurz zu nennen sind; 24 bis 48 Stunden werden für erforderlich gehalten. Die Anwendung von mäßiger Wärme für die Beschleunigung der Trocknung ist erlaubt, jedoch zu schnelles Trocknen nicht ratsam, da sich Blasen bilden können, und der Kleber unter Umständen spröde wird. Die schnelltrocknenden üblichen Kleber neigen fast ausschließlich zu Hysteresiserscheinungen oder Sprödigkeit. Sie genügen jedoch für kurzzeitige, orientierende Versuche.

§ 3. Die Meßapparatur

Wie schon ausgeführt, benötigt man für die Messung der kleinen Widerstandsänderungen Meßapparate, deren Nullpunktsänderungen auch über größere Zeiten sehr klein sind. Dies gilt bei absoluten Dehnungsmessungen über längere Zeiten, um so mehr bei kurzzeitigen Vergleichsmessungen. Die einfachste Meßanordnung ist eine WHEATSTONEsche Brücke mit einem sehr empfindlichen Galvanometer. Dieses Verfahren dürfte hauptsächlich in Laborräumen, in denen man sehr empfindliche Galvanometer erschütterungsfrei anbringen kann, für die Eichung und wissenschaftliche Untersuchungen angewandt werden. In rauhen Betrieben und an Baustellen ist es ratsamer, die transportablen handelsüblichen Wechselstrombrücken mit Trägerfrequenzen zu benutzen, von denen bei absoluten Messungen eine *Nullpunktskonstanz* von mindestens $20 \cdot 10^{-6}$ gefordert werden muß. Bei den Nullmethoden ist diese Bedingung nicht allzu schwierig einzuhalten, da nach der Theorie Spannungsschwankungen keinen Einfluß auf das Meßergebnis haben. Apparate, die die Ausschlagsmethode als Meßprinzip anwenden, müssen besonders stabilisierte Speisespannungen erhalten, um die Meßergebnisse nicht zu verfälschen (vgl. Abb. 2).

Abb. 2. Dehnungsmeßbrücken mit Trägerfrequenz
links: direkt anzeigende Meßbrücke,   rechts: Meßbrücke mit Nullabgleich

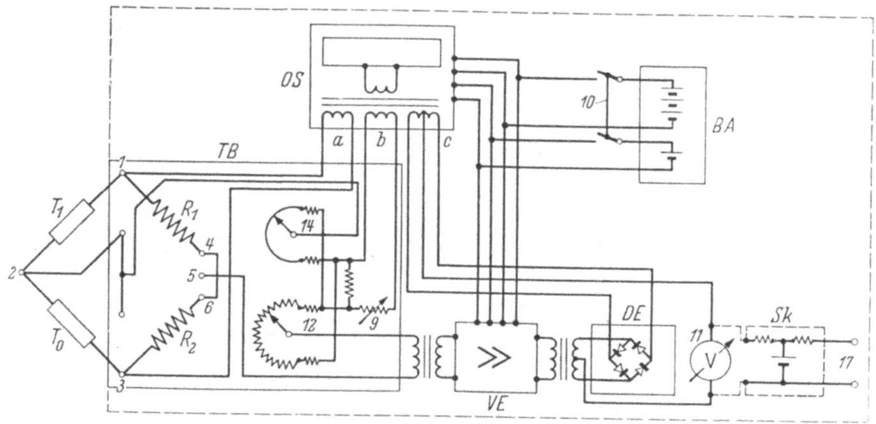

Abb. 3. Blockschaltbild einer Nullabgleichbrücke

Mit Vorliebe wird bei den handelsüblichen Meßgeräten die Wechselspannung mit höheren Frequenzen, etwa 800 bis 4000 Hz, angewandt, da eine nachträgliche Verstärkung des kleinen Brückenstromes· viel einfacher ist als die Verstärkung eines ebenso geringen Brücken-

*gleich*stromes. In dem Blockschaltbild (vgl. Abb. 3) ist eine Doppelbrücke mit Trägerfrequenz für DMS wiedergegeben. Neuerdings
werden bei Gleichstrommessungen statt Röhren Transistoren verwandt,
die jedoch temperaturempfindlich sind.

§ 4. Versuche an DMS

1. Versuch: Nullpunktsschwankungen. Für Langzeitversuche ist es wichtig,
ein Bild über die Nullpunktsschwankungen der verwendeten Apparatur zu ge-
winnen. Mit einer handelsüblichen Trägerfrequenzbrücke wurden 3 Monate lang
solche Messungen durchgeführt. Ein Eisenstab von der Größe $400 \times 30 \times 10$ mm
wurde auf beiden Seiten mit je einem DML beklebt und so aufbewahrt, daß
er innerhalb der Meßzeit nicht mehr berührt wurde. Da der Aufbewahrungsort
ein tiefer Keller war, betrug die Temperaturschwankung während der Meßzeit
höchstens $\pm 2,5°$ C. Diese geringe Temperaturänderung dürfte auf das Meßergebnis keinen merklichen Einfluß gehabt haben, zumal beide DMS gegen-
einander geschaltet waren, so daß sich also eine Temperaturveränderung nach
der Theorie kompensierte. Zum Schutze gegen Feuchtigkeit waren beide DMS
mit Paraffin überzogen worden. Die Wartezeit nach dem Einschalten des Gerätes
betrug mindestens eine halbe Stunde. Nach dieser Zeit konnte man annehmen,
daß keine Wärmeeinflüsse mehr zu befürchten waren, die eine eventuelle Null-
punktsänderung vortäuschen. Die Messungen erstreckten sich sowohl auf Kurz-
zeitmessungen von etwa 2 Stunden als auch auf Langzeitmessungen von ungefähr 8 Stunden Dauer. In diesen 3 Monaten betrugen die Schwankungen bis
zu $\pm 50 \cdot 10^{-6}$, was bei Stahl einer Spannung von rund ± 1 kg/mm² entspricht.
Die Forderung einer Genauigkeit von $\pm 20 \cdot 10^{-6}$, die in § 3 aufgestellt wurde,
ist also nicht erfüllt. Für absolute Messungen käme zu diesen Schwankungen
noch die Streuung durch die DMS selbst, wie oben erwähnt, mit $\pm 35 \cdot 10^{-6}$,
wodurch bei Stahl mit einer Gesamtschwankung von etwa $\pm 1,7$ kg/mm² zu
rechnen ist.

2. Versuch: Eichung und Vergleich verschiedener DMS. Für die Eichung
und zum Vergleich verschiedener DMS wurde die Bestimmung des Elastizitätsmoduls an einem Stab aus Kohlen-
stoffstahl durch Biegung ausgewählt.
Die Anordnung der Apparatur ist
in Abb. 4 wiedergegeben. Die Abmessungen des Probestabes S betrugen
$800 \times 8 \times 5$ mm. Die Prüflast P, in
diesem Falle geeichte kg-Gewichte,
wurde durch ein Gehänge von 0,84 kg,
das zugleich als Vorlast diente, aufgebracht. Die DMS 1 und 2 waren
Papierträger, dagegen 3 und 4 Lackträger. Die Messungen, deren Er-

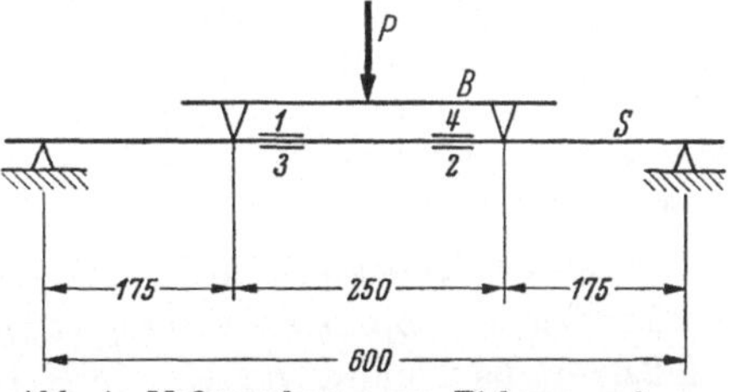

Abb. 4. Meßanordnung zur Eichung und zum
Vergleich verschiedener Dehnungsmeßstreifen

gebnisse in Tab. 2 zusammengestellt sind, erfolgten in so kurzer Zeit, daß die
oben erwähnten Nullpunktsschwankungen kaum einen Einfluß auf das Meßergebnis hatten.

Zu den Meßergebnissen 1 bis 4 muß bemerkt werden, daß die 3. Stelle hinter
dem Komma nach oben auf- bzw. nach unten abgerundet wurde, da die Meß-
brücke eine Teilung in $5 \cdot 10^{-6}$ bzw. $0,005°/_{00}$ besitzt. ε_m sind die gemittelten

Tabelle 2. *Bestimmung des E-Moduls eines Stabes*

| Belastung | Dehnungen in $^0\!/_{00}$ | | | |
| | für Meßstreifen | | | |
kg	1 (Papier)	2 (Papier)	3 (Lack)	4 (Lack)
0	14,035	13,225	13,985	13,235
0,84	13,925	13,335	14,095	13,125
1,84	13,995	13,465	14,225	12,990
2,84	13,665	13,595	14,355	12,860
3,84	13,535	13,725	14,485	12,735
4,84	13,405	13,845	14,610	12,605
5,84	13,275	13,990	14,780	12,475
6,84	13,145	14,130	14,870	12,345
7,84	13,015	14,270	14,995	12,220
8,84	12,880	14,410	15,135	12,080
9,84	12,750	14,550	15,260	11,945
$\varepsilon_m \cdot 10^6$	130,5	135,5	129,4	130,25
E in 10^6 kg/cm²	2,010	1,935	2,020	2,010

Differenzen der Dehnungen bzw. Stauchungen für 1 kg. E ist der aus diesen Dehnungen bzw. Stauchungen nach folgenden Formeln berechnete E-Modul:

$$\sigma_{max} = \frac{M_{max}}{W}. \tag{9}$$

Hierin bedeutet:

M_{max} maximales Belastungsmoment $= \dfrac{P}{2}\,\dfrac{a}{2} = \dfrac{Pa}{4}$ in cm kg,

W Widerstandsmoment $= \dfrac{b\,h^2}{6}$ in cm³.

P ist die Last in kg; a die Meßlänge des Balkens B zwischen den Spitzen; b die Breite und h die Höhe des Balkens.

Aus σ_{max} errechnet sich dann nach Gl. (8) der E-Modul. Die Übereinstimmung der Meßstreifen ist abgesehen von Meßstreifen 2 sehr befriedigend. Der E-Modul für diesen DMS weicht vom Wert $2,010 \cdot 10^6$ kg/cm² für die Meßstreifen 1 und 4 um $\sim 3,7\%$ ab. Der theoretische Wert von $2,100 \cdot 10^6$ kg/cm² wurde in keinem Falle erreicht. Die Abweichung der E-Moduln der Meßstreifen 1 und 4 vom theoretischen Wert beträgt etwa $4,3\%$, d. h. ε_m müßte etwa den Wert $125 \cdot 10^{-6}$ annehmen.

Aus den Messungen folgt, daß eine gute Übereinstimmung der DMS vorhanden ist, sofern sie richtig aufgeklebt werden. Die Abweichung des Meßstreifens 2 kann verschiedene Ursachen haben. Einerseits können die Kenndaten des Meßstreifens verschieden sein. Dann sind vom Hersteller der Streifen Fehler gemacht worden. Ist dies der Fall, dann sind die Streifen 3 und 4 besser als 1 und 2. Andererseits kann auch der Prüfer einen Fehler gemacht haben, z. B. können Luftblasen im Klebstoff sein, die bei Lackstreifen gut sichtbar sind, bei Papier dagegen nicht, oder der Prüfer hat die Geberzahl für den betreffenden Meßstreifen an der Meßbrücke nicht genau genug eingestellt.

Für die Geberzahl $\varkappa = 2$ müßte sich nach den Gln. (7) und (8) ein $\varDelta R$ von $\sim 0,03\,\Omega$ ergeben. Setzt man jedoch den gemessenen Wert von $\varDelta R$ zusammen mit den übrigen Meßdaten in Gl. (7) ein, so erhält man für $\varkappa$ den Wert 1,975. Man sieht also, daß man den Geberfaktor $\varkappa$ bei Absolutmessungen sehr genau einstellen muß. Für technische Messungen sind die angegebenen Fehlergrenzen sehr befriedigend.

§ 5. Versuche mit DMS

3. Versuch: Dehnungsmessungen an einem Rohrbogen. Der DMS schien uns ein geeignetes Meßelement zu sein, um die Spannungen an der Außenfaser eines gebogenen Rohres bei einem bestimmten inneren Überdruck mit berechneten Werten zu vergleichen. Nach Abb. 5 wurde ein austenitisches Rohr von 25,1 mm

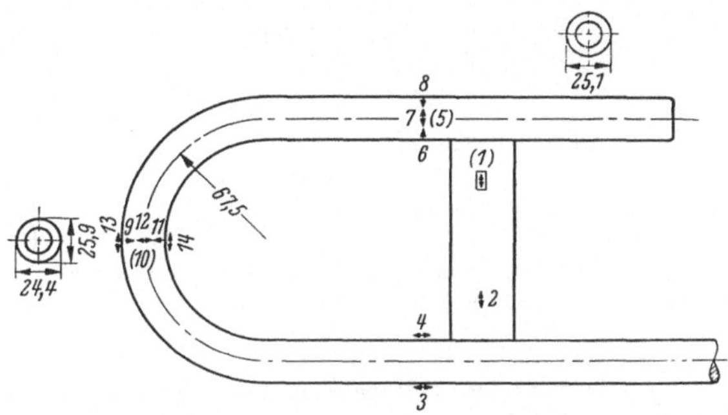

Abb. 5. Meßstellen an einem Rohrbogen

Durchmesser mit einem Radius von 67,5 mm gebogen und mit DMS beklebt. Die beiden Schenkel des U-förmigen Rohres waren durch einen Steg miteinander fest verbunden; später wurde der Steg durchgesägt, um die Spannungen bei freien Schenkeln zu ermitteln. In der Krümmung war, wie die Abbildung zeigt, das Rohr leicht elliptisch, und zwar hatten die Ellipsendurchmesser die Länge 24,4 bzw. 25,9 mm. Die Wandstärke betrug 5,0 mm. Da auf dem Umfang des Rohres möglichst viele Meßstellen angebracht werden sollten, wurden DMS von 5 mm Streifenlänge verwandt, von denen 13 aktive Geber (Nr. 2 bis 14) waren und einer als Nullstelle (Nr. 1) benutzt wurde. Die Druckgebung erfolgte durch eine Handpreßpumpe, die jedoch, wie sich später herausstellte, den Druck nicht genügend konstant hielt; dieser schwankte zwischen 300 und 370 atü.

Um einen Eindruck von der Größenordnung der im Versuch auftretenden Spannungen zu bekommen, wurden die Längs- und Tangentialspannung an der Außenfaser nach den folgenden Formeln berechnet:

$$\sigma_z = \frac{r_i^2\, p_i - r_a^2\, p_a}{r_a^2 - r_i^2}\,, \tag{10}$$

$$\sigma_t = \frac{2\, p_i\, r_i^2}{r_a^2 - r_i^2} - p_a\, \frac{r_a^2 + r_i^2}{r_a^2 - r_i^2}\,. \tag{11}$$

---

* Hütte, 27. Aufl., Bd. I, S. 731. Berlin 1948.

Für $p_i = 300\ \mathrm{kg/cm^2}$, $p_a = 1\ \mathrm{kg/cm^2}$, $r_i = 0,75\ \mathrm{cm}$ und $r_a = 1,25\ \mathrm{cm}$ ergibt sich:

$$\sigma_z = 167\ \mathrm{kg/cm^2} \sim 1,7\ \mathrm{kg/mm^2} \tag{10a}$$

und

$$\sigma_t = 335\ \mathrm{kg/cm^2} \sim 3,4\ \mathrm{kg/mm^2}. \tag{11a}$$

Nach der Elastizitätstheorie ist nun:

$$\sigma_t = 2\,\sigma_z.$$

Mit $\alpha = \dfrac{1}{E}$ und $m = \dfrac{1}{\nu} = \dfrac{10}{3}$ erhält man:

$$\varepsilon_z = \alpha\left(\sigma_z - \frac{1}{m}\,\sigma_t\right) = \frac{2}{5}\,\alpha\,\sigma_z, \tag{12}$$

$$\varepsilon_t = \alpha\left(\sigma_t - \frac{1}{m}\,\sigma_z\right) = \frac{17}{20}\,\alpha\,\sigma_t. \tag{13}$$

Demnach gilt die Beziehung:

$$\varepsilon_t : \varepsilon_z = 4,25 : 1. \tag{14}$$

Die Tangentialdehnungen müssen also 4,25 mal größer sein als die Längsdehnungen. Die zu erwartenden Längsdehnungen betragen nach Gl. (12)

$$\varepsilon_z = \frac{2}{5}\,\alpha\,\sigma_z = 0,0332^{\,0}/_{00} = 33 \cdot 10^{-6} \tag{12a}$$

und die Tangentialdehnungen nach Gl. (13)

$$\varepsilon_t = \frac{17}{20}\,\alpha\,\sigma_t = 0,142^{\,0}/_{00} = 142 \cdot 10^{-6}. \tag{13a}$$

Um diese Werte müssen sich somit die Dehnungswerte bei den Messungen gruppieren.

Die Umrechnung der Dehnungen in Spannungen erfolgt auch nach den Gln. (12) und (13).

$$\begin{aligned} \sigma_z &= 50\,\varepsilon_z, & \sigma_z\ \text{in}\ \mathrm{kg/mm^2}, & \quad \varepsilon_z\ \text{in}\ ^{0}/_{00}, \\ \sigma_z &= 5 \cdot 10^{6}\,\varepsilon_z, & \sigma_z\ \text{in}\ \mathrm{kg/cm^2}, & \quad \varepsilon_z\ \text{in}\ 10^{-6}. \end{aligned} \tag{12b}$$

$$\begin{aligned} \sigma_t &= 23,55\,\varepsilon_t, & \sigma_t\ \text{in}\ \mathrm{kg/mm^2}, & \quad \varepsilon_t\ \text{in}\ ^{0}/_{00}, \\ \sigma_t &= 2,355 \cdot 10^{6}\,\varepsilon_t, & \sigma_t\ \text{in}\ \mathrm{kg/cm^2}, & \quad \varepsilon_t\ \text{in}\ 10^{-6}. \end{aligned} \tag{13b}$$

Die Meßwerte sind in den Tab. 3 und 4 zusammengestellt.

Alle Längsspannungen sind kleiner als der berechnete Wert (vgl. Gl. 10a). An der Stelle 14 mit Steg treten geringe Druckkräfte auf. Die Tangentialspannungen liegen mit Ausnahme der von Meßstelle 9 unter der berechneten Spannung (für 365 atü beträgt $\sigma_t \sim 4,1\ \mathrm{kg/mm^2}$, vgl. auch Gl. (11a). Da das Rohr elliptisch ist, sind die Tangentialspannungen längs des gleichen Umfanges verschieden.

Tabelle 3. *Verzerrungen und Spannungen eines Rohrbogens mit Steg*

Geber-Nr.	An der Skala der Meßbrüche abgelesene Werte		Druck in atü	ε in $^0/_{00}$	σ_z in kg/mm² abgerundet	σ_t in kg/mm² abgerundet
	ohne Druck	mit Druck				
2 (z)	0,862	0,862	342	0	0	—
3 (z)	1,630	1,651	343	0,021	1,1	—
4 (z)	1,896	1,916	343	0,020	1,0	—
5 (t)	1,231	1,360	345	0,129	—	3,0
6 (t)	1,541	1,660	346	0,119	—	2,8
7 (t)	1,343	1,439	346	0,096	—	2,3
8 (t)	1,292	1,376	347	0,084	—	2,0
9 (t)	0,950	1,135	348	0,185	—	4,4
10 (t)	1,704	1,735	348	0,031	—	0,7
11 (t)	1,675	1,791	349	0,116	—	2,7
12 (t)	0,595	0,646	350	0,051	—	1,2
13 (z)	1,686	1,702	350	0,016	0,8	Druck
14 (z)	1,783	1,774	350	— 0,009	— 0,5	Druck

Tabelle 4. *Verzerrungen und Spannungen eines Rohrbogens ohne Steg*

Geber Nr.	An der Skala der Meßbrücke abgelesene Werte		Druck atü	ε in $^0/_{00}$	σ_z in kg/mm² abgerundet	σ_t in kg/mm² abgerundet
	ohne Druck	mit Druck				
3 (z)	1,403	1,430	361	0,027	1,4	—
4 (z)	1,494	1,520	361	0,026	1,3	—
5 (t)	0,898	1,046	362	0,148	—	3,5
6 (t)	1,241	1,364	363	0,123	—	2,9
7 (t)	1,015	1,122	364	0,107	—	2,5
8 (t)	0,924	1,020	365	0,096	—	2,3
9 (t)	0,630	0,845	365	0,215	—	5,1
10 (t)	1,312	1,345	366	0,033	—	0,8
11 (t)	1,323	1,440	368	0,117	—	2,8
12 (t)	0,198	0,253	369	0,055	—	1,3
13 (z)	1,049	1,065	370	0,016	0,8	—
14 (z)	1,510	1,530	370	0,020	1,0	—

§ 6. Dehnungsmessungen an einem gußeisernen, emaillierten 6000 l-Kessel

Da Dehnungsmessungen im Innern eines Kessels zweckmäßig bei verschiedenen Überdruckwerten durchgeführt werden, können die üblichen mechanischen Dehnungsgeber nicht angewandt werden. Aus den Versuchen 1 bis 3 in § 4 und 5 geht hervor, daß jedoch bei sorgfältiger Vorbereitung der Dehnungsmeßstreifen besonders für solche Aufgaben ein wertvoller Dehnungsmesser ist, bei denen andere mechanische Geber versagen.

Er wird nie die anderen Dehnungsgeber verdrängen, sondern sie ergänzen. Es ist daher vorteilhaft, den Dehnungsmeßstreifen als Meßelement für Untersuchungen an Kesseln zu benutzen, zumal folgende 4 Gesichtspunkte für die Versuche von besonderer Bedeutung sind:

1. Die Meßlänge kann bei gleicher Empfindlichkeit sehr kurz sein (5 mm).

2. Die Anbringung ist sehr einfach. Eine Beschädigung des Werkstoffes tritt nicht ein.

3. Da die Dehnungen in eine leicht meßbare elektrische Größe umgesetzt werden, können die Werte an einem anderen, nicht allzuweit (von der Meßstelle) entfernt liegenden Ort (10 m) ohne weiteres leicht bestimmt werden.

4. Die DMS arbeiten in isolierenden Flüssigkeiten gleichermaßen gut wie in Luft.

Während die Versuche 1 bis 3 die Brauchbarkeit der DMS in *Luft* nachwiesen, muß ihre Verwendung in *Öl*, wenn dies zur Druckgebung

Abb. 6

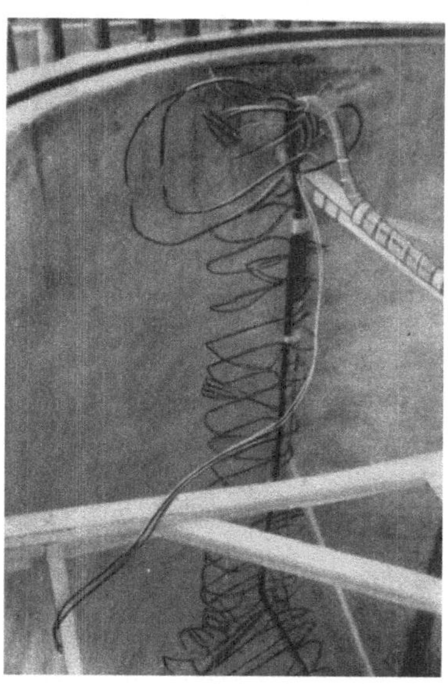

Abb. 7

dienen soll, geprüft werden. Zu diesem Zwecke wurden verschiedene DMS auf emaillierte Proben aufgeklebt und tagelang in Öl gelagert. Von Zeit zu Zeit sind Belastungsproben durchgeführt worden, um die Ölbeständigkeit der Kleber zu untersuchen. Es zeigte sich, daß bei diesen Prüfungen der Kleber selbst bei längerer Lagerung in Öl keine Beschädigung der Bindung aufwies, und daß keine Beeinträchtigungen der Anzeige eintraten.

Für unsere Untersuchungen an Kesseln waren durch die letzten Versuche sämtliche Vorbedingungen erfüllt, und man konnte die

Arbeiten am Kessel in Angriff nehmen. Die Hauptvoraussetzungen für ein einwandfreies Arbeiten der DMS sind, wie schon mehrfach betont, sorgfältige Vorbereitungen.

Etwaiger grober Schmutz wurde mit einem Poliermittel, das die Emailschicht nicht angriff, entfernt. Die Entfettung geschah durch Säuberung mit Azeton. Sofort nach dem Verdunsten des Reinigungsmittels wurde eine hauchdünne Schicht des Klebers auf die Emailschicht aufgebracht und anschließend der DMS aufgeklebt. Bei den DMS, die außen auf dem Gußeisen angebracht wurden, mußte die Oberfläche des Gußeisens mit einem feinen Schmirgelstein bearbeitet werden, um erstens eine glatte und zweitens eine metallisch-reine Oberfläche zu erhalten. Auch hier wurde der DMS sofort aufgeklebt, damit keine nachträgliche Oxydation der Meßstelle eintrat. Da

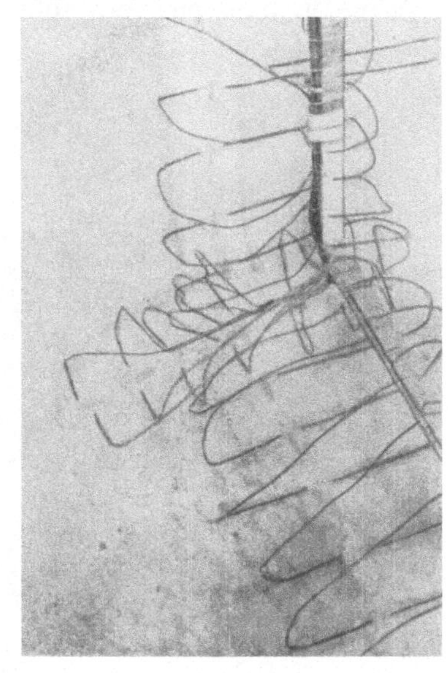

Abb. 8

wir die Arbeiten im Freien ausführten, mußten die DMS sofort gegen Feuchtigkeit geschützt werden. Es hat sich hierbei als zweck-

mäßig erwiesen, die DMS und die nähere Umgebung mit KM-Harz, dem etwas Clophen zugesetzt war, zu bestreichen. Paraffin als Feuchtigkeitsschutz hat sich beim Kessel nicht gut bewährt.

Nach dem Kleben der DMS trat das Problem der Verlegung der Meßleitungen und des Anbringens an die Geber auf. Uns schien es vorteilhaft, die 1 mm dicke Cu-Leitung an die DMS anzulöten und

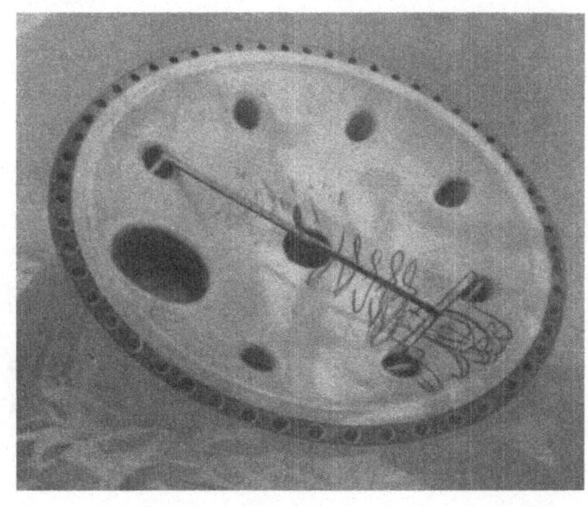

Abb. 9

sie dann ein Stück auf dem Email festzukleben. Hierauf wurde die Meßleitung in einer großen Schlaufe an einem Lattengerüst befestigt, das den Leitungen eine größere Festigkeit geben und sie vor Beschädigungen beim Füllen schützen sollte. Sowohl im Zylinderteil als auch im Deckel befand sich ein solches Lattengerüst (vgl. Abb. 6 bis 10).

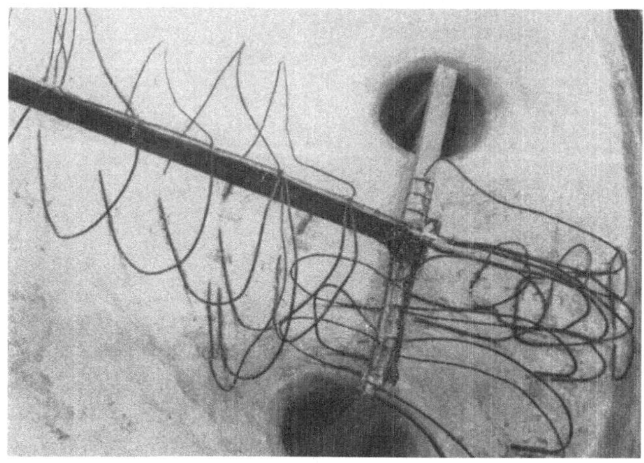

Abb. 10

Die Leitungen wurden zu einem Kabelbaum vereinigt und durch eine Stopfbuchse nach außen geführt. Die Durchgangsstelle in der Stopfbuchse war mit dem elektrisch hochisolierenden Klebstoff Desmokoll getränkt worden, um die Gewähr zu haben, daß kein Luftkanal mehr im Innern des Kabelbaumes war. Die Stopfbuchse selbst wurde mit Asplittkitt als Dichtungsmasse ausgegossen (vgl. Abb. 11). Bei der späteren Druckgebung löste sich der Kitt von der Stopfbuchsenwand bei einem Druck über 7 atü und wurde undicht, so daß eine weitere Drucksteigerung nicht mehr möglich war.

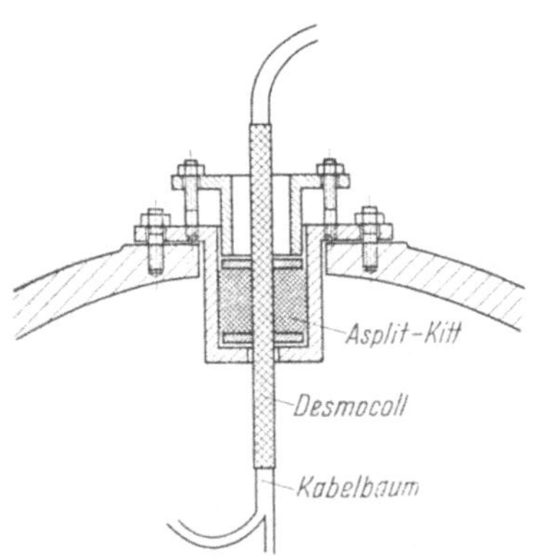

Abb. 11. Stopfbüchse am 6000 l-Behälter

Nach diesen Vorarbeiten wurden die DMS über 2 Schalter mit 2 Nullgebern verbunden, auf gute elektrische Verbindung geprüft und ihr Widerstandswert gemessen. Es stellte sich heraus, daß alle Streifen einwandfrei waren, und die Zuleitung keinen nennenswerten Zusatzwiderstand darstellte. Nunmehr konnten die DMS an eine Doppelmeßbrücke angeschlossen und die Nullwerte vor dem Anziehen der

Flanschschrauben festgelegt werden. Während des Anziehens der Schrauben zeigten sich zum Teil erhebliche Dehnungen bzw. Stauchungen, *die allerdings nach dem Verschrauben fast auf den Nullwert wieder zurückgegangen waren.*

Nach der Füllung mit Öl wurde der Kessel mit einer Handpreßpumpe durch häufigeres Be- und Entlasten mit kleinem Druck auf Undichtigkeiten geprüft, ferner wurde das Arbeiten der DMS untersucht. Dabei stellte sich heraus, daß einige Geber durch das Füllen ausgefallen waren, so daß noch 79 Meßstellen zur Verfügung standen. Nunmehr begannen die eigentlichen Versuche. Von 0 bis 7 atü wurde der Druck fortlaufend gesteigert und bei Zunahme um eine Atmosphäre wurden die Dehnungen bzw. Stauchungen gemessen. Die Messung des Druckes erfolgte mit Hilfe eines Feinmanometers, das auf dem Deckel angebracht war.

II. Die Bedeutung der wichtigsten Festigkeits-Stoffwerte für die Bestimmung der Beanspruchung

Sowohl für die Auswertung der Messungen an Kesseln als auch für die Berechnung der Spannungen und Verzerrungen nach der Festigkeitslehre ist die sorgsame Ermittlung und genaue Kenntnis der wichtigsten Festigkeitsstoffwerte, nämlich des E-Moduls, der Querkontraktionszahl, der Zerreißfestigkeit und insbesondere des thermischen Ausdehnungskoeffizienten der verwendeten Materialien von Wichtigkeit. Wir wollen an Hand einiger Beispiele, die aber nicht nur für sich stehen, sondern durchaus repräsentativ sind, zeigen, wie man allein aus diesen Stoffwerten schon gewisse Rückschlüsse auf die Beanspruchung ziehen kann. Handelt es sich um einen gußeisernen, emaillierten Kessel, so müssen an die Zusammensetzung ganz bestimmte Anforderungen gestellt werden, damit eine gute Emaillierung gewährleistet ist.

§ 7. Zusammensetzung des Gußeisens

Es möge ein Kessel vorliegen, dessen Gußeisen die in Tab. 5 aufgeführte Zusammensetzung hat. Das Gefüge der Randzone zeigt Mikrophotographie Abb. 12 und das Gefüge abseits der Randzone Mikrophotographie Abb. 13. Was läßt sich über die Eignung dieses Gußeisens für die Emaillierbarkeit aussagen?

Nach der Formel von GORDON [14] zur Bestimmung des für das Emaillieren günstigsten Kohlenstoffgehaltes sind die Prozentgehalte von Silizium und Phosphor mit diesem Kohlenstoffgehalt folgendermaßen verknüpft:

$$\% \; \mathsf{C} = 4{,}3 - (\% \; \mathsf{Si} + \% \; \mathsf{P}).$$

Setzt man die Werte 1,92 für Si und 0,36 für P aus Tab. 5 ein, so ergibt sich ein Gesamtkohlenstoffgehalt von 3,62%, was recht gut mit dem tatsächlichen Gehalt übereinstimmt.

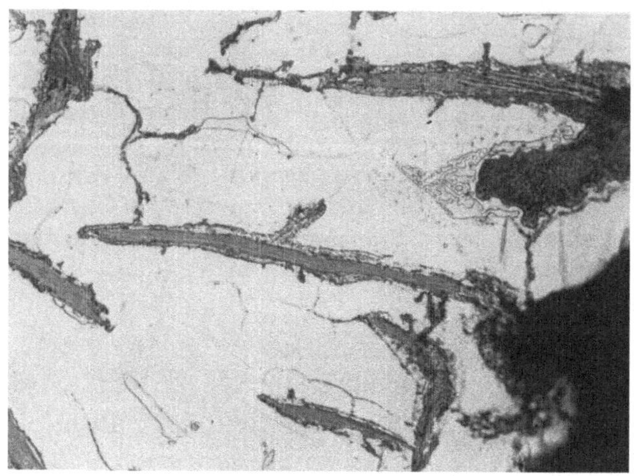

Abb. 12. Randzone, geätzt   300:1

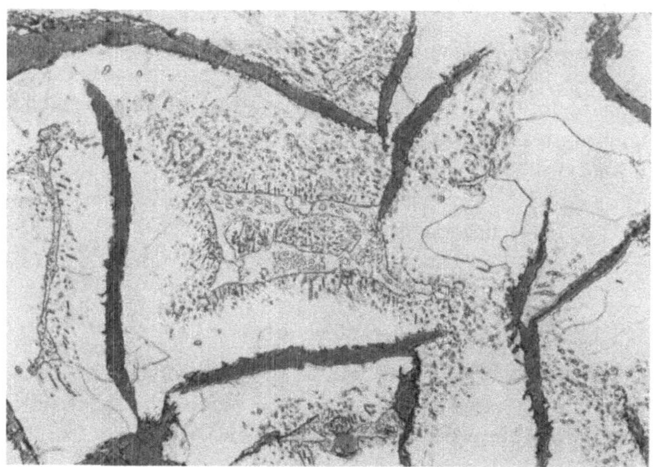

Abb. 13. Mitte, geätzt   300:1

Für die Prozentgehalte emaillierfähigen Gußeisens an Gesamt-kohlenstoff, an Graphit, Si, Mn, P und S gibt es allgemeine Richtwerte, Angaben von DIETZEL und STEGMAIER [14] und amerikanische Angaben, die in Tab. 6 mit den Werten des vorliegenden Gußeisens zusammen-

gestellt sind. Man ersieht daraus, daß der Graphitgehalt des vorliegenden Gußeisens mit 3,56% höher ist, als dem allgemeinen Richtwert
entspricht; der Mangel an gebundenem Kohlenstoff (Zementit) ist
jedoch kein Nachteil, weil *freier* Zementit
bei den Emailliertemperaturen zerfällt
und sehr reaktionsfähigen Kohlenstoff
liefert, der mit Sicherheit Emaillierfehler
hervorruft. Der Siliziumgehalt ist niedriger
als 2,2%, was nach VIELHABER [*15*] zu
einem harten Guß führt, der leicht reißt.
Auch der Phosphorgehalt ist niedriger
als der Sollwert, was ebenfalls als ungünstig angesehen werden muß, da Phosphor den Perlitzerfall begünstigt.

Nach Abb. 12 liegt der Graphit ader-
förmig in einem ferritischen Untergrund
vor, der offenbar im Ausgangszustand
perlitisch gewesen war und erst durch
wiederholtes Glühen — das untersuchte
Gußeisen war vor und während des
Emaillierens etwa 6- bis 8mal bei etwa

Tabelle 5

Gesamtanalyse des Gußeisens

Stoff	Anteil in %
Gesamt-C . . .	3,69
Davon	
Graphit	3,56
Si	1,92
Mn	0,70
P	0,36
S	0,10
Cr	0,06
V	0,04
Ni	0,06
Ti	0,07
Cu	0,14
Fe	92,57
O_2, N_2	0,29

750 bis 850° C Ofentemperatur geglüht worden — ferritisch geworden
ist. Dabei zerfällt der Zementit des Perlits und kristallisiert an die
vorhandenen Graphitadern an. Abseits der Randzone (vgl. Abb. 13)

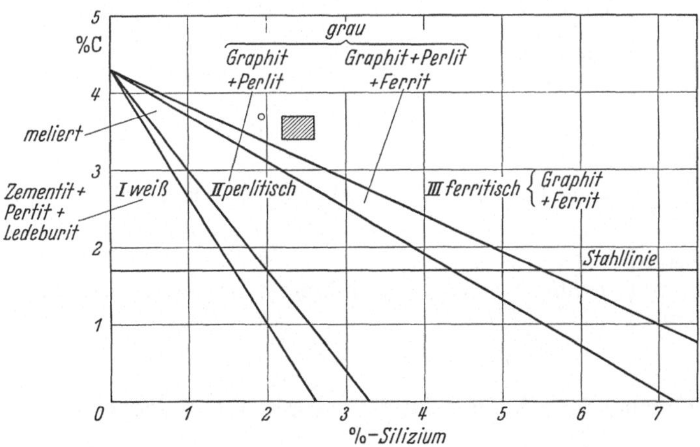

Abb. 14. Strukturdiagramm des Gußeisens nach MAURER [*16*]

Allgemeine Richtwerte
o   Untersuchtes Gußeisen

liegen die Graphitadern und Steadit (Phosphideutektikum mit 91,15%
Fe; 1,96% C und 6,89% P) in teils ferritischem, teils perlitischem
Untergrund; die durch Glühen verursachte Umwandlung des Unter-
grundes ist hier noch nicht so weit fortgeschritten wie in der Randzone.
Günstig ist das Vorkommen des Graphits in Adern und nicht in Nestern,
in deren Nähe sich Sulfide anhäufen und Emailfehler entstehen.
Ungünstig ist der ungenügende Zerfall des Perlites abseits der Rand-
zonen, was die Inhomogenität des Gußeisens bedingt, die sich auch
bei anderen Untersuchungen noch zeigen wird. In Abb. 14, die das
bekannte Strukturdiagramm des Gußeisens nach MAURER [16] darstellt, ist der Versuchspunkt eingezeichnet, der dem hier untersuchten
Gußeisen entspricht. Dieses Gußeisen ist also mehr perlitisch und
weniger ferritisch, als nach den allgemeinen Richtwerten gefordert
wird. Diese Erkenntnis, aus den Gefügebildern schon gewonnen, wird
hier also nochmal in anschaulicher Weise bestätigt.

Tabelle 6. *Analyse des Gußeisens eines emaillierten 6000 l-Kessels*

Bestandteile in % Gußeisen	Gesamt-kohlenstoff	Davon Graphit	Si	Mn	P	S
Untersuchtes Gußeisen	3,69	3,56	1,92	0,70	0,36	0,10
Allgemeine Richtwerte	3,4 bis 3,7	2,8 bis 3,0	2,2 bis 2,6	0,4 bis 0,8	0,6 bis 1,3	0,05 bis 0,1
Amerikanische Angaben	je nach Si u. P-Gehalt nach der GORDON-Formel		2,5 bis 3,0	0,5 bis 0,6	1,0 bis 1,2	0,08 bis 0,12
nach DIETZEL u. STEGMAIER	3,2 bis 3,4	2,4 bis 3,1	2,4 bis 2,6	0,4 bis 0,5	0,6 bis 0,7	höchstens 0,1
Das untersuchte Gußeisen liegt im Gehalt an	richtig	höher	niedriger	richtig	niedriger	richtig

§8. Thermischer Ausdehnungskoeffizient des Trägerwerkstoffes

Benutzt man Gußeisen als Trägerwerkstoff, so hängt der mittlere
lineare bzw. kubische Ausdehnungskoeffizient zwischen zwei bestimmten, später noch bezeichneten Temperaturen vor allem von der
Zusammensetzung ab. DIETZEL und LEMME [17] geben die folgenden

Faktoren zur Berechnung des mittleren kubischen Ausdehnungskoeffizienten zwischen 0 und 500 °C in 10^{-7} an:

Karbid-Kohlenstoff . . —15   Phosphor 6
Graphit. 3   Schwefel 4
Silizium . . . . — 4   Eisen. 4,26
Mangan. 4

Die Prozentgehalte der einzelnen Stoffe sind mit dem jeweiligen Faktor zu multiplizieren und alle so gewonnenen Werte sind zu addieren.

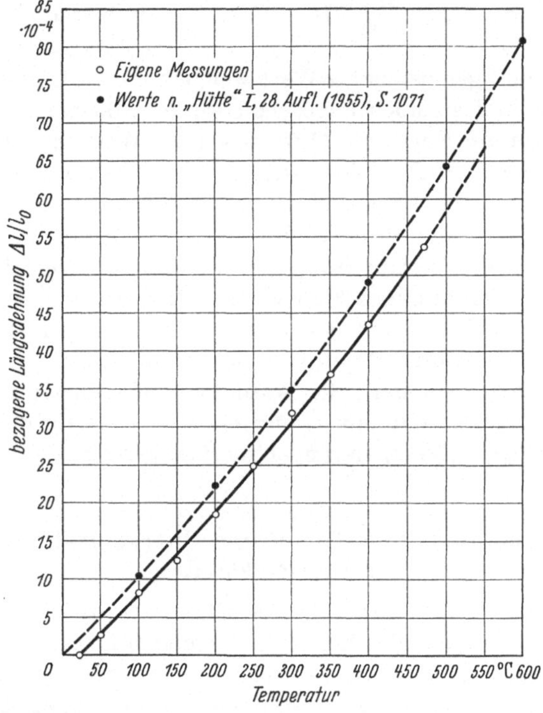

Abb. 15. Bezogene Längsdehnung eines Gußeisenstabes bei Temperaturerhöhung

Welcher Ausdehnungskoeffizient ergibt sich auf diese Weise für das in § 7 als Beispiel herangezogene Gußeisen? Nach Tab. 5 erhält man

$$\gamma_{0-500°} = 400{,}4 \cdot 10^{-7} \text{ grad}^{-1},$$

$$\alpha_{0-500°} = \frac{\gamma_{0-500°}}{3} = 133{,}4 \cdot 10^{-7} = 13{,}34 \cdot 10^{-6} \text{ grad}^{-1}.$$

Dies ist genau der Wert, den DIETZEL und LEMME [17] als Grenzwert des Ausdehnungskoeffizienten angeben, der bei steigender Anzahl der Glühungen asymptotisch erreicht werden soll. In Abb. 15 ist die gemessene bezogene Längenänderung eines Stabes dieses Gußeisens in

2 a*

Abhängigkeit von der Temperatur aufgetragen worden. Für den Temperaturbereich 20 bis 490° C, in dem auch Messungen an dem für die Auskleidung verwendeten Email vorliegen, erhält man:

$$\alpha_{20-490} = \frac{57,2}{470} \cdot 10^{-4} = 12,17 \cdot 10^{-6} \ \mathrm{grad}^{-1}.$$

Für den Temperaturbereich 0 bis 500° C ergibt sich an Hand der Meßergebnisse

$$\alpha_{0-500} = \frac{61,5}{500} \cdot 10^{-4} = 12,30 \cdot 10^{-6} \ \mathrm{grad}^{-1}.$$

Berechneter und gemessener α-Wert weichen um 7,8% voneinander ab. Das muß als viel zu hoch angesehen werden, da zur Ermittlung der Vorspannungen im Email die Differenz der α-Werte von Gußeisen und Email mit dem großen Wert des Temperaturunterschiedes (z. B. 500° C) multipliziert werden muß (vgl. § 25) und somit beträchtliche Unterschiede in den Vorspannungen herauskommen. Aber schon STUCKERT [18] hat darauf hingewiesen, daß das Verfahren der Berechnung der Ausdehnungszahlen aus den Prozentgehalten der Bestandteile wissenschaftlich nicht haltbar ist, da streng additive Gesetzmäßigkeiten bei Mehrstoffsystemen sehr selten sind. Es ist daher in jedem Falle zu empfehlen, die Ausdehnungskoeffizienten durch den Versuch zu bestimmen, damit genügende Sicherheit für die Berechnung der sehr wichtigen Vorspannungen vorhanden ist.

§ 9. Zerreißfestigkeit, *E*-Modul und Querkontraktionszahl des Trägerwerkstoffes

Besteht der Trägerwerkstoff aus Gußeisen, so ist auf Grund der Inhomogenitäten eine Messung der Zerreißfestigkeit ebenso nützlich wie beim Email. Abb. 16 zeigt einen der für die Zerreißproben des oben erwähnten Gußeisens verwendeten Probestäbe. An vier verschiedenen Probestäben wurden die folgenden, in Tab. 7 aufgeführten Werte gemessen.

Als Endergebnis erhält man:

Mittlere Zerreißfestigkeit 8,67 kg/mm². Durchschnittliche Abweichung der Einzelmessung vom

Tabelle 7. *Zerreißfestigkeit des Gußeisens*

Stab-Nr.	Zerreißfestigkeit in kg/mm²	Absolute Abweichung vom Mittelwert
1	8,66	0,01
2	8,35	0,32
3	8,60	0,07
4	9,07	0,30
Mittelwert	8,67	0,175

Mittelwert $\pm 0,18$ kg/mm² $= \pm 2\%$. Durchschnittlicher Fehler des Mittelwertes $\pm 0,09$ kg/mm² $= \pm 1\%$.

Zur Ermittlung des Elastizitätsmoduls (E-Moduls) E und der Querkontraktionszahl ν, deren Messung beim Gußeisen erforderlich ist, wurde der in Abb. 17 dargestellte Zugstab verwendet. An diesem Stab sind 6 Dehnungsmeßstreifen zur Ermittlung der Längsdehnungen (1,2; 6,7; 11,12) und 6 zur Messung der Querkontraktionen (3, 4, 5 in einem Querschnitt; 8, 9, 10 in einem 2. Querschnitt) angebracht gewesen. Die Abb. 18 bis 20 zeigen den Verlauf der Längsdehnungen in Abhängigkeit von der angewendeten Zugspannung, die Abb. 21 und 22 den Verlauf der Querkontraktionen; auch sämtliche Rückfederungskurven

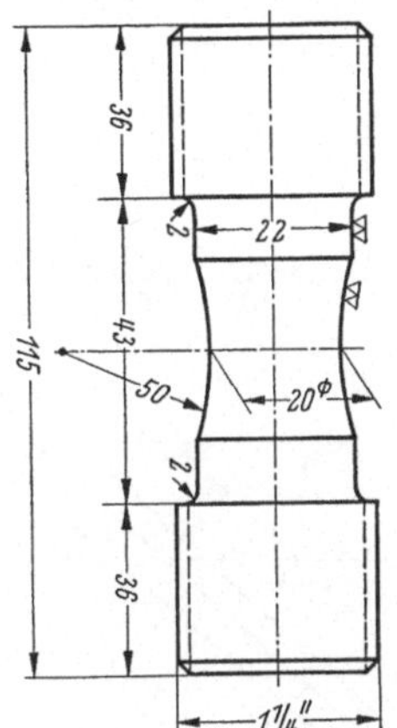

Abb. 16. Zerreißstab (Maße in mm)

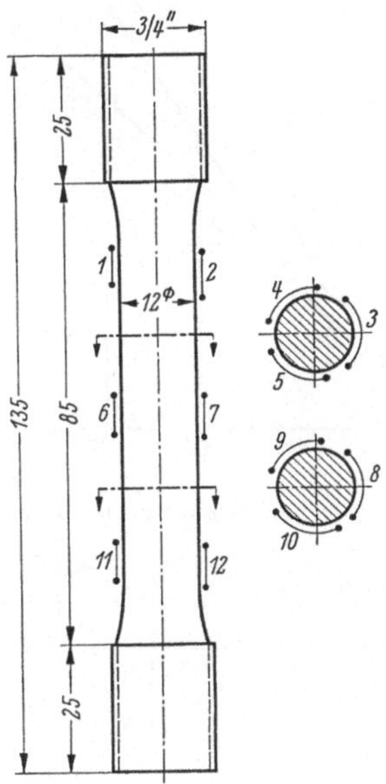

Abb. 17. Der Zugstab (Maße in mm)

wurden eingezeichnet. Aus dem Verlauf der Dehnungen und Kontraktionen ersieht man, daß das Geradliniengesetz (HOOKEsche Gesetz) bis herab zu kleinen Formänderungen und Spannungen innerhalb der Versuchsgenauigkeit genügend genau erfüllt ist. Das erste Stück der Geraden vom Schnittpunkt mit der Ordinatenachse an wurde nur gestrichelt gezeichnet, weil hier der Dehnungsverlauf ein anderer ist, wenn die Dehnungen von Null ausgehend ihren Anfang nehmen. Das *Nullpunktsverhalten* soll anschließend erörtert werden.

Aus dem Neigungstangens der Dehnungsgeraden 1, 2, 6, 7, 11 und 12 und der entsprechenden Rückfederungsgeraden lassen sich sofort die zugehörigen E-Moduln bestimmen. Auf diese Weise ergibt sich Tabelle 8, S. 28.

Als Mittelwert findet man $E = 0,53 \cdot 10^{+6}$ kg/cm². Die oben angegebenen 4 Dezimalen sind zunächst nur Rechenstellen. Eine

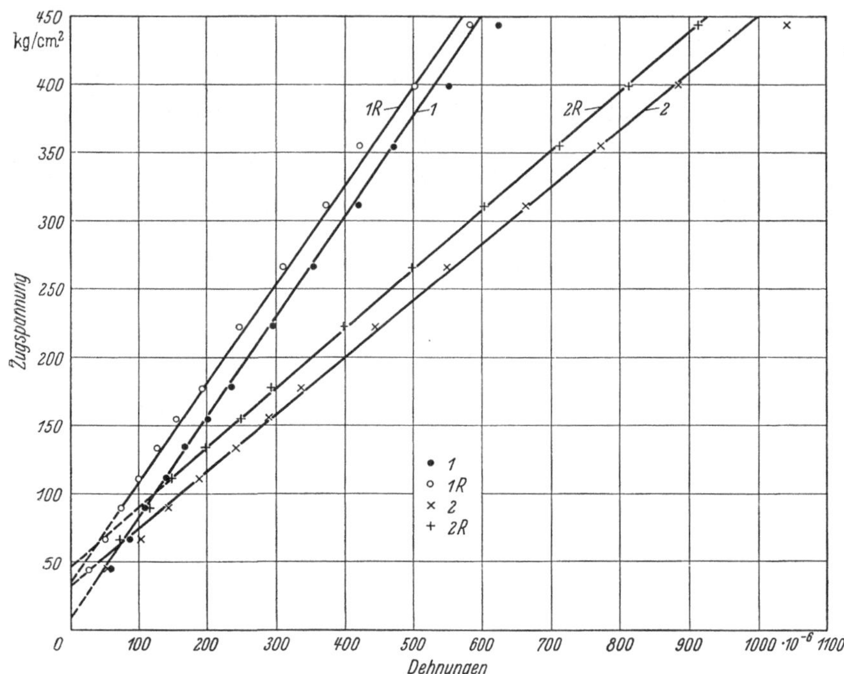

Abb. 18. Zugversuch am Gußeisenstab Meßstellen 1 und 2; 1 R und 2 R Rückfederungskurven

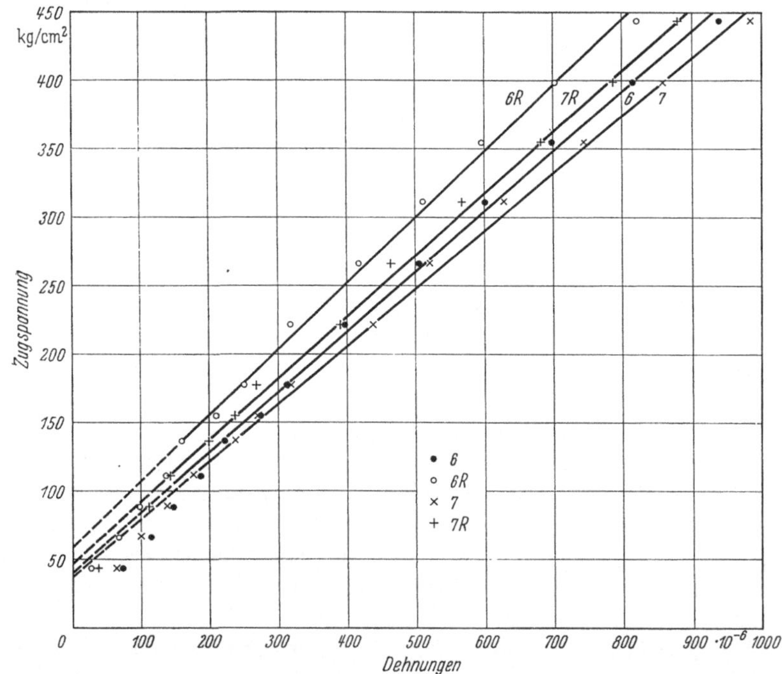

Abb. 19. Zugversuch am Gußeisenstab Meßstellen 6 und 7; 6 R und 7 R Rückfederungskurven

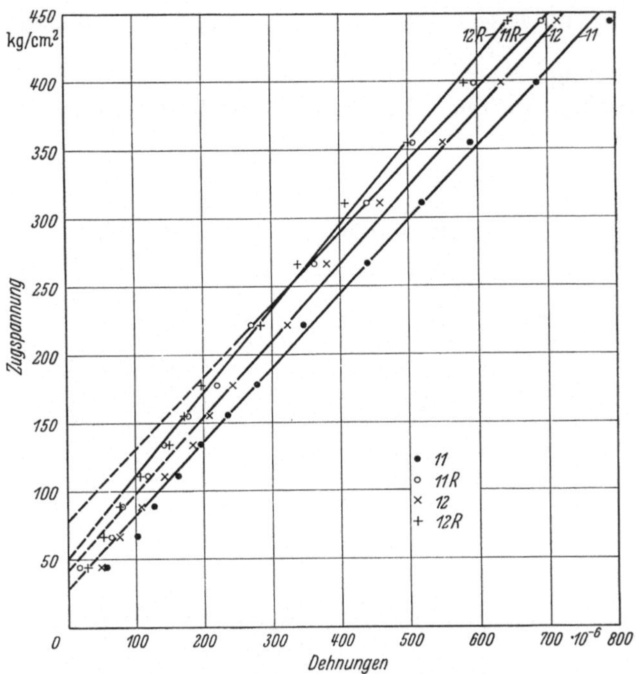

Abb. 20. Zugversuch am Gußeisenstab Meßstellen 11 und 12; 11 R und 12 R Rückfederungskurven

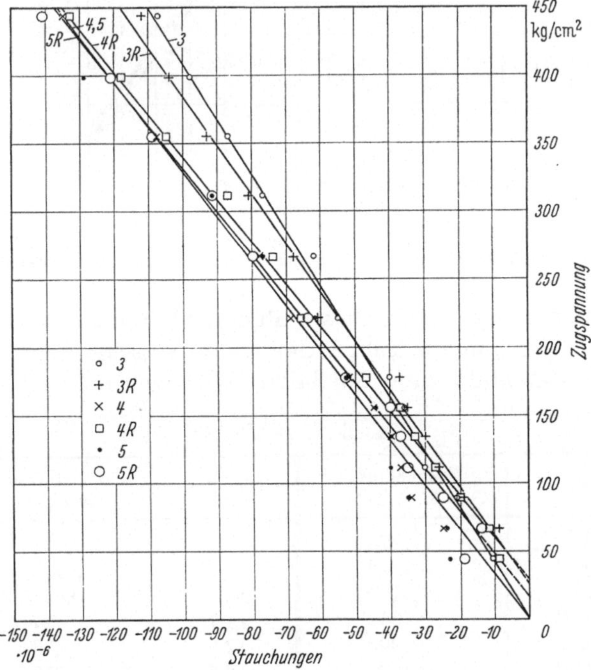

Abb. 21. Zugversuch am Gußeisenstab Meßstellen 3, 4 und 5; 3 R, 4 R und 5 R Rückfederungskurven

Fehlerrechnung lehrt, daß der Fehler der Einzelmessung mit $\pm 0{,}09 \cdot 10^6$ kg/cm², der Fehler des Mittelwertes mit $\pm 0{,}025 \cdot 10^6$ eingesetzt werden muß. Daher lautet das Endergebnis:

$$E \text{ (Gußeisen)} = (0{,}53 \pm 0{,}025) \cdot 10^6 \ \text{kg/cm}^2$$

oder

$$E \text{ (Gußeisen)} = (0{,}53 \pm 4{,}7\,\%) \cdot 10^6 \ \text{kg/cm}^2.$$

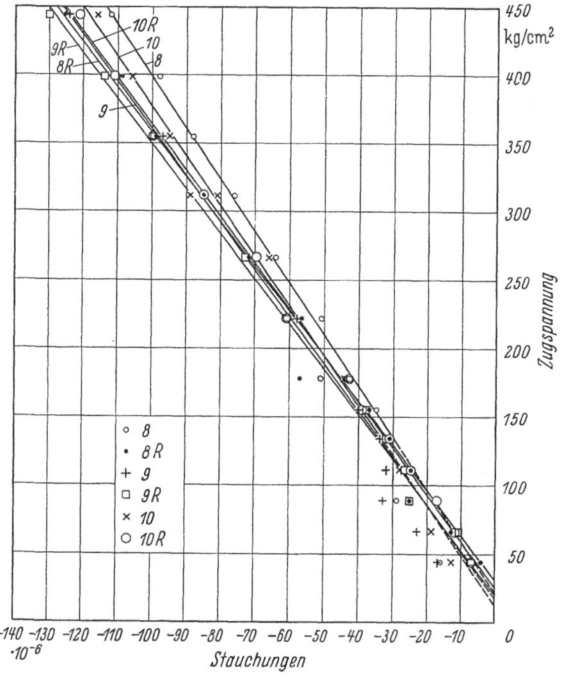

Abb. 22
Zugversuch am Gußeisenstab Meßstellen 8, 9 und 10; 8 R, 9 R und 10 R Rückfederungskurven

Wir kommen zur Kritik dieser Meß- und Berechnungsergebnisse. Zunächst ersieht man aus Tab. 8, daß die an verschiedenen Meßstellen ermittelten E-Moduln zum Teil beträchtlich voneinander abweichen.

Tabelle 8. E-Moduln

Meßreihe	E-Modul $\cdot 10^{-6}$ in kg/cm²	Meßreihe	E-Modul $\cdot 10^{-6}$ in kg/cm²
1	0,7375	7	0,4218
1 R	0,7242	7 R	0,4523
2	0,4175	11	0,5410
2 R	0,4347	11 R	0,5277
6	0,4398	12	0,5634
6 R	0,4839	12 R	0,6107

Wie bei den Gefügebildern zeigt sich also auch hier deutlich und ausgesprochen die Inhomogenität des untersuchten Gußeisens. Der Wert
$0,53 \cdot 10^6$ kg/cm² ist recht niedrig; so findet man in der Literatur
folgende Angaben:

$$E = 0,64 \cdot 10^6 \text{ kg/cm}^2 \quad \text{für ein Gußeisen mit } 3,95\% \text{ Gesamt C,}$$
$$1,9\% \text{ Si, } 0,65\% \text{ Mn und } 0,32\% \text{ Cu.}$$

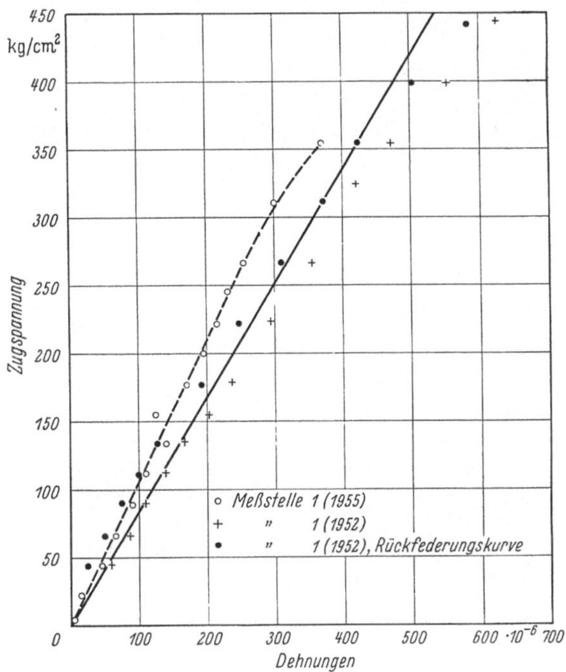

Abb. 23. Zugversuch am Gußeisenstab Vergleich zwischen alten und neuen Meßwerten

Wir werden später im IV. Abschn. sehen, daß man *E*-Modul und
Querkontraktionszahl v aus den gemessenen Dehnungen des mittleren
zylindrischen Kesselteiles berechnen kann, wenn die Spannungen dort
bekannt sind oder berechnet werden können. Dabei ergibt sich, wie hier
vorweggenommen sei, ein *E*-Modul von $0,91 \cdot 10^6$ kg/cm². Wir haben
daher in den theoretischen Untersuchungen beide Fälle, $E = 0,53 \cdot 10^6$
und $E = 0,91 \cdot 10^6$ kg/cm², in Betracht gezogen. Außerdem wurden
die Zugstabversuche an dem gleichen Zugstab unter gleichen Verhältnissen nach 3 Jahren noch einmal wiederholt, um insbesondere das
Nullpunktsverhalten aufzuklären. In Abb. 23 sind die Ergebnisse für
Meßstelle 1, in Abb. 24 für Meßstelle 12 eingezeichnet worden. Die
früheren Meßergebnisse wurden zum Vergleich mit eingetragen. Man

sieht deutlich, daß die neuen Meßkurven durch den Nullpunkt gehen, und daß, insbesondere bei höheren Beanspruchungen, zum Teil beträchtliche Unterschiede zwischen den alten und den neuen Meßwerten bestehen; so treten Dehnungsunterschiede bis zu $100 \cdot 10^{-6}$ auf.

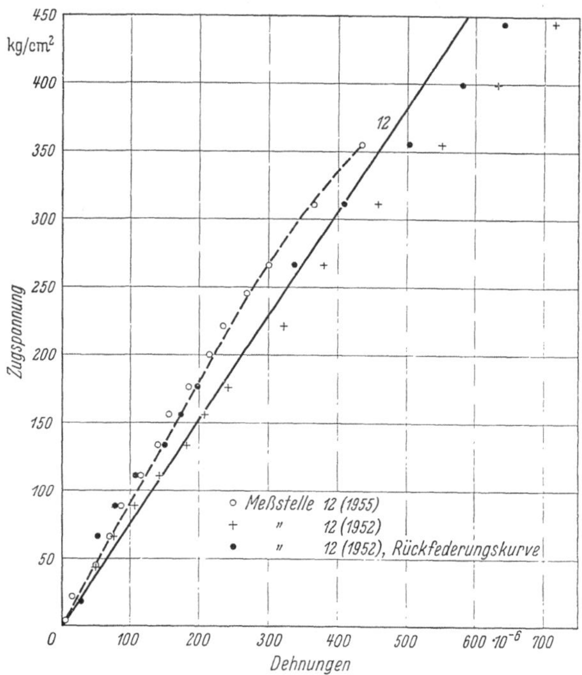

Abb. 24. Zugversuch am Gußeisenstab Vergleich zwischen alten und neuen Meßwerten

In beiden, zum Vergleich herangezogenen Fällen liegt die Rückfederungskurve zwischen der alten und der neuen Kurve. Dieser Befund weist erneut auf die Inhomogenität des Gußeisens hin. Verbindet man die Punkte der neuen Meßreihen, so erhält man eine Kurve, die bei den beiden höchsten Beanspruchungen von der Geraden durch den Nullpunkt abweicht und konkav zur Abszisse verläuft. Aber diese Abweichung von der Geradlinigkeit ist wesentlich geringer als die Unterschiede zwischen den alten und neuen Meßwerten, die vermutlich hauptsächlich durch die Inhomogenität des Gußeisens bedingt sind. Wir glauben daher mit voller Berechtigung den Schluß ziehen zu dürfen, daß dieses hier geprüfte, 6- bis 8mal bei etwa 750 bis 850° C geglühte Gußeisen, wohl infolge einer in bestimmten Bereichen weitgehenden Umwandlung des Perlites in Ferrit (s. Gefügebilder) dem Hookeschen Gesetz innerhalb der Meßgenauigkeit und der Grenzen der aufgetretenen bzw. hervorgerufenen Dehnungen und Spannungen gehorcht. Es ist lange bekannt, daß dies beim jungfräulichen Gußeisen nicht der Fall ist [*19*]. Legt man durch die alten und neuen Meßpunkte in den Abb. 23 und 24 eine mittlere Gerade, die durch den Nullpunkt geht, so nähern

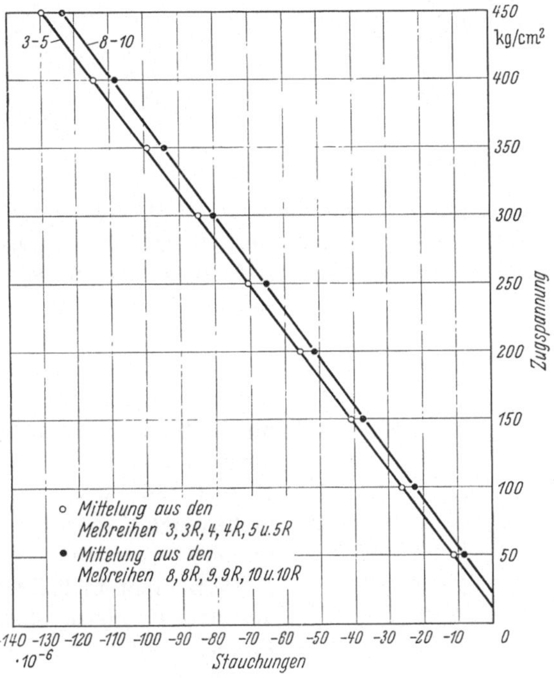

Abb. 25. Zugversuch am Gußeisenstab

sich dieser Geraden am meisten die Rückfederungswerte der alten Meßreihen an. Aus dem Neigungstangens dieser Geraden erhält man schließlich die folgenden *E*-Moduln:

$$\text{Meßstelle} \quad 1: E = 0{,}84 \cdot 10^6 \text{ kg/cm}^2,$$

$$\text{Meßstelle} \ 12: E = 0{,}76 \cdot 10^6 \text{ kg/cm}^2.$$

Zur Bestimmung der Querkontraktionszahl ν wurde aus den Geraden 3, 3 *R*, 4, 4 *R*, 5 und 5 *R* (vgl. Abb. 21) durch einfache arithmetische Mittelung der entsprechenden Stauchungen eine Mittelgerade festgelegt, ebenso aus den Geraden 8, 8 *R*, 9, 9 *R*, 10 und 10 *R* (vgl. Abb. 22). Wie erwähnt, lagen die Meßstellen 3 bis 5 und 8 bis 10 jeweils in einer Ebene des Stabes. Die Mittelgeraden sind in Abb. 25 dargestellt worden. Die Stauchungen der Mittelgerade 3 bis 5 wurden nun mit den Dehnungen der Mittelgeraden aus 1 und 1 *R*, aus 2 und 2 *R* sowie der Geraden 7 R (alle von der alten Versuchsreihe) kombiniert, während die Stauchungen der Mittelgeraden 8 bis 10 mit den Dehnungen der Geraden 12 und 7 R kombiniert wurden. Diese Art der Kombination war durch die Lage der Meßstellen gegeben (vgl. Abb. 17). Aus den sich ergebenden 38 verschiedenen Werten für die Querkontraktionszahl v wurde der Mittelwert gebildet. Nach Durchführung einer Fehlerrechnung ergab sich folgendes Endergebnis:

$$v \text{ (Gußeisen)} = 0{,}174 \pm 0{,}004$$

oder

$$v \text{ (Gußeisen)} = 0{,}174 \pm 2{,}3\%.$$

Während also beim Schmiedeeisen das Problem der Festigkeitsstoffwerte (E, v) nicht besteht, kommt diesem beim Gußeisen besondere Bedeutung zu. Messung und Auswertung müssen dabei sehr sorgfältig durchgeführt werden, da es ja nicht nur auf die Bestimmung *des E*-Moduls ankommt, sondern auch der Nachweis geführt werden muß, ob ein HOOKEsches Verhalten vorliegt oder nicht. Wird das HOOKEsche Gesetz vom Material nicht befolgt, so werden alle Berechnungen wesentlich komplizierter, da von einer nichtlinearen Festigkeitslehre auszugehen ist. Wir können indessen annehmen, was durch das oben gebrachte Beispiel belegt wird, daß das für die Emaillierungen verwendete Gußeisen durch die zahlreichen erforderlichen Glühungen eine lineare Abhängigkeit von Spannung und Dehnung aufweist.

§ 10. Thermischer Ausdehnungskoeffizient des Emails

Auch die Berechnung des thermischen Ausdehnungskoeffizienten des Emails läßt sich am zweckmäßigsten ohne Einschränkung der Allgemeingültigkeit an einem Beispiel erklären, zumal man für einen Vergleich der Ausdehnungskoef-

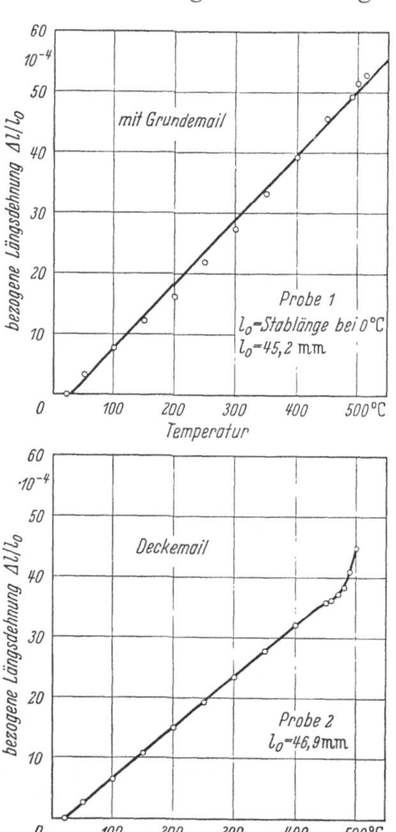

Abb. 26. Bezogene Längsdehnungen zweier Emailstäbe bei Temperaturerhöhung

fizienten von Träger- und Schutzwerkstoff ohnehin Zahlenwerte heranziehen muß.

Die Abb. 26 und 27 zeigen die Temperaturabhängigkeit der bezogenen Längsdehnung $\Delta l/l_0$ einiger *von einem Kesselemail abgenommener* Emailproben. 2 Proben bestanden je aus Grund- und Deckemail, eine Probe nur aus Deckemail. Bei der Probe 1 von 45,2 mm Grundlänge liegt die Erweichungstemperatur jedenfalls oberhalb von 515° C, für die beiden anderen Proben liegt diese Temperatur bei etwa 500° C. Hierbei wird im Sinne von DIETZEL und MEURES [20] unter Erweichungstemperatur die Mitteltemperatur *des* Intervalls verstanden, in dem die lineare Ausdehnung sehr viel stärker anwächst, als der ursprünglichen linearen Zunahme (bei tieferen Temperaturen) entspricht. Für die mittleren linearen Ausdehnungskoeffizienten im Temperaturbereich zwischen 20 und 490° C erhält man nach Abb. 26 und 27:

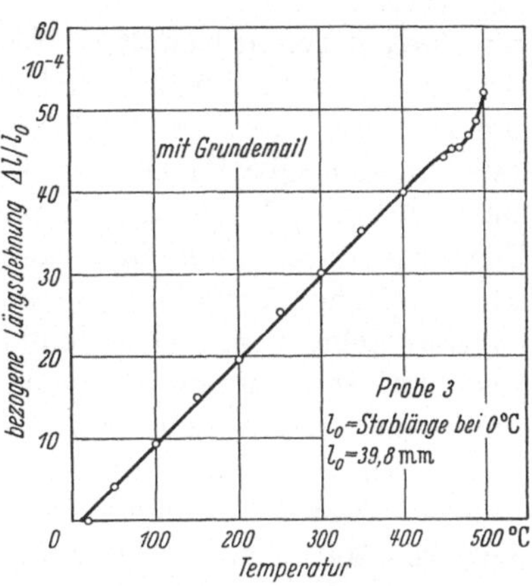

Abb. 27. Bezogene Längsdehnung eines Emailstabes bei Temperaturerhöhung

$$\text{Probe 1:}\quad \alpha_{20-490°} = \frac{49,2}{470}\,10^{-4} = 10,47 \cdot 10^{-6}\ \text{grad}^{-1}$$

$$\text{Probe 2:}\quad \alpha_{20-490°} = \frac{41,0}{470}\,10^{-4} = 8,72 \cdot 10^{-6}\ \text{grad}^{-1}$$

$$\text{Probe 3:}\quad \alpha_{20-490°} = \frac{48,5}{410}\,10^{-4} = 10,32 \cdot 10^{-6}\ \text{grad}^{-1}$$

Da es sich eingebürgert hat (vgl. DIETZEL und MEURES l. c.), den mittleren kubischen Ausdehnungskoeffizienten in 10^{-7} grad^{-1} anzugeben, wollen wir dies hier auch tun. So ergibt sich:

$$\text{Probe 1:}\quad \gamma_{20-490°} = 314 \cdot 10^{-7}\ \text{grad}^{-1}$$

$$\text{Probe 2:}\quad \gamma_{20-490°} = 262 \cdot 10^{-7}\ \text{grad}^{-1} \quad \text{(Deckemail!)}$$

$$\text{Probe 3:}\quad \gamma_{20-490°} = 310 \cdot 10^{-7}\ \text{grad}^{-1}$$

Für das oben untersuchte Gußeisen hatten wir $\gamma_{20-490°}$ (Gußeisen) $= 365 \cdot 10^{-7}$ grad^{-1} gefunden. Nach DIETZEL und MEURES [20] sollte der mittlere kubische Ausdehnungskoeffizient des *aufgebrannten* Grundemails in der Nähe der Blechoberfläche etwa um $20—30 \cdot 10^{-7}$ grad^{-1} kleiner als der des Eisenbleches sein. Nun, wir haben hier kein Eisenblech, sondern Gußeisen, ferner handelt es sich bei den Proben 1 und 3 um Stücke, die Grund- und Deckemail zusammen enthalten. Immerhin ist der Unterschied der Ausdehnungskoeffizienten von $50\text{—}55 \cdot 10^{-7}\,\text{grad}^{-1}$ beinahe doppelt so groß, wie als zulässig erachtet wird. Andererseits sind grundsätzlich die Ausdehnungskoeffizienten der verschiedenen Schichten des Grundemails entsprechend ihrem verschieden hohen Gehalt an Eisenoxyden (wohl auch beim Gußeisen) verschieden, und DIETZEL und MEURES geben ein Beispiel an, in dem der mittlere kubische Ausdehnungskoeffizient von $390 \cdot 10^{-7}\,\text{grad}^{-1}$ nahe an der Oberfläche des Eisens ($\gamma = 410 \cdot 10^{-7}\,\text{grad}^{-1}$) bis auf $360 \cdot 10^{-7}\,\text{grad}^{-1}$ nahe der Verzahnungsnaht des Deckemails abnimmt. Es ist also durchaus nicht besorgniserregend, wenn zwischen den mittleren kubischen Ausdehnungskoeffizienten des Trägerwerkstoffes und der *äußeren* Schicht des Grundemails Unterschiede von $50 \cdot 10^{-7}\,\text{grad}^{-1}$ bestehen. In unserem Beispiel kommt noch hinzu, daß das Grundemail nicht allein gemessen werden konnte, sondern nur mit dem Deckemail zusammen. Ein weiterer Gesichtspunkt ist ebenfalls von Belang: Nimmt man nicht eine Erweichungstemperatur von 490°, sondern von 500° C an, so bekommt man folgende Werte (alle in grad^{-1}):

$$\text{Probe 1:}\quad \alpha_{20-500} = \frac{51{,}5}{480}\,10^{-4} = 10{,}73 \cdot 10^{-6}, \qquad \gamma_{20-500} = 322 \cdot 10^{-7}$$

$$\text{Probe 2:}\quad \alpha_{20-500} = \frac{44{,}7}{480}\,10^{-4} = 9{,}31 \cdot 10^{-6}, \qquad \gamma_{20-500} = 279 \cdot 10^{-7}$$

$$\text{Probe 3:}\quad \alpha_{20-500} = \frac{52{,}0}{480}\,10^{-4} = 10{,}84 \cdot 10^{-6}, \qquad \gamma_{20-500} = 325 \cdot 10^{-7}$$

$$\text{Gußeisen:}\quad \alpha_{20-500} = \frac{58{,}2}{480}\,10^{-4} = 12{,}13 \cdot 10^{-6}, \qquad \gamma_{20-500} = 364 \cdot 10^{-7}$$

Hier hat sich also der Unterschied der Ausdehnungskoeffizienten auf $40 \cdot 10^{-7}\,\text{grad}^{-1}$ vermindert. Wir wollen den weiteren Beispielen bei der Berechnung *diese* Verhältnisse zugrunde legen und geben in Abb. 28 eine schematische Darstellung, aus der die örtliche Änderung der mittleren thermischen Ausdehnungskoeffizienten hervorgeht. PETZOLD [21] gibt an, daß „die mittleren Ausdehnungskoeffizienten von *Deckemails* für Gußeisen normalerweise bei etwa $300 \cdot 10^{-7}\,\text{grad}^{-1}$ liegen und $320 \cdot 10^{-7}\,\text{grad}^{-1}$ selten überschreiten". Es ist also, jedenfalls was den thermischen Ausdehnungskoeffizienten betrifft, bei unserem Kessel durchaus nicht einzusehen, warum Emailschäden in beträchtlichem Umfang eingetreten sind, vorausgesetzt, daß alle Emailpartien kein wesentlich anderes Aus-

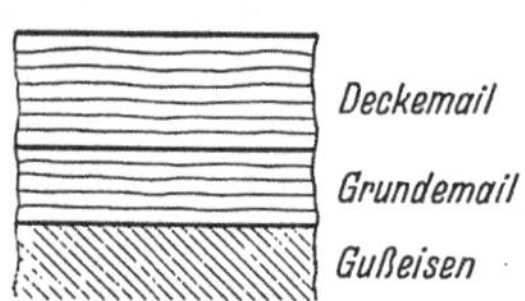

Abb. 28. Schematische Darstellung der aufgebrannten Emailschichten und ihrer mittleren linearen Ausdehnungskoeffizienten

Mittlerer thermischer Ausdehnungskoeffizient im Intervall 20° bis 500° C in grad^{-1}

	linear	kubisch
D	$9{,}32 \cdot 10^{-6}$	$279 \cdot 10^{-7}$
Gr	$10{,}84 \cdot 10^{-6}$	$325 \cdot 10^{-7}$
Gu	$12{,}13 \cdot 10^{-6}$	$364 \cdot 10^{-7}$

dehnungsverhalten zeigen als die untersuchten Proben. *Immerhin kommt für das Email, wie ·wir später sehen werden, schon eine beträchtliche Druckvorspannung heraus, wenn man mit dem Ausdehnungskoeffizienten von Probe 2 rechnet.* Nun hat zwar, wie immer betont wird, das Email eine wesentlich höhere Druck- als Zerreißfestigkeit (PETZOLD rechnet mit dem Faktor 10), aber DIETZEL und MEURES [20] weisen darauf hin, was besonders unterstrichen werden sollte, daß bei zu großer Verschiedenheit der Ausdehnungskoeffizienten gegenüber dem Gußeisen bedeutende Druckspannungen entstehen, unter deren Einwirkung das Email zum *Abplatzen* neigt. Jedenfalls ist der Hinweis wichtig, daß Emailfehler durchaus nicht nur durch (zu hohe) Zugspannungen verursacht werden können. Emails, die unter relativ hohen Druckvorspannungen stehen, sind also gerade an den Stellen des Kessels gefährdet, wo hohe *Druck*spannungen im Betrieb eintreten (nämlich am Flanschhals und am Übergang zum Flanschteller, wie hier vorweggenommen sei).

§ 11. Zerreißfestigkeit, *E*-Modul und Querkontraktionszahl des Emails

PETZOLD [22] erwähnt, daß für gewöhnliche technische Gläser im allgemeinen Zerreißfestigkeiten von 7 bis 9 kg/mm², für Bleigläser Zerreißfestigkeiten zwischen 4 und 6 kg/mm² und für Kieselglas von etwa 9 kg/mm² angegeben werden. Diese Werte gelten allerdings nur für Gläser (die Werte für Email dürften in der gleichen Größenordnung liegen), *die nicht auf einem metallischen Träger aufgezogen sind.* Zwar vermuteten SIROVY und CZOLGOS [23], daß die Zugfestigkeit durch die Brennvorgänge und die Verbindung mit dem Metall wahrscheinlich erhöht wird, aber JOHNSON und CANFIELD [24]

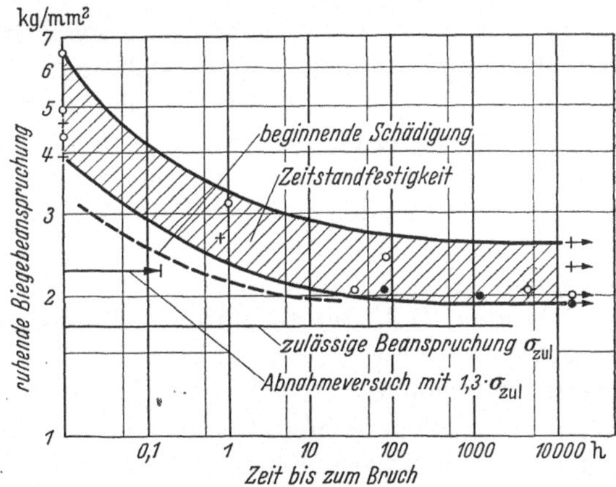

Abb. 29. Zeitstandfestigkeit und Schadenslinie von Silikatglas (nach K. RICHARD [25])

wiesen nach, daß Eisenoxyde die Zerreißfestigkeit herabsetzen. RICHARD [25] hat das Festigkeitsverhalten von Silikatglas bei lang einwirkender Belastung untersucht. Wie Abb. 29 zeigt, das der Arbeit von RICHARD entnommen ist, fällt die Festigkeit nach einigen 1000 Stunden auf etwa 2 kg/mm² ab, so daß die zulässige Beanspruchung in diesem Fall auf etwa 1,7 kg/mm² begrenzt werden muß. Diese Beobachtungen konnten auch von uns bestätigt werden. So wurden an sechs verschiedenen Probestücken eines Teiles einer chemisch von einem Kessel abgelösten Emailschicht die in der folgenden Tab. 9 zusammengestellten Werte gemessen.

Tabelle 9. *Zerreißfestigkeit des abgelösten Kesselemails (Wandstärke etwa 1 mm)*

Probe Nr.	Zerreißfestigkeit in kg/mm²	Absolute Abweichung vom Mittelwert
1	0,96	0,09
2	0,99	0,12
3	0,91	0,04
4	0,69	0,18
5	0,92	0,05
6	0,76	0,11
Mittelwert	0,87	0,098

Als Endergebnis erhält man:

Mittlere Zerreißfestigkeit 0,87 kg/mm².
Durchschnittliche Abweichung der Einzelmessung vom Mittelwert
± 0,098 kg/mm² = ± 11,27%.
Durchschnittlicher Fehler des Mittelwertes ± 0,04 = ± 4,6%.

Die geringe Zerreißfestigkeit ist überraschend; allerdings muß dabei berücksichtigt werden, daß es sich um relativ dünne Emailstücke handelt, *die bereits seit längerer Zeit den Betriebsbedingungen unterworfen waren.* Vergleicht man die Werte von RICHARD mit den von uns gemessenen, so erscheint es durchaus möglich, daß das vorliegende Kesselemail unter den obwaltenden Betriebsbedingungen (etwa 1000 Betriebsstunden), eine Abnahme seiner Zerreißfestigkeit bis auf etwa 1 kg/mm² erlitten hat.

Für den *E-Modul* technischer Gläser gibt PETZOLD [26] Werte zwischen 0,5 und 0,8 · 10⁶ kg/cm² und für die *E*-Moduln von Email Werte zwischen 0,5 und 1,3 · 10⁶ kg/cm² an. SCHAEFER und NASSENSTEIN [27] haben *E*-Modul und Querkontraktionszahl von 154 verschiedenen *optischen* Gläsern bestimmt. Dabei ergaben sich die folgenden Wertebereiche:

$$E\text{-Modul}: (0,4712 \text{ bis } 0,9094) \cdot 10^6 \text{ kg/cm}^2,$$

$$\nu: 0,1950 \text{ bis } 0,2839.$$

Der *E*-Modul des Emails wurde von uns durch Belastung eines Emailplättchens von etwa 1,5 mm Dicke, das auf 2 Schneiden lagerte, gemessen, während die Querkontraktionszahl mit Hilfe von Dehnungsmeßstreifen ermittelt wurde. Für das oben auf Zerreißfestigkeit untersuchte Email ergab sich so im einzelnen nach wiederholten Messungen:

$$E = 0{,}536 \cdot 10^6 \text{ kg/cm}^2,$$

$$\nu = 0{,}20\,.$$

Die von uns gemessenen Werte dieses Emails liegen also innerhalb der von den verschiedenen Autoren angegebenen Wertebereiche, allerdings an der unteren Grenze dieser Bereiche. Die Elastizität des Emails ist insofern für die Haltbarkeit und Festigkeit der Emaillierung von ausschlaggebender Bedeutung, als sie, wie STUCKERT [28] bemerkt, den durch die unterschiedliche Ausdehnung von Metall und Email bedingten Spannungen entgegenwirkt und darüber hinaus die bei der praktischen Beanspruchung unvermeidlichen deformierenden Kräfte ausgleichen muß.

III. Auswertung von Dehnungsmessungen

Wurde im vorigen Abschnitt an emaillierten Druckgefäßen die Bedeutung der Festigkeitseigenschaften der verwendeten Werkstoffe für die Bestimmung der Beanspruchungen besprochen, so stehen in diesem Abschnitt die zweckmäßige Anordnung von Meßstellen und die geeignete Auswertung der Messungen im Vordergrund der Betrachtung. Bei der Auswertung der Meßergebnisse ermöglicht eine bekannte statistische Methode, die Genauigkeit des Meßverfahrens abzuschätzen, zugleich können dabei die Richtungskoeffizienten (statistisch Regressionskoeffizienten genannt) für die geradlinige Veränderung der Verzerrungen mit wachsendem Innendruck ermittelt werden. An einigen besonders wichtigen, weiter unten angegebenen Meßstellen empfiehlt es sich, die Hauptdehnungen zu bestimmen; ein Vergleich mehrerer gleichartiger (d. h. in der gleichen Horizontalebene liegender) Tangentialverzerrungen erlaubt Rückschlüsse auf die Inhomogenität des Materials.

§ 12. Wahl der Meßstellen

In den Abb. 30 und 31 ist die zweckmäßige Lage der Meßstellen eingezeichnet worden, die man zur vollständigen Untersuchung der Festigkeitsbeanspruchung bei innerem oder äußerem Überdruck benötigt: Abb. 30 bringt die vollständige Lagezeichnung sämtlicher für den oben erwähnten 6000 l-Kessel benutzten 79 Meßstellen, während in Abb. 31 die Anordnung der in einem Meridianschnitt dieses Kessels liegenden Meßstellen dargestellt ist. Abb. 6 zeigt eine Fotografie des gesamten Kessels, während in den Abb. 7 und 8 Lage und Anbringung einiger Meßstellen auf dem Email fotografiert sind. Die Meßstellen

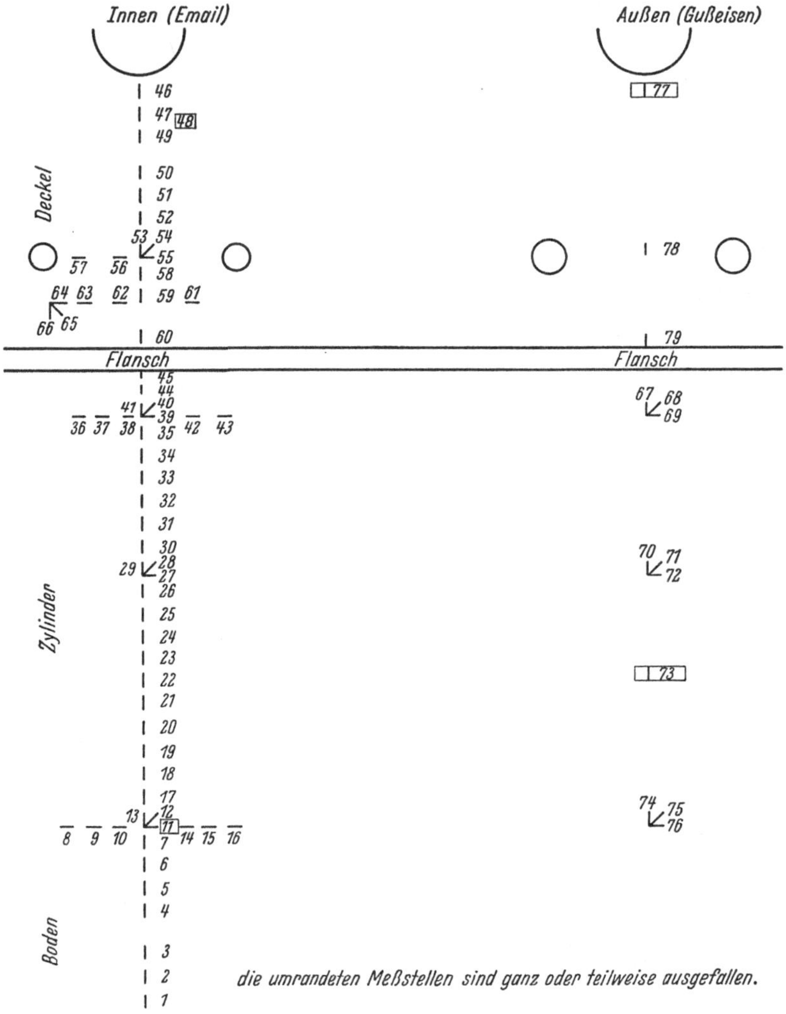

Abb. 30. Anordnung der Meßstellen (schematisch); nicht genau maßstäblich

1 bis 66 liegen auf der *inneren* Emailschicht des Kessels, die im folgenden stets als *äußere* Emailfaser bezeichnet wird (die Innenfaser des Emails und die Innenfaser des Gußeisens liegen aufeinander und sind der Messung unzugänglich), wohingegen sich die Meßstellen 67 bis 79 auf der Außenfaser des Gußeisens befinden. Der Kessel ist mit einer Bodentasche ausgerüstet; alle Meßstellen sind an dem Teil der Kessel-

wandung angeordnet, der gegen die Bodentasche um 90° versetzt ist. Die Mehrzahl der Meßstellen befindet sich auf der Emailfaser im allgemeinen im Abstand von 8,5 bis 9,5 cm von Meßstelle zu Meßstelle, weil insbesondere das Dehnungsverhalten des Emails untersucht werden sollte. An besonders wichtigen Stellen, nämlich am Übergang von der Bodenkrempe zum zylindrischen Teil, am Übergang vom zylindrischen Teil zum Kesselflansch und zwischen den beiden nichtzentralen Durchbrüchen des Deckels wurden mehrere Tangentialverzerrungen innerhalb einer Horizontalebene (bzw. auf einem Breitenkreis für den Deckel) gemessen, auch sollten Dreifachmeßstellen dort die Bestimmung von Größe und Richtung der Hauptdehnungen ermöglichen (ebenfalls in der Mitte des zylindrischen Teiles). Die Messungen auf der Gußeisenhaut sollten einem Vergleich zwischen Messung und Berechnung dienen.

§ 13. Statistische und graphische Auswertung zweier kennzeichnender Meßreihen

Die genaueste Auswertung der Meßergebnisse ist unerläßlich, um aus ihnen weitere Schlüsse ziehen zu können. An jeder Meßstelle wurden im allgemeinen die Verzerrungen für die Innendrucke von 1 bis 7 atü gemessen. Zeichnet man sich für eine bestimmte Meßstelle die Verzerrungen in Abhängigkeit vom Innendruck auf, so ist zunächst die *Art der Abhängigkeit* zu klären.

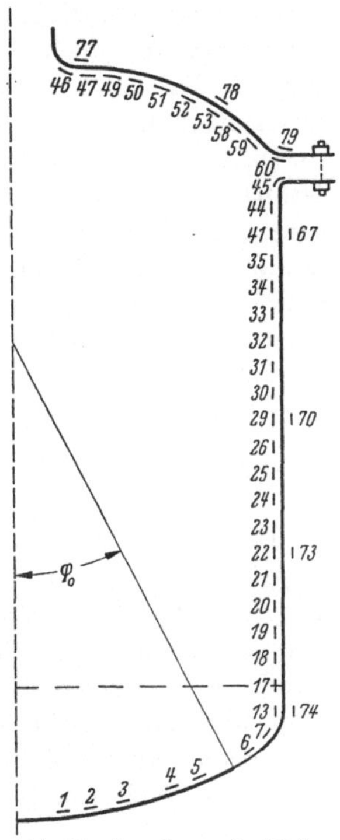

Abb. 31. Anordnung der Meßstellen (schematisch); nicht genau maßstäblich

(Wir haben — entgegen der sonstigen Gepflogenheit — den Innendruck auf der Abszisse und die Verzerrungen auf der Ordinate abgetragen, weil jener das primäre, die Ursache ist.) Wir wissen nun aus dem II. Abschnitt auf Grund der Zugstabversuche am Gußeisen und der Zugversuche am Email, *daß die beiden Werkstoffe in ihrer für die Kessel verwendeten Art dem Hookeschen Gesetz gehorchen*, daß also ein linearer Zusammenhang zwischen bezogener Kraft (Druck) und Dehnung besteht. Man kann daher von vornherein erwarten, daß dieser geradlinige Zusammenhang auch bei den *Kessel*messungen wiedergefunden wird. (Naturgemäß können sich diese und alle weiteren Aussagen nur auf den elastischen Bereich, im Beispiel auf das Beobachtungsintervall 0 bis 7 atü Innendruck beziehen.) Trotzdem wurden sämtliche Meßreihen nach bekannten, aber im weiteren noch einmal an 2 Beispielen erläuterten statistischen Methoden auf die Geradlinigkeit des Verzerrungsverlaufes untersucht. Dabei zeigte sich — um das Ergebnis vorwegzunehmen —, daß der geradlinige Verlauf in manchen Fällen gut, in vielen jedoch sogar ausgezeichnet gewährleistet ist, allerdings erst für Innendrucke über 1 bis 2 atü. Wir greifen uns zuerst die Messungen an der Meßstelle (12) für ein Beispiel heraus. Wie Abb. 30 zeigt, handelt es sich hier um Dehnungen unter 45° am Übergang von der Bodenkrempe zum zylindrischen Teil. In Tab. 10 sind links der Innendruck p in atü (als Größe x) und die entsprechende Dehnung $\varepsilon \cdot 10^6$ (als Größe y) eingetragen. Nach S. KOLLER [29] werden nun das Mittel M_y aller Größen y und die Differenzen $y - M_y$ sowie die Größen $(y - M_y)^2$ und $x\,(y - M_y)$ gebildet. Haben die Abszissen der Meßpunkte gleiche Abstände voneinander, wie es hier der Fall ist, so bezeichnet man am einfachsten die x-Werte der Reihe nach mit $1, 2, 3 \ldots, n$, und für das Mittel M_x ergibt sich:

$$M_x = \frac{n+1}{2} \tag{15}$$

Die gerade Linie, die sich den Beobachtungspunkten am besten anpaßt, wird sodann nach der *Methode der kleinsten Quadrate* berechnet. Nach KOLLER [29] erhält man für den *Richtungskoeffizienten* (*Regressionskoeffizienten*) R dieser Geraden, wenn man die Abweichungsquadrate der Punkte von der Geraden, senkrecht zur x-Achse gemessen, zum Minimum macht und wenn man die in der Nähe von M_x und M_y gelegenen ganzen Zahlen A und B als Hilfswerte einführt mit der speziellen Bedeutung

$$A = 0$$

$$B = M_y$$

$$R = \frac{\sum_i x_i\,(y_i - M_y)}{\sum_i (x_i - M_x)^2} \tag{16}$$

Für den *Korrelationskoeffizienten* r, *der die Stärke* (*Strammheit*) *eines geradlinigen Zusammenhanges* zwischen 2 Veränderlichen x und y mißt, ergibt sich unter den gleichen Voraussetzungen:

$$r = \frac{\sum_i x_i\,(y_i - M_y)}{\sqrt{\left(\sum_i x_i^2 - n\,M_x^2\right) \sum_i (y_i - M_y)^2}} \tag{17}$$

Zur Beurteilung der Frage, ob mit statistischer Sicherheit eine geradlinige Zu- bzw. Abnahme der Verzerrungen mit wachsendem Innendruck erfolge, wird der Korrelationskoeffizient mit dem von der Zahl der Freiheitsgrade m abhängigen Zufallshöchstwert verglichen. Es gilt [30]

$$m = n - 2$$

Für Meßreihe 12 ist, wie man aus Tab. 10 ersieht:

$$R = 15,9 \cdot 10^{-6} \, (\text{atü})^{-1} \quad \text{und} \quad r = 0,979$$

Es sei besonders darauf hingewiesen, daß die in der Tabelle und auch hier angegebenen Dezimalstellen von 10^{-6} lediglich Rechenstellen sind und keine Aussage über die Genauigkeit der Messungen machen.

Für $n = 7$ und folglich 5 Freiheitsgrade beträgt der Zufallhöchstwert nach KOLLER 0,927. Meßreihe 12 kann daher nicht (weil $r > 0,927$ ist) im Rahmen der üblichen Zufallsgrenzen als Stichprobe aus einer Gesamtheit horizontal verlaufender Geraden aufgefaßt werden oder, anders ausgedrückt, die Zunahme der Dehnungen mit wachsendem Innendruck ist eine echte Zunahme im Sinne der Statistik. In der graphischen Darstellung wird durch den Punkt mit den Koordinaten M_x, M_y die Gerade mit der Steigung R gelegt, und dies ist die Gerade, die sich nach der *Methode der kleinsten Quadrate* den Meßpunkten am besten *anpaßt* (vgl. Abb. 32).

Das geschilderte Verfahren mag umständlich erscheinen, wo man (wie hier) durch ein einfaches Auftragen der Meßpunkte viel rascher zum Ziele zu kommen scheint. Es hat sich jedoch für die am 6000 l-Kessel vorliegenden 79 Meßreihen außerordentlich bewährt, weil ein Durchziehen der Geraden nach Augenmaß willkürlich und nicht zweifelsfrei ist. *Zudem ist der berechnete Korrelationskoeffizient ein unbestechlicher Richter darüber, ob ein geradliniger Zusammenhang vorliegt, aber auch,* ob die Zahl der vorhandenen Meßpunkte ausreicht, die Geradlinigkeit zu gewährleisten. Bei 65 % der statistisch ausgewerteten Meßreihen wurden 7, bei 21,5 % 6 und bei 13,5 % 5 Meßpunkte zur Auswertung benutzt. Je geringer die Zahl der Meßpunkte, um so höher der Zufalls-

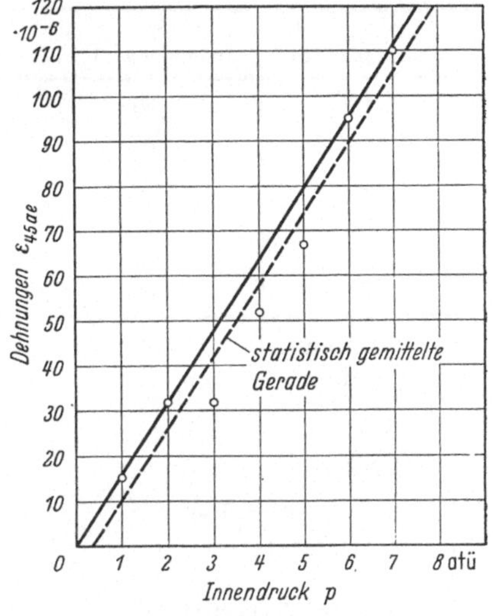

Abb. 32. Abhängigkeit der Dehnungen vom Innendruck für Meßstelle 12

Regressionskoeffizient $R = +15,9 \, \dfrac{10^{-6}}{\text{atü}}$;

Korrelationskoeffizient $r = 0,979 >$ Zufallshöchstwert $= 0,927$;

Benützung aller 7 Meßpunkte;

Dehnungen unter 45° am Übergang von der Bodenkrempe zum zylindrischen Teil höchstwert, der bei 6 Meßpunkten 0,957 und bei 5 schon 0,983 beträgt. Sind also in den Meßreihen sog. *Ausreißer*, die man gern getilgt sehen möchte, so sind die Forderungen an die Lage der *übrigen* Meßpunkte um so schärfer. Dies unterstreicht die Beobachtung, daß nur 50% der Meßreihen mit 5 Meßpunkten (4 von insgesamt 8) *statistisch in Ordnung* sind, womit wir im folgenden die Tatsache bezeichnen wollen, daß eine statistisch gesicherte geradlinige Zu- oder Abnahme der Verzerrungen mit wachsendem Innendruck erfolgt.

Tabelle 10. *Statistische Auswertung der Dehnungsmessungen für Meßstelle 12, Bodenkrempe, unter 45° geneigt*

x Druck p in atü	y Dehnung $\varepsilon \cdot 10^6$	$y - M_y$	$(y - M_y)^2$	$x\,(y - M_y)$
1	15	$-42,6$	1815,00	$-\ 42,6$
2	32	$-25,6$	655,40	$-\ 51,2$
3	32	$-25,6$	655,40	$-\ 76,8$
4	52	$-\ 5,6$	31,36	$-\ 22,4$
5	67	$+\ 9,4$	88,36	$+\ 47,0$
6	95	$+37,4$	1399,00	$+224,4$
7	110	$+52,4$	2746,00	$+366,8$
Summe	403		7390,52	$+445,2$
Mittel	$M_y = 57,6$			

$$M_x = \frac{n+1}{2} = 4$$

$$\sum_i (x_i - M_x)^2 = \frac{n\,(n^2 - 1)}{12} = 28\,; \qquad \sum_i x_i^2 - n\,M_x^2 = 28$$

$$R = \text{Regressionskoeffizient} = \frac{\sum_i x_i\,(y_i - M_y)}{\sum_i (x_i - M_x)^2} = \frac{445,2}{28} = \underline{\underline{15,9}}$$

$$r = \text{Korrelationskoeffizient} = \frac{\sum_i x_i\,(y_i - M_y)}{\sqrt{\left(\sum_i x_i^2 - n\,M_x^2\right) \sum_i (y_i - M_y)^2}} = \frac{445,2}{\sqrt{28 \cdot 7390,52}}$$

$$\underset{=}{r} = \frac{445,2}{10^2 \sqrt{20,7}} = \frac{445,2}{455,0} = \underline{\underline{0,979}} > \text{Zufallshöchstwert} = 0,927$$

Zu Tabelle 11:

$$M_x = 4 \qquad \sum_i (x_i - M_x)^2 = 28 \qquad \sum_i x_i^2 - n\,M_x^2 = 28$$

$$\underset{=}{R} = -\,\frac{239,8}{28} = \underline{\underline{-\,8,56}}$$

$$\underset{=}{r} = \frac{-\,239,8}{\sqrt{28 \cdot 2423,88}} = -\,\frac{239,8}{10^2 \sqrt{6,79}} = -\,\frac{239,8}{260,6} = \underline{\underline{-\,0,920}}$$

$$|r| < \text{Zufallshöchstwert} = 0,927$$

Tabelle 11. *Statistische Auswertung der Stauchungsmessungen für Meßstelle 8, Bodenkrempe, tangential*

$\substack{x \\ \text{Druck } p \text{ in atü}}$	$\substack{y \\ \text{Dehnung } \varepsilon \cdot 10^6}$	$y - M_y$	$(y - M_y)^2$	$x(y - M_y)$
1	− 5	+ 23,4	547,60	+ 23,4
2	− 8	+ 20,4	416,20	+ 40,8
3	−27	+ 1,4	1,96	+ 4,2
4	−27	+ 1,4	1,96	+ 5,6
5	−22	+ 6,4	40,96	+ 32,0
6	−55	− 26,6	707,60	−159,6
7	−55	− 26,6	707,60	−186,2
Summe	− 199		2423,88	−239,8
Mittel	$M_y = -28,4$		(*Legende zu Tab. 11 s. S. 42 unten*)	

Als 2. Beispiel wählen wir die Messungen an Meßstelle 8; hierbei handelt es sich (vgl. Abb. 30) um Tangentialstauchungen am Übergang von der Bodenkrempe zum zylindrischen Teil. Der Regressionskoeffizient R ergibt sich (vgl. Tab. 11) zu $-8,56 \cdot 10^{-6}\ (\text{atü})^{-1}$ und für den Korrelationskoeffizient erhält man $r = -0,920$. Stellt man die Meßpunkte im üblichen Druck-Verzerrungsdiagramm graphisch dar (vgl. Abb. 33), so ist es bei dieser Meßreihe ausgesprochen schwierig, nach Augenmaß eine gerade Linie durch die Meßpunkte zu ziehen, so daß die *Abweichungen* minimal werden. Die besprochene statistische Methode liefert hingegen diese Gerade mühelos und weist zudem nach, daß die Lage der Meßpunkte auch rein zufällig so sein könnte, es sich also nicht um eine echte Zunahme der Stauchungen mit wachsendem Innendruck im Sinne der Statistik handelt. *Die Meßreihe ist mit dieser Aussage nicht wertlos geworden*, im Gegenteil. Wir können sagen: Die Stauchungen liegen in dem untersuchten Druckbereich unterhalb von $-60 \cdot 10^{-6}$, genauere Angaben für die *einzelnen* Drucke sind jedoch sinnlos.

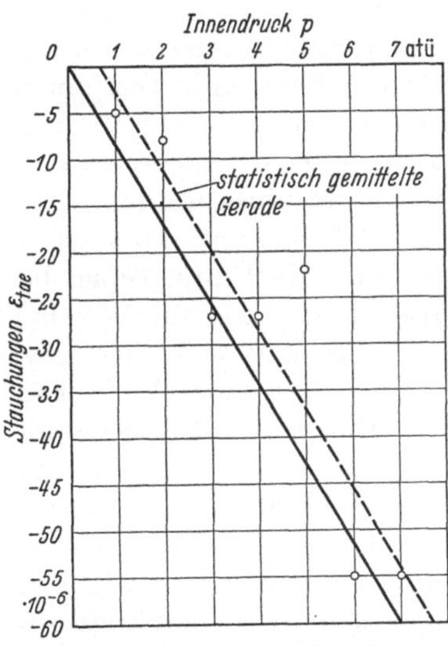

Abb. 33. Abhängigkeit der Stauchungen vom Innendruck für Meßstelle 8

Regressionskoeffizient $R = -8,56\ \dfrac{10^{-6}}{\text{atü}}$;

Korrelationskoeffizient $|r| = 0,920 <$ Zufallshöchstwert $= 0,927$;
Benützung aller 7 Meßpunkte;
Tangentialstauchungen am Übergang von der Bodenkrempe zum zylindrischen Teil

Nach der statistischen Auswertung aller 79 Meßreihen konnten nun einige *Gesetzmäßigkeiten* festgestellt werden, die allgemeine

Rückschlüsse auf die *Genauigkeit des Meßverfahrens* zulassen und im nächsten Paragraphen im Zusammenhang mit der Erläuterung der einzelnen Meßreihen besprochen werden sollen.

Zu Abb. 32 (Meßreihe 12) und Abb. 33 (Meßreihe 8) bleibt indes noch ein Wort zu sagen. In beiden Abbildungen wurde die nach der oben erläuterten Methode festgelegte Gerade als gestrichelte Linie gezeichnet. Man bemerkt, daß diese statistischen Geraden in beiden Fällen *nicht* durch den Nullpunkt des Koordinatensystems gehen, sondern die Abszissen- (Druck-) Achse in einem Punkt schneiden, dem ein kleiner, aber von Null verschiedener Innendruck entspricht. Diese Erscheinung ist uns aus Abschn. II von den Zugstabversuchen am Gußeisen bekannt. Der Nullpunkt wurde bei der statistischen Auswertung ganz ähnlich wie bei den Zugstabversuchen nicht berücksichtigt, weil nicht das Verhalten des in Ausreckung befindlichen, sondern des *ausgereckten* Versuchskörpers erfaßt werden sollte. Was dabei unter *Ausreckung* zu verstehen ist, wird sogleich weiter unten erläutert. Wir wiederholen hier noch einmal eine mögliche Deutung dieser Erscheinung. Naturgemäß entspricht jeder Kraftwirkung bzw. Druckgebung eine bestimmte, wenn auch noch so kleine Dehnung. Dies ist beim Kessel nicht anders als beim Zugstab. Bei relativ sehr kleinen Dehnungen spricht jedoch der Dehnungsmesser noch nicht an, so daß es eines bestimmten Mindestdruckes bedarf, bis eine Anzeige zustande kommt. Dies ist nicht sonderlich überraschend, denn das System Werkstoff–Tepic besteht aus den 4 Schichten Werkstoff, Kleber, Meßstreifenträger und Meßstreifen, und selbst bei sorgfältigster Klebung läßt sich eine gewisse *Übertragungsverzögerung* nicht vermeiden. Bei allen Meßreihen wurden zudem diese Verzögerung und der Mindestdruck beobachtet, so daß diese Erscheinungen nicht auf Störungen oder Unregelmäßigkeiten *einer* Meßstelle zurückgeführt werden können. Auch einer unter Umständen falschen Absolutanzeige des Manometers kann dieses Verhalten nicht zur Last gelegt werden, da zwei sich gegenseitig kontrollierende Manometer benutzt wurden und außerdem beim Zugstabversuch das gleiche Verhalten beobachtet wurde, obwohl dort bekanntlich die Zugspannungen anders ermittelt werden. Bei der Auswertung aller Meßreihen ergab sich, daß die *Mindestdrucke* in 61,4% aller Fälle unterhalb 1 atü, in 26,3% zwischen 1 und 2 atü, in 8,8% zwischen 2 und 3 atü und nur in 3,5% beim Druck 0 lagen. Eine andere Deutungsmöglichkeit geht davon aus, daß der Versuchskörper (Zugstab oder Kessel) erst örtliche Unebenheiten bzw. Unrundheiten, Ein- und Ausbeulungen, die auf die Herstellung zurückzuführen sind, überwinden muß, bevor er als Ganzes an der Formgebung teilnimmt.

Um aus den gemessenen Dehnungen auf die tatsächlichen schließen zu können, braucht man nur durch den Koordinatenursprung die

Parallele zu der statistisch ermittelten Geraden zu ziehen. Diese Geraden sind ebenfalls in Abb. 32 und 33 eingezeichnet worden. Der in vertikaler Richtung gemessene *Abstand* zwischen den statistischen Geraden und ihren durch den Nullpunkt gezogenen Parallelen ist im allgemeinen nicht groß; so nimmt dieser *Abstand* bei den 60 statistisch ausgewerteten Meßreihen (vgl. Tab. 12) in nur 8,3% aller Fälle Werte zwischen 50 und $100 \cdot 10^{-6}$ an, während er in 91,7% aller Fälle unter $50 \cdot 10^{-6}$ und noch in 36,5% aller Fälle unter $10 \cdot 10^{-6}$ liegt. Der *Abstand* beider Geraden bleibt daher durchaus innerhalb der oben aufgeführten Grenzen der Meßgenauigkeit.

§ 14. Tabellarische Aufstellung der Verzerrungen und Genauigkeit des Meßverfahrens

In Tab. 12 sind neben der Angabe der Lagen der Meßstellen und der Verzerrungsrichtungen ($a =$ axial, $t =$ tangential) die Regressionskoeffizienten R aller Meßreihen am 6000 l-Kessel zusammengestellt worden. In der Spalte *Bemerkungen* bedeutet der Ausdruck *statistisch nicht in Ordnung*, daß der Korrelationskoeffizient dieser Meßreihe kleiner als der Zufallshöchstwert ist, die lineare Zu- oder Abnahme der Verzerrungen mit wachsendem Innendruck also statistisch nicht gesichert ist. Der Ausdruck *ausgefallen* weist darauf hin, daß das Aufkleben des Tepics an dieser Stelle nicht in Ordnung war und daher keine brauchbare Anzeige zustande kam. Die Angabe *nicht auswertbar* zeigt an, daß die Streuung der Meßwerte zu groß ist, als daß eine statistische Auswertung sinnvoll wäre.

Von insgesamt 79 Meßreihen sind drei ausgefallen, davon zwei am Deckel (innen und außen je eine) und eine außen im unteren zylindrischen Teil. Von den verbleibenden 76 Meßreihen sind 16 ($= 21,1\%$) nicht auswertbar im oben erklärten Sinne. Unter diesen 16 Meßreihen sind 9, bei denen die Verzerrungen unter $50 \cdot 10^{-6}$ liegen, 6, bei denen die Verzerrungen zwischen 50 und $100 \cdot 10^{-6}$ liegen und nur eine mit Verzerrungen über 100, aber unter $200 \cdot 10^{-6}$. 11 Meßreihen ($= 14,5\%$) sind statistisch nicht in Ordnung, davon entfallen 4 auf Verzerrungen unter $50 \cdot 10^{-6}$, 5 auf Verzerrungen zwischen 50 und $100 \cdot 10^{-6}$ und nur 2 auf Verzerrungen zwischen 100 und $200 \cdot 10^{-6}$. 49 Meßreihen ($= 64,5\%$) endlich sind statistisch in Ordnung.

Hieraus ersieht man, daß die Mehrzahl der Meßreihen, bei denen keine eindeutige Zu- bzw. Abnahme der Verzerrungen mit wachsendem Innendruck erfolgt, Verzerrungen unter $50 \cdot 10^{-6}$ (Anzahl 13 $= 17,1\%$) und zwischen 50 und $100 \cdot 10^{-6}$ (Anzahl 11 $= 14,5\%$) umfaßt. Alle Meßreihen mit größeren Verzerrungen (mit Ausnahme von 3 Meßreihen $= 4\%$) zeigen einwandfrei den linearen Verlauf. Dies gilt insbesondere für die großen Stauchungen am Übergang zum Kesselflansch; dort liegt auch die Meßstelle, (44), mit den größten der am gesamten Kessel gemessenen Verzerrungen (bei 7 atü: $-590 \cdot 10^{-6}$). Es hat also wohl keinen Sinn, den *Absolutwerten* der *kleineren*, oben definierten Verzerrungen Bedeutung zuzumessen; insbesondere für Verzerrungen unter $50 \cdot 10^{-6}$ kann aus der Messung nur der Schluß gezogen werden, daß es sich um kleine Verzerrungen handelt, aber nicht, ob diese nun 20 oder $40 \cdot 10^{-6}$ betragen. Im folgenden, namentlich in den Abbildungen von Abschn. IV sind die statistisch einwandfreien Meßreihen besonders gekennzeichnet worden, wie dies für einen möglichst exakten Vergleich zwischen Messung und Rechnung wünschenswert ist.

Zusammenfassend kann zur Genauigkeit des Meßverfahrens an Kesseln gesagt werden: Viele *kleinere* Verzerrungen (unterhalb von $100 \cdot 10^{-6}$, besonders unter $50 \cdot 10^{-6}$) können nicht genau genug bestimmt werden, um jenseits zufälliger Schwankungen gesichert zu sein; man muß sich mit der Aussage begnügen, daß es sich um Verzerrungen innerhalb der Genauigkeit des Meßverfahrens handelt. Vielleicht hängt diese Erscheinung mit dem oben besprochenen *verzögerten* Ansprechen der Tepics zusammen. Für größere Verzerrungen, bei denen der geradlinige Zusammenhang zwischen Innendruck und Verzerrung gut erfüllt ist, beträgt die Abweichung der Meßpunkte von der statistischen Geraden in der Regel weniger als 10% des Wertes der entsprechenden Verzerrung.

Aus Tab. 12 geht der Gesamtverlauf aller Verzerrungen im Zusammenhang mit Abb. 30 und 31 vollständig für Innendrucke bis 7 atü hervor. Für den Vergleich mit der Theorie haben wir die Verzerrungen beim Höchstdruck von 7 atü gewählt. Die Verzerrung an einer bestimmten Stelle des Kessels bei einem bestimmten Druck ergibt sich einfach aus Tab. 12 durch Multiplikation des betreffenden Regressionskoeffizienten mit der Maßzahl dieses Druckes in atü; es konnte daher auf eine graphische Darstellung der Verzerrungsgeraden *aller* Meßreihen verzichtet werden, um so mehr, als in den Abbildungen von Abschn. IV die Meßpunkte für 7 atü zum Vergleich mit rechnerisch ermittelten Werten vollständig erscheinen.

§ 15. Meßstellen, an denen die Hauptdehnungen bestimmt werden können

Wiewohl es erwünscht ist, Richtung und Größe der Hauptdehnungen an möglichst vielen Stellen eines Kessels zu kennen, sind diesem Wunsch in der Praxis begreiflicherweise Grenzen gesetzt; denn zur Bestimmung der Hauptdehnungen bedarf es ja bekanntlich mindestens

Tabelle 12. *Lage der Meßstellen und Regressionskoeffizienten der Meßreihen*

Meß-stelle Nr.	Lage der Meßstelle	Stoff	$R \cdot 10^6$	Bemerkungen
1	Boden, a	Email	6,46	statistisch nicht in Ordnung
2	Boden, a	Email	—	nicht auswertbar
3	Boden, a	Email	3,89	statistisch nicht in Ordnung
4	Boden, a	Email	27,15	statistisch in Ordnung
5	Boden, a	Email	—	nicht auswertbar
6	Bodenkrempe, a	Email	12,00	statistisch in Ordnung
7	Bodenkrempe, a	Email	29,60	statistisch nicht in Ordnung
8	Bodenkrempe, t	Email	— 8,56	statistisch nicht in Ordnung
9	Bodenkrempe, t	Email	—10,30	statistisch in Ordnung
10	Bodenkrempe, t	Email	— 8,94	statistisch nicht in Ordnung
11	Bodenkrempe, t	Email	—	nicht auswertbar
12	Bodenkrempe, 45°	Email	15,90	statistisch in Ordnung
13	Bodenkrempe, a	Email	34,89	statistisch in Ordnung
14	Bodenkrempe, t	Email	—17,10	statistisch nicht in Ordnung
15	Bodenkrempe, t	Email	—10,00	statistisch in Ordnung
16	Bodenkrempe, t	Email	— 7,97	statistisch in Ordnung
17	Zylindermantel, a	Email	34,00	statistisch in Ordnung
18	Zylindermantel, a	Email	24,50	statistisch in Ordnung
19	Zylindermantel, a	Email	8,40	statistisch in Ordnung
20	Zylindermantel, a	Email	—	nicht auswertbar
21	Zylindermantel, a	Email	— 1,40	statistisch nicht in Ordnung
22	Zylindermantel, a	Email	—	nicht auswertbar
23	Zylindermantel, a	Email	5,21	statistisch in Ordnung
24	Zylindermantel, a	Email	—	nicht auswertbar
25	Zylindermantel, a	Email	9,27	statistisch in Ordnung
26	Zylindermantel, a	Email	5,30	statistisch in Ordnung
27	Zylindermantel, t	Email	5,70	statistisch nicht in Ordnung
28	Zylindermantel, 45°	Email	11,90	statistisch in Ordnung
29	Zylindermantel, a	Email	6,40	statistisch in Ordnung
30	Übergangsteil zum Flansch, a	Email	—	nicht auswertbar
31	zum Flansch, a	Email	8,70	statistisch in Ordnung
32	zum Flansch, a	Email	13,30	statistisch in Ordnung
33	zum Flansch, a	Email	12,10	statistisch in Ordnung
34	zum Flansch, a	Email	7,55	statistisch in Ordnung
35	zum Flansch, a	Email	—16,00	statistisch in Ordnung
36	zum Flansch, t	Email	44,60	statistisch in Ordnung
37	zum Flansch, t	Email	36,30	statistisch in Ordnung
38	zum Flansch, t	Email	37,95	statistisch in Ordnung
39	zum Flansch, t	Email	38,90	statistisch in Ordnung
40	zum Flansch, 45°	Email	—33,20	statistisch in Ordnung
41	zum Flansch, a	Email	—60,40	statistisch in Ordnung
42	zum Flansch, t	Email	31,50	statistisch in Ordnung
43	zum Flansch, t	Email	33,75	statistisch in Ordnung

Tabelle 12. (Fortsetzung)

Meß-stelle Nr.	Lage der Meßstelle	Stoff	$R \cdot 10^6$	Bemerkungen
44	zum Flansch, a	Email	— 97,30	statistisch in Ordnung
45	zum Flansch, a	Email	—	nicht auswertbar
46	Deckel; Durchbruch, a	Email	30,26	statistisch in Ordnung
47	Deckel, a	Email	—	nicht auswertbar
48	Deckel, a	Email	—	ausgefallen
49	Deckel, a	Email	—	nicht auswertbar
50	Deckel, a	Email	25,90	statistisch in Ordnung
51	Deckel, a	Email	—	nicht auswertbar
52	Deckel, a	Email	31,00	statistisch in Ordnung
53	Deckel, a	Email	—	nicht auswertbar
54	Deckel, 45°	Email	—	nicht auswertbar
55	Deckel, t	Email	13,80	statistisch nicht in Ordnung
56	Deckel, t	Email	—	nicht auswertbar
57	Deckel, t	Email	— 16,00	statistisch nicht in Ordnung
58	Deckel, a	Email	— 43,70	statistisch in Ordnung
59	Deckel, a	Email	— 47,25	statistisch in Ordnung
60	Deckel, a	Email	—	nicht auswertbar
61	Deckel, t	Email	— 36,30	statistisch in Ordnung
62	Deckel, t	Email	— 36,50	statistisch in Ordnung
63	Deckel, t	Email	— 51,20	statistisch in Ordnung
64	Deckel, t	Email	— 73,50	statistisch in Ordnung
65	Deckel, 45°	Email	— 36,25	statistisch in Ordnung
66	Deckel, a	Email	— 36,60	statistisch in Ordnung
67	Übergangsteil zum Flansch, a	Gußeisen	50,30	statistisch in Ordnung
68	zum Flansch, 45°	Gußeisen	58,30	statistisch in Ordnung
69	zum Flansch, t	Gußeisen	39,50	statistisch in Ordnung
70	Zylindermitte, a	Gußeisen	4,79	statistisch in Ordnung
71	Zylindermitte, 45°	Gußeisen	10,00	statistisch in Ordnung
72	Zylindermitte, t	Gußeisen	16,90	statistisch in Ordnung
73	Zylindermitte, unten, a	Gußeisen	—	ausgefallen
74	Ende Bodenkrempe, a	Gußeisen	—5,56	statistisch in Ordnung
75	Bodenkrempe, 45°	Gußeisen	—	nicht auswertbar
76	Bodenkrempe, t	Gußeisen	— 4,79	statistisch nicht in Ordnung
77	Deckel, a	Gußeisen	—	ausgefallen
78	Deckel, a	Gußeisen	49,20	statistisch in Ordnung
79	Deckel, a	Gußeisen	30,25	statistisch in Ordnung

dreier Dehnungsmessungen in verschiedenen Richtungen an einer Meßstelle. Damit würde aber die Zahl der Meßreihen allzu groß. Es

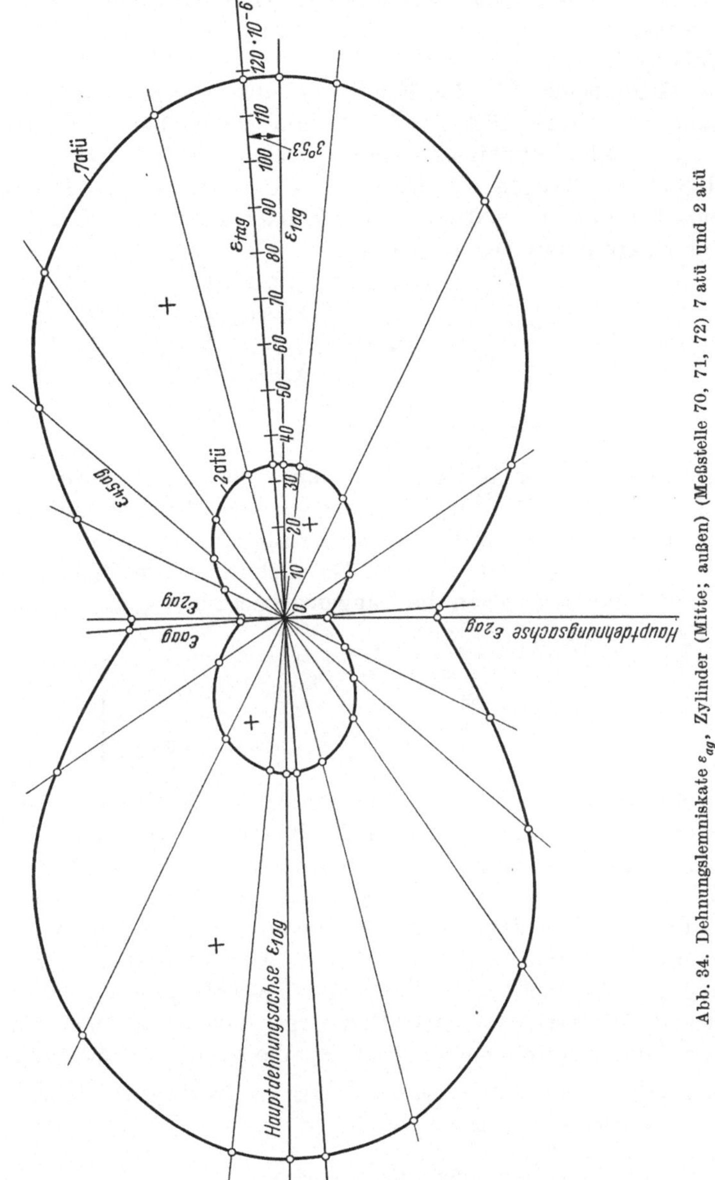

Abb. 34. Dehnungslemniskate ε_{ag}, Zylinder (Mitte; außen) (Meßstelle 70, 71, 72) 7 atü und 2 atü

wurden daher auch bei dem untersuchten 6000 l-Kessel nur die wichtigsten Stellen des Kessels mit Dreifachmeßstellen versehen (vgl. Abb. 30). Von den Meßreihen der insgesamt 8 Dreifachmeßstellen sind jedoch nur die der Meßstellen 70, 71, 72 (Gußeisen) — 67, 68, 69 (Gußeisen) — 64, 65, 66 (Email) und 39, 40, 41 (Email) auswertbar, da bei den anderen Tripeln die Größe der Verzerrungen innerhalb des Bereiches der Zufallsschwankungen liegt.

Die Grundlagen für die Ermittlung der Hauptdehnungen nach Richtung und Größe dürfen wohl als hinreichend bekannt angesehen werden, so daß hier nur eine Zusammenfassung der wichtigsten Formeln erforderlich ist. Liegen die Richtungen der gemessenen Dehnungen tangential, unter 45° und axial, so gilt nach RÖTSCHER-JASCHKE [31] für die Hauptdehnungen ε_1 und ε_2:

$$\left.\begin{aligned}
\varepsilon_1 &= \frac{\varepsilon_t + \varepsilon_a}{2} + \frac{\varepsilon_t - \varepsilon_a}{2 \cos \varphi_0} \\[2mm]
\varepsilon_2 &= \frac{\varepsilon_t + \varepsilon_a}{2} - \frac{\varepsilon_t - \varepsilon_a}{2 \cos \varphi_0} \\[2mm]
\operatorname{tg} 2\,\varphi_0 &= \frac{\varepsilon_t + \varepsilon_a - 2\,\varepsilon_{45}}{\varepsilon_t - \varepsilon_a}
\end{aligned}\right\} \tag{18}$$

Hierbei ist φ_0 der Winkel, den man, falls er sich positiv ergibt, an die tangentiale Dehnungsrichtung, ε_t, im Uhrzeigersinn, falls er negativ herauskommt, im Gegensinn antragen muß, um die Richtung der Hauptdehnung ε_1 zu erhalten. Die Dehnungen in Richtung eines beliebigen Winkels φ gegen die Tangentialrichtung werden auf Grund folgender Gleichung bestimmt:

$$\left.\begin{aligned}
\varepsilon_\varphi,\ \varepsilon_{-\varphi} &= \frac{\varepsilon_1 + \varepsilon_2}{2} + \frac{\varepsilon_1 - \varepsilon_2}{2} \cos 2\,\varphi \cos 2\,\varphi_0 \\[2mm]
&\pm \frac{\varepsilon_1 - \varepsilon_2}{2} \sin 2\,\varphi \sin 2\,\varphi_0.
\end{aligned}\right\} \tag{19}$$

Für die Meßstelle 70, 71, 72 in der Mitte der zylindrischen Wandung, etwa gleich weit von den Störstellen der Bodenkrempe und des Flanschansatzes entfernt, erwartet man von vornherein ein Zusammenfallen der Hauptdehnungen mit der tangentialen und der axialen Richtung, wie es uns beim idealen (unendlich langen) zylindrischen Kessel auf Grund der Membrantheorie geläufig ist. Abb. 34 bestätigt diese Erwartung im wesentlichen; der Drehwinkel φ_0 beträgt nur etwa 4°. Alle in dieser Abbildung eingetragenen Dehnungssymbole sind 3fach indiziert. Hier und im weiteren haben diese Symbole folgende Bedeutung:

Der 1. Index gibt die Richtung der Verzerrung (bzw. später Spannung) an:

t oder 0 tangential
a oder 90 axial
    1 Hauptdehnung in Richtung 1
    2 Hauptdehnung in Richtung 2
  45 Verzerrung in einer Richtung von 45°
  φ Verzerrung in Richtung φ

Der 2. Index gibt die Faser an:

      a Außenfaser

      i Innenfaser

Die Innenfaser des Gußeisens liegt auf der Innenfaser des Emails. Der 3. Index gibt das Material an:

      e Email

      g Gußeisen

Bei Verwendung nur zweier Indizes gibt der erste die Faser, der zweite das Material an. Wird nur ein Index gebraucht, so gibt dieser

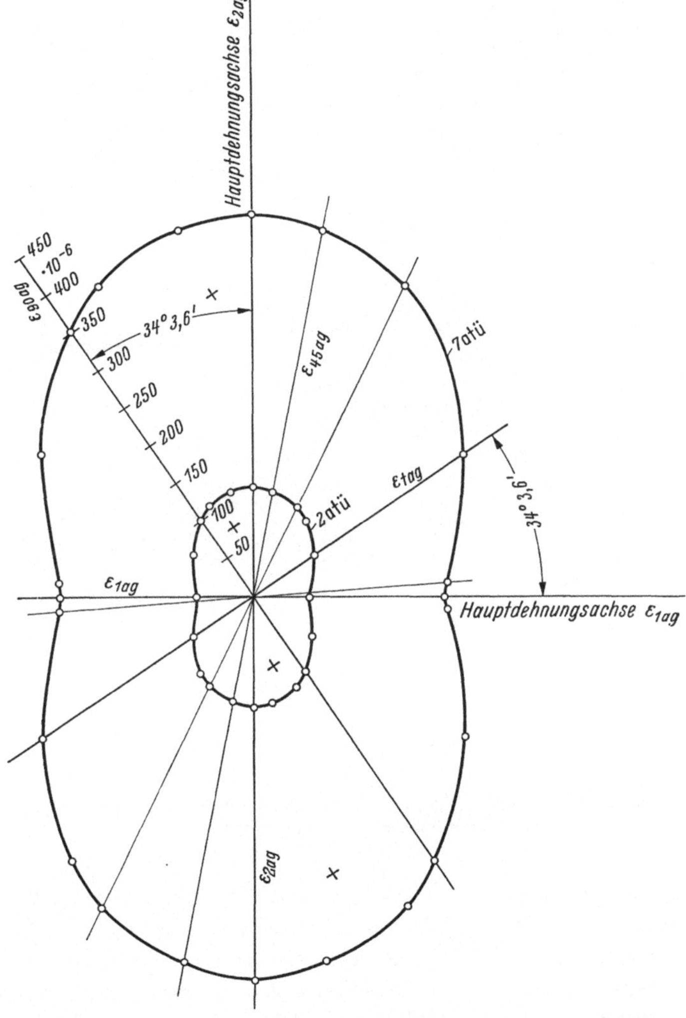

Abb. 35. Dehnungslemniskate ε_{ag}, Zylinder (außen) (Meßstelle 67, 68, 69), Übergangsteil zum Flansch 2 atü und 7 atü

das Material an. Das Pluszeichen symbolisiert positive Verzerrungen oder Dehnungen, das Minuszeichen negative Verzerrungen oder Stauchungen. Abb. 35 zeigt die Dehnungslemniskaten für 2 und 7 atü an der Meßstelle 67, 68, 69 am Übergang zum Kesselflansch (vgl. Abb. 30

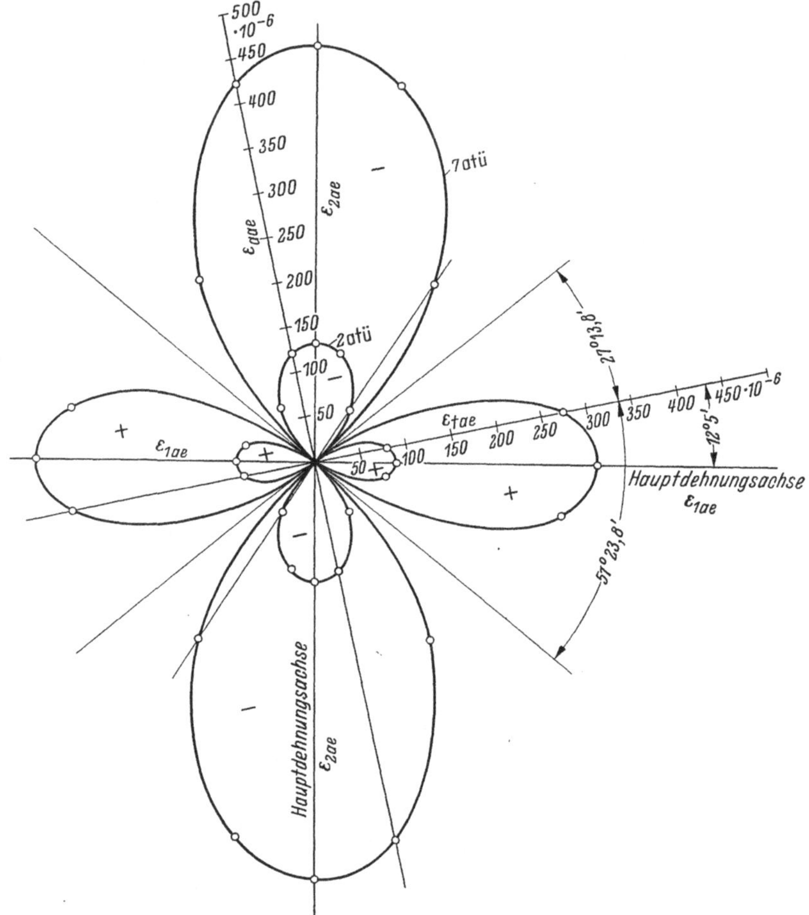

Abb. 36. Verzerrungslemniskate ε_{ae}, Zylinder (innen) Email (Meßstelle 39, 40, 41), Übergangsteil zum Flansch 2 atü und 7 atü

und 31). Die Hauptdehnungen liegen hier nicht in tangentialer bzw. axialer Richtung; für den Winkel φ_0 errechnet man nämlich 34° 3,6'. *Es ist also Vorsicht mit der Ausdrucksweise geboten, daß auch am Übergangsteil zum Flansch die Hauptdehnungsrichtungen „aus Symmetriegründen" tangential und axial liegen.* An der Genauigkeit der Meßreihen kann kein Zweifel bestehen; denn gerade die relativ großen

Dehnungen in der Nähe des Kesselflansches wurden sehr genau gemessen, und die Zunahme der Dehnungen mit wachsendem Innendruck

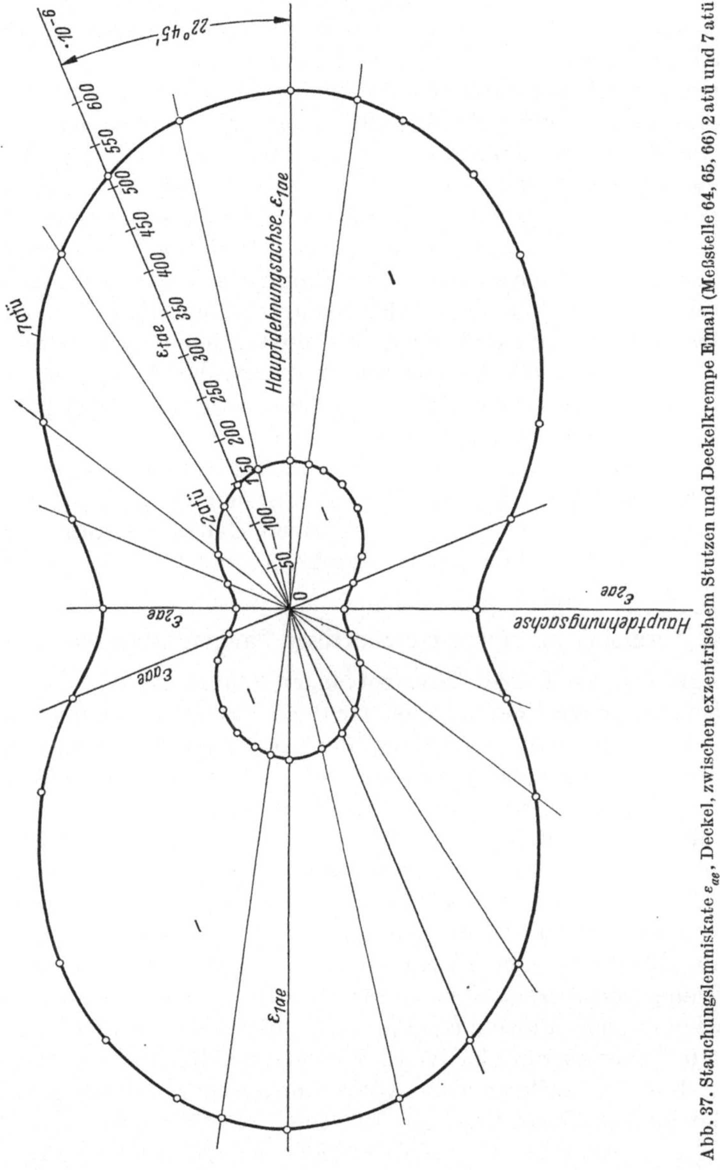

Abb. 37. Stauchungslemniskate ε_{ae}, Deckel, zwischen exzentrischem Stutzen und Deckelkrempe Email (Meßstelle 64, 65, 66) 2 atü und 7 atü

ist ganz eindeutig. Warum nun gegenüber der Mitte der Zylinderwandung eine Drehung der Hauptdehnungsrichtungen stattfindet, ist
zweifelsfrei schwer zu sagen. Immerhin könnte man vermuten, daß die

Änderung der Kesselwandstärke von 56 mm (Zylindermitte) bis 47 (Meßstelle 67, 68, 69) nicht ohne Einfluß auf diese Erscheinung geblieben ist.

Bei den beiden bisher besprochenen Meßreihen handelt es sich um Dehnungen; an der Meßstelle 39, 40, 41, auf dem Email am Übergangsteil zum Flansch *gegenüber* der Meßstelle 67, 68, 69 gelegen, treten auch Stauchungen auf (vgl. Abb. 36). Es sind hier also an der gleichen Stelle für Email und Gußeisen nicht nur Größe und Richtung, sondern auch die Art der Hauptdehnungen verschieden. Daß die Verzerrungslemniskate in der Umgebung der axialen Richtung ein *negatives* Blatt (Stauchungen) hat, ist später an Hand der Ausführungen in Abschn. IV leicht einzusehen. Hier sei nur darauf hingewiesen, daß sich der Übergangsteil zum Kesselflansch bei der Beanspruchung durch Innendruck nach *außen* biegt, und daß durch das entstehende nicht unbeträchtliche Biegemoment (2353 cm kg/cm für 7 atü) die Außenfaser unter eine zusätzliche Druckspannung, die Innenfaser unter Zugspannung kommt, wie uns das von den Elementen der Biegetheorie her geläufig ist.

Die Verzerrungslemniskaten für die Meßstelle 64, 65, 66, die innen am Deckel zwischen dem Deckelflansch und dem einen nichtzentralen Stutzen liegt, verlaufen ganz im negativen Gebiet der Stauchungen (vgl. Abb. 37). Auch hier ist der Winkel $\varphi_0 > 0°$.

§ 16. Vergleich mehrerer gleichartiger Tangentialverzerrungen

Als gleichartige Tangentialverzerrungen können die in der gleichen Horizontalebene am Übergang von der Bodenkrempe zum zylindrischen Teil und am Übergang zum Kesselflansch gemessenen Verzerrungen angesprochen werden, nicht hingegen die Tangentialverzerrungen am Deckel im Bereich der beiden nichtzentralen Stutzen, eben wegen der Nähe dieser Stutzen (vgl. Abb. 30).

Stellt man sich bei dem untersuchten 6000 l-Kessel für die Meßstellen 36 bis 39, 42 und 43 die bei 7 atü gemessenen korrigierten (Nullpunktskorrektur) Dehnungen zusammen (vgl. Tab. 13), so erhält man als Mittelwert aller 7 Dehnungen $\bar{\varepsilon} = 258 \cdot 10^{-6}$. Die maximale Abweichung von diesem Wert beträgt $54 \cdot 10^{-6}$. Die durchschnittliche Abweichung der Einzelmessung vom Mittelwert ergibt sich zu $\pm 25 \cdot 10^{-6}$ oder zu rund 9,7% des Mittelwertes. Diese Zahlen verdeutlichen, daß die auftretenden Abweichungen der Dehnungen voneinander (größte Abweichung $92 \cdot 10^{-6}$) und vom Mittelwert innerhalb der in § 14 bestimmten Grenzen der Meßgenauigkeit liegen. Andererseits ist die Größe der Abweichungen ein Maß für die Inhomogenität des als Kesselwerkstoff verwendeten Gußeisens und die Güte des Anhaftens des Emails. Man wird also sagen können, daß an der betrach-

teten Stelle, nämlich am Übergangsteil zum Kesselflansch, keine die
Grenzen der Meßgenauigkeit überschreitende Inhomogenität des Gußeisens festzustellen ist.

Für die Meßstellen 8 bis 10 und 14 bis 16 am Übergang von der
Bodenkrempe zum zylindrischen Teil ergibt sich als Mittelwert der
6 Stauchungen (vgl. Tab. 13): $\bar{\varepsilon} = -73 \cdot 10^{-6}$. Die durchschnittliche
Abweichung der Einzelmessung vom Mittelwert beträgt $15 \cdot 10^{-6}$ oder
rund 21% des Mittelwertes. Hier haben wir eine höhere prozentuale
Abweichung vom Mittelwert, aber die Stauchungen liegen auch im
wesentlichen unter $100 \cdot 10^{-6}$. Auch hier läßt sich schwerlich behaup-
ten, daß die Inhomogenität des Gußeisens die Grenzen der Meßgenauigkeit überschreitet, wenn man berücksichtigt, daß für Verzerrungen
unter $100 \cdot 10^{-6}$ die Genauigkeit des Meßergebnisses stark zurückgeht.

Tabelle 13. *Vergleichbare Tangentialverzerrungen des Emails für* $p = 7\,at\ddot{u}$

Meßstelle	$\varepsilon_{tae} \cdot 10^6$	Meßstelle	$\varepsilon_{tae} \cdot 10^6$
36	$+312$	8	$-60{,}0$
37	$+245$	9	$-72{,}5$
38	$+265$	10	$-63{,}0$
39	$+272$	14	$-119{,}0$
42	$+220$	15	$-70{,}0$
43	$+236$	16	$-56{,}0$

Wenn nun, wie gezeigt, die Inhomogenität des Gußeisens und die
Güte des Anhaftens des Emails die Grenzen der Meßgenauigkeit
nicht überschreiten, liegt es nahe zu fragen, ob sie diese nicht *bestimmen.*
Dies kann man wohl für die größeren Verzerrungen und Innendrucke
($p > 2$ atü) als gegeben annehmen, da die Genauigkeit des Meßverfahrens für homogene einfach geformte Meßstücke wesentlich größer
ist ($10 \cdot 10^{-6}$ nach Angaben von SCHWAIGERER; vgl. [32]) als den hier
am gußeisernen 6000 l-Kessel festgestellten Werten entspricht. Für
die *kleineren* Dehnungen und Innendrucke jedoch kommen als weitere
Einflußgrößen das Ausbeulen der Unrundheiten, die Annahme der
kreiszylindrischen bzw. Kugelform zu Beginn der Druckgebung und
ähnliche geometrische Einflüsse hinzu. Auch ist für die Meßstellen
am Übergang von der Bodenkrempe zum zylindrischen Teil eine Beeinflussung der Dehnungen durch die Bodentasche möglich.

IV. Die Berechnungen (Schalentheorie)

Alles bisher Gesagte bezog sich auf das Meßverfahren, die Werkstoffe und die Messungen sowie deren Auswertung; in diesem Abschnitt wird nun — ganz unabhängig davon — die Berechnung der

Spannungen und Verzerrungen für jede Stelle eines Kessels, innen und außen, durchgeführt. Die Berechnungsverfahren sind zwar für die einzelnen Teile des Kessels verschieden, lassen sich aber in die folgenden wohlbekannten Gruppen zusammenfassen:

1. Die Schalentheorie für Kugel und Zylinder (nach FLÜGGE [9]).
2. Die Krempentheorie (nach SCHILHANSL [11] und ESSLINGER [7]).
3. Die Plattentheorie (nach TIMOSHENKO [33]).

Boden, Bodenkrempe und anschließender zylindrischer Teil werden mit Hilfe der Schalen- und Krempentheorie behandelt, die Berechnungen am Kesselflansch stützen sich auf die Verbindung von Schalen- und Plattentheorie, für den Deckel endlich bedarf es des Zusammenwirkens aller 3 Theorien zur Bestimmung der Spannungen und Verzerrungen. Die Berechnungen sind vom mathematischen Standpunkt aus gesehen nicht schwierig — die auftretenden Differentialgleichungen sind längst gelöst und die Lösungen für die verschiedensten Randbedingungen angegeben und zum Teil sorgfältig tabuliert —, aber langwierig und müssen mit größter Sorgfalt durchgeführt werden, weil, wie in dem Stufenkörperverfahren nach ESSLINGER, ein Fehler das gesamte Rechengebäude zum Einsturz bringt, und zwar um so vollständiger, je früher er auftritt.

Immerhin wird man durch geeignete Gestaltung des Rechenprogramms und durch Einsatz einer einfachen Rechenmaschine für die 4 Grundspezies wesentlich rascher über den gesamten Spannungsverlauf unterrichtet sein als durch die Messung.

§ 17. Boden und Bodenkrempe

Bei der Berechnung der Spannungen und Verzerrungen im Boden und in der Bodenkrempe sowie im anschließenden zylindrischen Teil gehen wir nach dem ausgezeichneten (allerdings mit vielen Druck- und manchen Rechenfehlern behafteten) Buch von MARIA ESSLINGER *Statische Berechnung von Kesselböden* [7] vor. Wir können zwar einerseits vom Leser nicht die genaue Kenntnis der in diesem Buch dargelegten Methoden erwarten, möchten aber andererseits bekannte Tatsachen nicht allzu breit wiederholen; es wird deshalb im Sinne unserer bisherigen Untersuchungen liegen, wenn wir nur einen kurzen *allgemeinen* Überblick über das benutzte Verfahren geben, ohne uns allzusehr in das Gestrüpp der Formeln zu verirren, und dann dieses Verfahren in zahlreichen Aufgaben auf *verschiedene* Kessel anwenden.

Da die Kessel aus Boden, Bodenkrempe und Zylindermantel bestehen und der Boden als Kugelschale, die Krempe als Kreisringschale

und der Mantel als Kreiszylinderschale aufgefaßt wird, gelten für jeden
dieser Kesselteile andere Formeln. So leiten sich die Formeln für
Kugel- und Kreiszylinderschale
aus (natürlich voneinander
verschiedenen) Differentialgleichungen ab, während die
grundlegenden Rechenergebnisse bei der Kreisringschale
in der Anwendung einer Stufenkörpermethode wurzeln, die am
klarsten durch ein Beispiel
erläutert wird.

Es gibt nun innerhalb eines
Meridianschnittes — es braucht
nur dieser bei rotationssym-
metrischen Problemen betrachtet zu werden — eine Schnittstelle φ_0 zwischen Boden und
Bodenkrempe, die für Kesselböden mit einem Öffnungswin-
kel $2\varphi_0 \leqq 60°$ mit der mathematischen Übergangsstelle
zusammenfällt (vgl. Abb. 38).
Hierbei ist φ der jeweilige
Winkel zwischen der Normalen

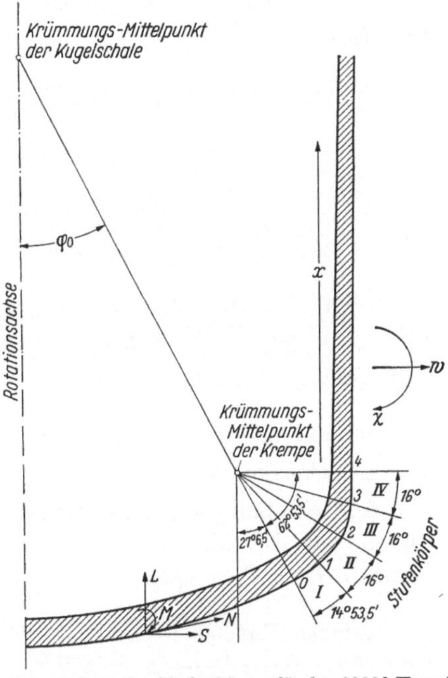

Abb. 38. Lage der Stufenkörper für den 6000 l-Kessel
Meridianschnitt

der Kugelschale und der Rotationsachse; seine Grenzwerte sind Null
und φ_0.

φ_0 läßt sich aus der Beziehung

$$\varphi_0 = \frac{b}{R_i - r} \tag{20}$$

bestimmen, wobei

R_i der innere Wölbungshalbmesser der Kugelschale
r_i der innere Krempenhalbmesser
b $a_a - s - r_i$
a_a der äußere Halbmesser des zylindrischen Kesselteiles
s die Wandstärke des Kessels (am Übergang von der Bodenkrempe in den
    zylindrischen Teil)

ist.

An jeder Schnittstelle $\varphi = \text{const}$ greifen als innere Kräfte (bezogen
auf die Umfangseinheit) die Längskraft L an, die dem Innendruck das
Gleichgewicht zu halten hat, die Radialkraft S und das Biegemoment M.
Die beiden Schnittstellenkräfte S_0 und M_0 am Rand des Bodens (für

$\varphi = \varphi_0$) werden nun als statisch unbestimmte Größen eingeführt. Radiale Aufweitung w_0 und Winkeländerung χ_0 am Bodenrand sind dann, wenn über den Innendruck p verfügt ist, nur Funktionen von S_0 und M_0 allein. Und zwar gilt:

$$\left.\begin{aligned}
\frac{w_0}{r} &= \frac{W_a\, s \cos \varphi_0}{r\, \varphi_0}\, \frac{S_0}{E\, s} + \frac{W_b}{\varphi_0}\, \frac{M_0}{E\, s\, r} - \\
&\qquad - \left(\frac{W_a\, R \cos^2 \varphi_0}{2\, r\, \varphi_0} - \frac{(1-\nu)\, R^2}{2\, s\, r} \sin \varphi_0 \right) \frac{p}{E} \\
\chi_0 &= \frac{X_a \cos \varphi_0}{\varphi_0}\, \frac{S_0}{E\, s} + \frac{X_b\, r}{s\, \varphi_0}\, \frac{M_0}{E\, s\, r} - \frac{X_a\, R \cos^2 \varphi_0}{2\, s\, \varphi_0}\, \frac{p}{E}
\end{aligned}\right\} \quad (21)$$

Hierbei sind W_a, W_b, X_a und X_b Beiwerte, die als Funktion von $K\sqrt{2}\,\varphi_0 = \sqrt[4]{3(1-\nu^2)}\,\sqrt{2\,R/s}\,\varphi_0$ in Abb. 4 auf S. 17 des ESSLINGER-schen Buches dargestellt sind.

E ist der E-Modul in kg/cm².

ν die Querkontraktionszahl.

R und r haben die gleiche Bedeutung wie in Gl. (20), nur daß diese Längen auf die Mittelfaser der Wandung bezogen sind. Man hat demnach $R = R_i + s/2$.

1. Aufgabe. Ein 6000 l-Kessel habe folgende Maße: Kugelwölbungshalbmesser R_i 1800 mm; Wandstärke des Kugelbodens s 90 mm; Krempenradius r_i 300 mm; äußerer Halbmesser des zylindrischen Kesselteiles a_a 1047 mm; Wandstärke des zylindrischen Teiles 63,5 mm.

Berechne die Deformationen w_0 und χ_0 am Übergang von Boden und Bodenkrempe mit $\nu = 0,174$!

Für die übrigen i-Schnittstellen der i-Stufenkörper, in die die Krempe unterteilt wird, werden sodann die Größen $S_i\, M_i$, χ_i und w_i ($i = 1, 2, \ldots, n$) in dieser Reihenfolge bestimmt, denn bei geschlossenen Kesseln, die im Chemiebetrieb von besonderer Bedeutung sind, geht die Rechnung vom Boden über die Bodenkrempe zum zylindrischen Teil. Im einzelnen hat man die folgenden Gleichungen zur Verfügung.

$$\left.\begin{aligned}
\frac{S_e}{E\, s} &= (F_1 + F_2)\, \frac{S_a}{E\, s} + \frac{w_a}{r} + F_4 \chi_a - (F_5 - F_6)\, \frac{p}{E} \\
\frac{M_e}{E\, s\, r} &= G_0\, \frac{M_a}{E\, s\, r} - (G_1 + G_2)\, \frac{S_a}{E\, s} - G_3\, \frac{w_a}{r} - G_4 \chi_a + (G_5 + G_6 - G_7)\, \frac{p}{E} \\
\chi_e &= \chi_a + H_1\, \frac{M_a + M_e}{E\, s\, r} \\
\frac{w_e}{r} &= H_2\, \frac{w_a}{r} + H_3 \chi_a + H_4\, \frac{M_a}{E\, s\, r} + H_5\, \frac{M_e}{E\, s\, r} + H_6\, \frac{S_a + S_e}{E\, s} + H_7\, \frac{p}{E}
\end{aligned}\right\} \quad (22)$$

Hierbei bedeuten die Indizes a und e Anfang und Ende eines Stufenkörpers, und zwar ist $a \equiv i-1$; $e \equiv i$ $(i = 1, 2, \ldots, n)$

$$F_1 = \frac{\varrho_a}{\varrho_e} \qquad\qquad\qquad F_4 = F_3 (\cos \varphi_a - \cos \varphi_m)$$

$$F_2 = v \frac{r}{\varrho_e} \Delta \varphi \cos \varphi_a \qquad\qquad F_5 = \frac{r_i \varrho_{im}}{s \varrho_e} \Delta \varphi \sin \varphi_m$$

$$F_3 = -\frac{r^2}{\varrho_m \varrho_e} \Delta \varphi \qquad\qquad F_6 = v \frac{r \varrho_a}{2 s \varrho_e} \Delta \varphi \sin \varphi_a$$

$$G_0 = F_1 \qquad\qquad\qquad G_4 = F_3 \frac{(\Delta \varphi)^2}{6} \sin^2 \varphi_m$$

$$G_1 = F_1 \Delta \varphi \sin \varphi_m \qquad\qquad G_5 = \frac{\varrho_a^2}{\varrho_e s} \frac{\Delta \varphi}{2} \cos \varphi_m$$

$$G_2 = F_2 (\cos \varphi_m - \cos \varphi_e)$$
$$G_3 = F_3 (\cos \varphi_m - \cos \varphi_e) \qquad G_6 = \frac{r_i \varrho_{im}}{s \varrho_e} \frac{(\Delta \varphi)^2}{2} \qquad\qquad (23)$$

$$G_7 = F_6 (\cos \varphi_m - \cos \varphi_e)$$

$$H_1 = \frac{r^2}{s^2} 6 \Delta \varphi \qquad\qquad H_4 = \frac{r^2}{s^2} 2 (\Delta \varphi)^2 \left(2 \sin \varphi_m + \frac{\Delta \varphi}{4} \cos \varphi_m \right)$$

$$H_2 = 1 - v \frac{r}{\varrho_a} \Delta \varphi \cos \varphi_m \qquad H_5 = \frac{r^2}{s^2} 2 (\Delta \varphi)^2 \left(\sin \varphi_m + \frac{\Delta \varphi}{4} \cos \varphi_m \right)$$

$$H_3 = \Delta \varphi \sin \varphi_m \qquad\qquad H_6 = \frac{1-v^2}{2} \Delta \varphi \cos^2 \varphi_m$$

$$H_7 = \frac{1-v^2}{2} \frac{\varrho_{im}}{s} \Delta \varphi \sin \varphi_m \cos \varphi_m$$

Für die einzelnen Stufenkörper ist φ_a der Anfangs-, φ_e der End-
grenzwinkel (Zentriwinkel), $\varphi_m = \frac{\varphi_a + \varphi_e}{2}$ und $\Delta \varphi = \varphi_e - \varphi_a$. ϱ bedeutet den Abstand eines Schalenpunktes von der Rotationsachse,
und zwar gilt die Beziehung:

$$\varrho_i = b + r_i \sin \varphi \qquad\qquad (24)$$

2. Aufgabe. Berechne für den 6000 l-Kessel der 1. Aufgabe die inneren Kräfte
und die Deformationen der Bodenkrempe an Hand der Gln. (20) bis (24). Die
Krempe möge dabei in 4 Stufenkörper aufgeteilt werden und der Zentriwinkel
des Stufenkörpers, der an den Boden anschließt, so gewählt werden, daß der
Restzentriwinkel unter die übrigen Stufenkörper gleich und ganzzahlig aufgeteilt werden kann (s. Abb. 38).

Für die Schnittstelle n zwischen Bodenkrempe und zylindrischem
Teil sind, nachdem die Krempenrechnung beendet ist, die radiale Aufweitung w_n und die Neigungsänderung χ_n auf Grund der Kugelschalen-
theorie und des Stufenkörperverfahrens als Funktionen von S_0, M_0
und p bekannt. Andererseits können w_n und χ_n nach der Zylinderschalen-
theorie als Funktionen von S_n und M_n und damit als Funktionen

von S_0 und M_0 berechnet werden. Und zwar hat man die folgenden Gleichungen zur Verfügung:

$$\left.\begin{aligned}
\frac{w_n}{r} &= -\frac{2\,\lambda_a}{r}\,\frac{S_n}{E\,s} + 2\lambda^2\,\frac{M_n}{E\,s\,r} + \left(1 - \frac{\nu}{2}\right)\frac{a^2}{s\,r}\,\frac{p}{E} \\
\chi_n &= 2\lambda^2\,\frac{S_n}{E\,s} - 4\lambda^3\,\frac{r}{a}\,\frac{M_n}{E\,s\,r} \\
\lambda &= \sqrt{3(1-\nu^2)}\,\sqrt{\frac{a}{s}}
\end{aligned}\right\} \tag{25}$$

$a =$ Radius des zylindrischen Kesselteiles (bis zur Wandungsmitte gerechnet). Da nun die auf verschiedene Weise errechneten, einander entsprechenden Deformationen an der Schnittstelle n zwischen Bodenkrempe und zylindrischem Teil gleich sein müssen, lassen sich 2 Gleichungen aufstellen, die zur Bestimmung der beiden statisch unbestimmten Größen S_0 und M_0 genügen.

3. Aufgabe. Berechne für den 6000 1-Kessel der 1. Aufgabe die Deformationen w_n und χ_n für $n = 4$ (4 Stufenkörper) und bestimme die statisch unbestimmten Größen S_0 und M_0 für $p = 7$ atü.

Durch S_0 und M_0 sind nun das Biegemoment M in der Meridianebene, die Normalkraft N (in der Meridianebene normal zum Querschnitt φ, vgl. Abb. 38) und die Tangentialkraft T senkrecht zur Meridianebene an allen Stellen des Bodens, der Bodenkrempe und des zylindrischen Teiles bestimmt. Für den Kugelboden hat man

$$\left.\begin{aligned}
N &= A^*\,n_a + B^*\,n_b + \frac{p\,R}{2} \\
T &= A^*\,t_a + B^*\,t_b + \frac{p\,R}{2} \\
\frac{M}{s} &= A^*\,m_a + B^*\,m_b \\
A^* &= A_1\cos\varphi_0\,S_0 + A_2\,\frac{M_0}{s} - A_1\cos^2\varphi_0\,\frac{p\,R}{2} \\
B^* &= B_1\cos\varphi_0\,S_0 + B_2\,\frac{M_0}{s} - B_1\cos^2\varphi_0\,\frac{p\,R}{2}
\end{aligned}\right\} \tag{26}$$

Die Konstanten A_1, A_2, B_1 und B_2 sind in Tab. 1 auf S. 97 des ESSLINGERschen Buches als Funktion von $K\varphi_0$ bzw. $K\sqrt{2}\,\varphi_0$ zusammengestellt, die Veränderlichen n_a, n_b, t_a, t_b und m_a, m_b in Tab. 2 auf S. 97/98 als Funktion von $K\sqrt{2}\,\varphi$.

Für die Bodenkrempe gilt:

$$\left.\begin{aligned}
N &= S\cos\varphi + L\sin\varphi = S\cos\varphi + \frac{p\,\varrho}{2}\sin\varphi \\
T &= \frac{E\,s\,w}{\varrho} + \nu N
\end{aligned}\right\} \tag{27}$$

Aus diesen inneren Kräften lassen sich sodann die Spannungen an Hand der folgenden Gleichungen berechnen:

$$\sigma_{Na} = \frac{N}{s} - \frac{6\,M}{s^2} \qquad \sigma_{Ta} = \frac{T}{s} - \frac{6\,M_\Theta}{s^2} \left.\vphantom{\frac{N}{s}}\right\}$$

$$\sigma_{Ni} = \frac{N}{s} + \frac{6\,M}{s^2} \qquad \sigma_{Ti} = \frac{T}{s} + \frac{6\,M_\Theta}{s^2} \left.\vphantom{\frac{N}{s}}\right\} \tag{28}$$

Dabei gilt für den Kugelboden

$$\frac{6\,M_\Theta}{s^2} = v\,\frac{6\,M}{s^2} + \frac{K^2}{R}\,(A^* n_b - B^* n_a) \tag{28a}$$

im Bereich kleiner Zentriwinkel ($\varphi \leqq 30°$; $\operatorname{ctg}\varphi \approx 1/\varphi$), während man in der Bodenkrempe hat:

$$6\,\frac{M_\Theta}{s^2} = v\,\frac{6\,M}{s^2} + \frac{E\,s}{2\,r_2}\,\chi\,\operatorname{ctg}\varphi \left.\vphantom{\frac{M_\Theta}{s^2}}\right\}$$

$$r_2 = r + \frac{b}{\sin\varphi} \left.\vphantom{\frac{b}{\sin\varphi}}\right\} \tag{28b}$$

σ_N sind die Normalspannungen (nämlich in der Meridianebene normal zum jeweiligen Querschnitt $\varphi =$ const gelegen; $a =$ außen, $i =$ innen) und σ_T die Tangentialspannungen (senkrecht zur Meridianebene). Die Verzerrungen ε schließlich (sinngemäß indiziert) werden auf Grund der bekannten Beziehungen

$$\varepsilon_N = \frac{1}{E}\,(\sigma_N - v\,\sigma_T),$$

$$\varepsilon_T = \frac{1}{E}\,(\sigma_T - v\,\sigma_N) \tag{29}$$

ermittelt. (Das Glied $v\,p$ ist dabei als vernachlässigbar klein weggelassen worden.)

4. Aufgabe. Berechne für den 6000 l-Kessel der 1. Aufgabe an Hand der Gln. (26), (27), (28a) und (28b) die inneren Kräfte M, N und T im Boden und in der Bodenkrempe und mit diesen Werten nach Gl. (28) die Spannungen der Innen- und Außenfaser des Gußeisens ($E = 0{,}53 \cdot 10^6$ kg/cm^2).

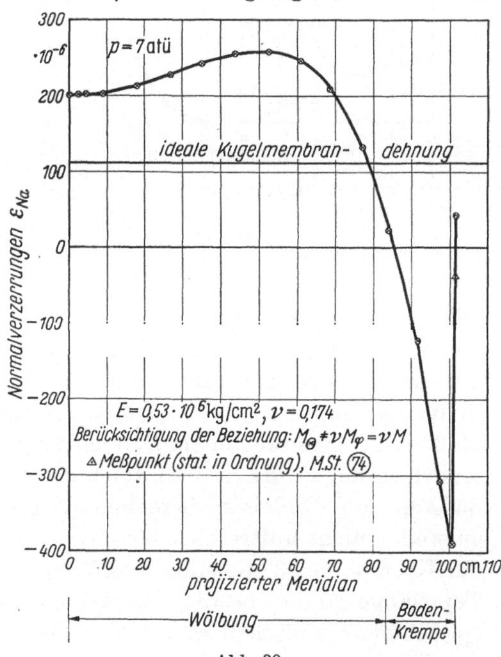

Abb. 39
Die Normalverzerrungen ε_{Na} für Boden und Bodenkrempe

In Abb. 39 ist der Verlauf der Normalverzerrungen ε_{Na}, in Abb. 40 der der Normalverzerrungen ε_{Ni} und in Abb. 41 schließlich der Verlauf der beiden Tangentialverzerrungen in Abhängigkeit von der Länge des auf den Kesseldurchmesser projizierten Meridians für den oben besprochenen 6000 l-Kessel beim Innendruck $p = 7$ atü im Bereich von *Boden* und *Bodenkrempe* graphisch dargestellt. Dabei sind Meßpunkte aus Meßreihen, die statistisch in Ordnung sind, als Dreiecke, die anderen als Quadrate gezeichnet.

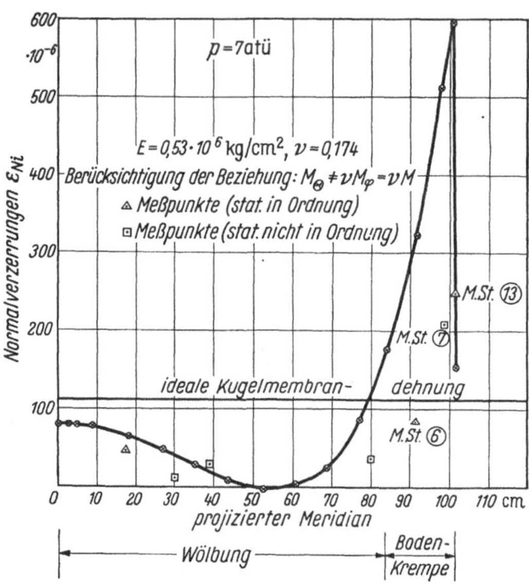

Abb. 40
Die Normalverzerrungen ε_{Ni} für Boden und Bodenkrempe

Der einzige bei den Normalverzerrungen ε_{Na} zur Verfügung stehende Meßpunkt (Meßstelle 74) fällt mit der berechneten Verzerrung zusammen, wenn auch dieser Übereinstimmung deshalb keine allzu große Bedeutung zukommt, weil ε_{Na} im Bereich der Krempe innerhalb weniger Zentimeter des *projizierten Meridians* von $+40{,}7$ auf $-394{,}0 \cdot 10^{-6}$ abfällt. Das gleiche gilt für die Übereinstimmung der berechneten und gemessenen Tangentialverzerrungen innen (Meßstelle 8, 9, 10, 11, 14, 15, 16) und außen (Meßstelle 76). Immerhin wird man sagen können, daß zumindest bislang keine große Diskrepanz zwischen Meß- und Rechenwerten besteht. Bei den Normalverzerrungen ε_{Ni} (vgl. Abb. 40) ist die Übereinstimmung zwischen Meß- und Rechenwerten im Bereich des Bodens gut, in der Bodenkrempe jedoch kommen größere Abweichungen vor, und zwar in dem Sinne, daß die im Gußeisen berechneten größeren Dehnungen im Email entweder nicht auftreten oder nicht gemessen wurden. Da im Bereich der Krempe nur 3 Meßstellen (6, 7 und 13; vgl. Abb. 30) liegen und die Tepiclänge 20 mm beträgt, wäre es wohl möglich, daß die Dehnungsspitze, etwa zwischen den Meßstellen 6 und 7 gelegen, nicht erfaßt wurde. *Naturgemäß ist auch die Einzeichnung der Lage der einzelnen Meßstellen nicht auf den Zentimeter genau möglich.* Andererseits ist nicht gesagt, daß die auf der Emailaußenhaut gemessene Verzerrung genau mit der Verzerrung der Gußeiseninnenhaut übereinstimmen *muß.* Es ist gerade eine Aufgabe dieser Untersuchungen festzustellen, ob Unterschiede in den Verzerrungen zwischen Email und Gußeisen vorliegen und wie groß sie sind. Die Entscheidung darüber wird sich indessen erst nach der Auswertung und Beurteilung anderer Messungen und Berechnungen fällen lassen (vgl. § 23).

Für den zylindrischen Kesselteil, aber nur für diesen, ist in den Gln. (28) $M_\Theta = M$ zu setzen. Die inneren Kräfte N, M und T, die in diese Gleichungen eingehen, werden für den unmittelbar an die Bodenkrempe anschließenden zylindrischen Kesselteil auf Grund der Beziehungen

$$\left.\begin{aligned} N &= p\,\frac{a}{2} \\ T &= pa - \\ &\quad - \frac{S_n a}{\lambda s}\,t_q + \frac{M_n}{s}\,t_m \\ M &= M_n m_m - \frac{S_n a}{\lambda}\,m_q \end{aligned}\right\} \quad (30)$$

bestimmt.

S_n und M_n sind für einen vorgegebenen Kessel, wenn über den Innendruck verfügt ist, Konstanten und entsprechen den Werten S und M, die sich nach der Stufenkörperrechnung an der Schnittstelle zwischen Bodenkrempe und zylindrischem Teil ergeben (im Beispiel der 3. Aufgabe ist $n = 4$). m_m, m_q, t_m und t_q sind Veränderliche und als Funktionen von $\lambda x/a$ in Tab. 5 des ESSLINGERschen Buches zusammengestellt. Dabei bedeutet x die längs der Mantellinie des Zylinders (vertikal) gemessene Entfernung des jeweils betrachteten Punktes von der Schnittstelle zwischen Bodenkrempe und zylindrischem Kesselteil, für die $x = 0$ ist.

Für den oben betrachteten Kessel (vgl. 1. Aufgabe) wurden die ganzen Berechnungen am Zylindermantel bis zu einem Abstand von

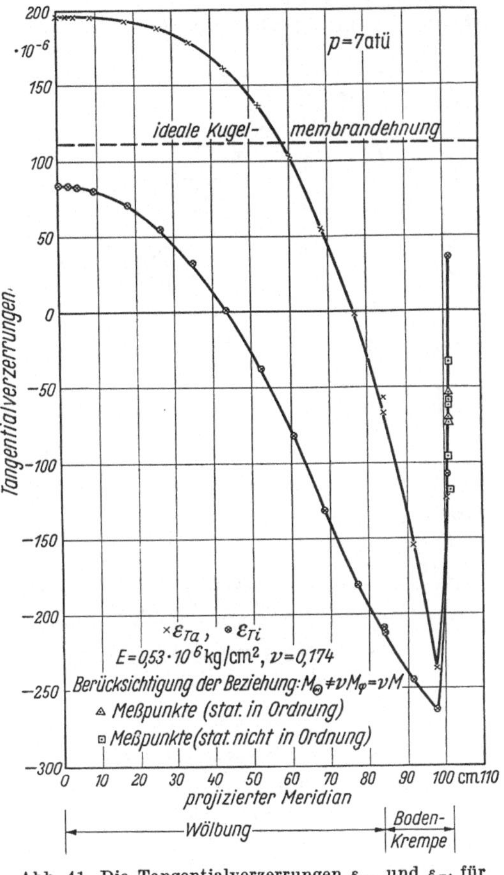

Abb. 41. Die Tangentialverzerrungen ε_{Ta} und ε_{Ti} für Boden und Bodenkrempe

etwa 49 cm von der Schnittstelle 4 mit der Bodenkrempe durchgeführt, weil nur bis dahin die Wandstärke des Kessels als annähernd konstant angesehen werden kann. Die hier benutzten Schalentheorien sowohl für Kugel- als auch für Zylinderschalen gelten nämlich nur für Schalen konstanter Wandstärke. Wie man bei Schalen nicht konstanter Wandstärke vorgeht, soll in einem späteren Paragraphen (Anhang 1) erläutert werden. Hier genügt indessen der Bereich der erfaßten Entfernungen, weil innerhalb dieser das Abklingen der in der Krempe hervorgerufenen Störungen beobachtet werden kann.

In Abb. 42 ist der Verlauf der Normalverzerrungen ε_{Na}, in Abb. 43 der der Normalverzerrungen ε_{Ni} und in Abb. 44 schließlich der Verlauf der beiden Tangentialverzerrungen in Abhängigkeit vom Abstand von der Übergangsstelle zur Bodenkrempe für den oben besprochenen 6000 l-Kessel beim Innendruck $p = 7$ atü im Bereich des unteren zylindrischen Teiles graphisch dargestellt. Zum Vergleich sind die Verzerrungen eingezeichnet worden, die sich unter sonst gleichen Umständen, aber mit

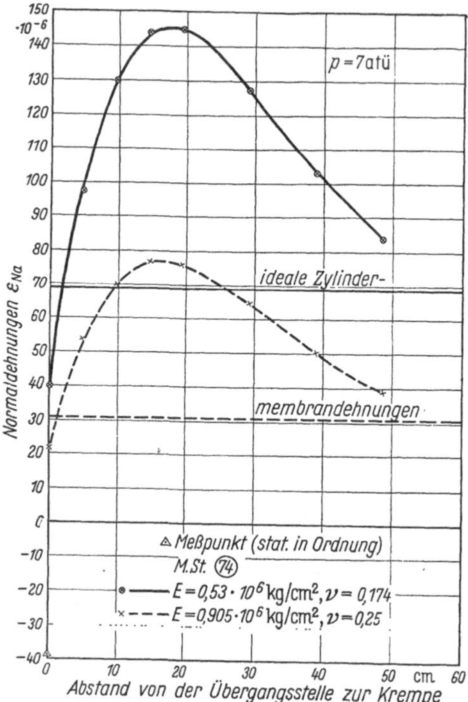

Abb. 42. Die Normaldehnungen ε_{Na} für den unteren zylindrischen Teil

den Materialkonstanten $E = 0,905 \cdot 10^6$ kg/cm² und $\nu = 0,25$ ergeben. Warum gerade diese Materialkonstanten gewählt wurden, wird sich im nächsten Paragraphen, bei der Besprechung des mittleren zylindrischen Teiles, zeigen.

Aus einem Vergleich der auf dem Email gemessenen Axialdehnungen mit den Normaldehnungen ε_{Ni} der inneren Gußeisenfaser in Abb. 43 ersieht man, daß der *allgemeine Dehnungsverlauf* in beiden Fällen der gleiche ist, daß sich aber die Emaildehnungen erst wesentlich weiter oberhalb der Schnittstelle mit der Bodenkrempe abbauen. Nun ist zwar — wie früher schon betont — die Ausmessung der Meßstellen nicht auf den Zentimeter genau möglich gewesen, aber hier beträgt die

Verschiebung, die notwendig wäre, um die Meß- und Rechenwerte zur Deckung zu bringen, etwa 20 cm, und das liegt weit außerhalb der Grenzen der Vermessungsgenauigkeit. Mithin müssen wir annehmen, daß das Abklingen der Krempenstörung im Email gegenüber der im Gußeisen örtlich *nachhinkt*, was mit einem breiteren Dehnungsmaximum (genauer ausgedrückt: einer größeren Halbwertsbreite dieses Maximums) der äußeren Normaldehnungen Hand in Hand geht.

5. Aufgabe. Berechne für den 6000 l-Kessel der 1. Aufgabe an Hand der Gl. (30) die inneren Kräfte M, N und T des unteren zylindrischen Kesselteiles und mit diesen Werten nach Gl. (28) die Spannungen der Innen- und Außenfaser des Gußeisens ($E = 0{,}53 \cdot 10^6$ kg/cm²).

Allgemein läßt sich über die Ursachen der Krempenstörung von Kesseln, die unter Innendruck stehen, folgendes zusammenfassend sagen: Infolge des Auftretens tangentialer Druckkräfte (vgl. z. B. die Lösung der 4. Aufgabe) wandert die Krempe gegenüber Boden und Mantel nach innen, so daß sich die Form des Kessels ändert und eine Verbiegung zustande kommt. So entsteht ein Biegemoment in der Meridianebene, das innerhalb der Krempe hohe

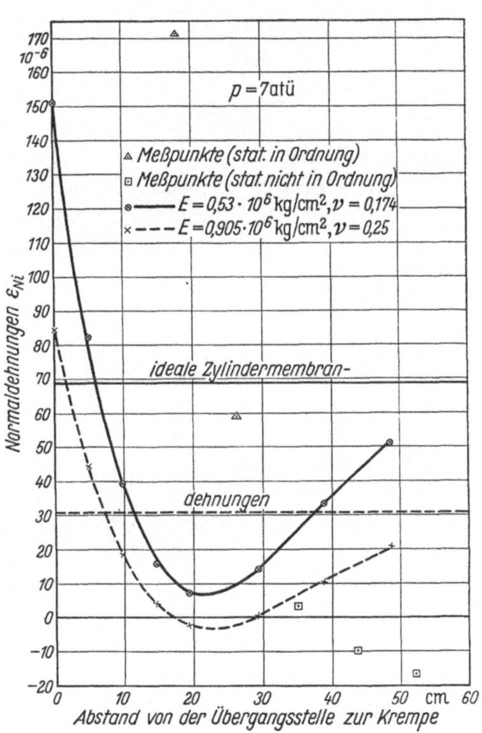

Abb. 43. Die Normaldehnungen ε_{N_i} für den unteren zylindrischen Teil

positive Werte annimmt — dies bedeutet, daß das Moment im Uhrzeigersinn wirkt, weil die Krempe nach innen gebogen wird — und innen Zug- und außen Druckspannungen erzeugt. Die Einspannmomente im Boden und im zylindrischen Teil, der sich an die Krempe anschließt, sind demgegenüber wesentlich kleiner. Für das Beispiel des behandelten 6000 l-Kessels bleibt hervorzuheben, daß immerhin auch in der Bodenmitte noch ein merkliches Biegemoment besteht (— 521,5 kg), wenn auch von entgegengesetztem Drehsinn. Daraus und aus dem Spannungsverlauf kann man schließen, daß die Störung innerhalb der Krempe so stark ist, daß sie noch bis zur Bodenmitte ausstrahlt. Dies dürfte darin begründet sein, daß im Bereich der Krempe eine relativ starke Wandstärkenänderung stattfindet. Man muß darin eine Besonderheit des vorgegebenen 6000 l-Kessels sehen. Allgemein wirkt die größte Spannung auf der Innenseite der Krempe, wo sich Membran- und Biegespannung addieren. Für unser gewähltes Beispiel beträgt sie

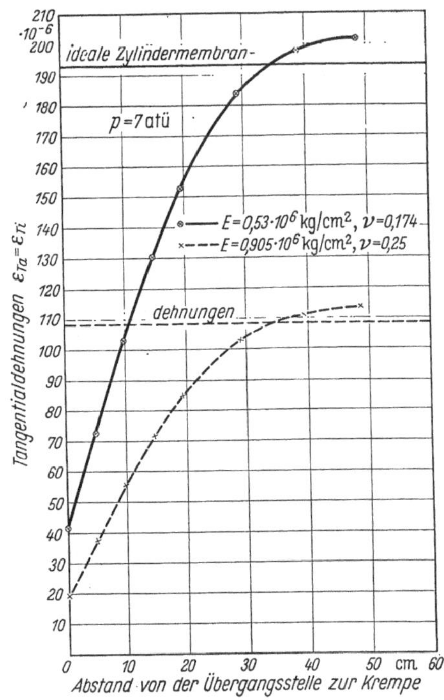

Abb. 44. Die Tangentialdehnungen $\varepsilon_{Ta} = \varepsilon_{Ti}$ für den unteren zylindrischen Teil

+ 315 kg/cm² und ist rund 4,4 mal so groß wie die ungestörte Kugelmembranspannung.

Im unteren zylindrischen Teil des als Beispiel genommenen 6000 l-Kessels erreicht die Normalspannung σ_{Na} (vgl. die Lösung der 5. Aufgabe) infolge der Addition von Membran- und Biegespannung einen Höchstwert von + 93,5 kg/cm² und ist somit 1,672 mal so groß wie die ungestörte axiale Membranspannung, jedoch 1,1975 mal kleiner als die ungestörte tangentiale Membranspannung.

Wir haben bislang Schalen- und Krempentheorie am Beispiel eines 6000 l-Kessels erläutert, der aber durchaus keine ideale Form hatte. Man kann nun umgekehrt fragen, welches die geeignetste Form eines solchen Kessels sei, damit hohe Spannungsspitzen vermieden werden. Zu diesem Zweck wurden die Spannungen in der Bodenkrempe weiterer 5 Kessel von Dettmar in Zusammenarbeit mit den Verfassern nach der oben erläuterten Methode berechnet. Dettmar führte die Berechnungen auf der programmgesteuerten elektronischen Rechenmaschine Gl in Göttingen durch. Aus Tab. 14, in der die wichtigsten Abmessungen und die maximalen Krempenspannungen der verschiedenen Kessel für einen Innendruck von 1 atü zusammengestellt worden sind, ersieht man, daß bei größerem Krempenradius r_i aber sonst gleichen Abmessungen die maximale innere Normalspannung σ_{Ni} in der Bodenkrempe (dies ist die größte in der Bodenkrempe auftretende Spannung) wesentlich herabgesetzt werden kann. Auch Esslinger erwähnt dies schon beiläufig, aber hier ist es nun durch Berechnungen an sechs verschiedenen 6000 l-Kesseln mit Zahlenwerten erhärtet. Auch der Einfluß der Wandstärkenbemessung kann leicht aus Tab. 14 abgelesen werden.

Tabelle 14. *Abhängigkeit der maximaleninneren Krempenspannung σ_{Ni} verschiedener 6000 l-Kessel von der Form des Kessels. $p = 1$ atü. Bodenkrempe*

Kessel-bezeichnung	Innerer Boden-radius R_i mm	Innerer Zylinder-radius a_i mm	Innerer Krempen-radius r_i mm	Wandstärken		Maximale Krempen-spannung σ_{Ni} kg/cm²	Prozentuales Ver-hältnis der maxi-malen Krempen-spannung σ_{Ni} zu der von Kessel IV
				Mantel mm	Boden mm		
Hier untersuch-ter Kessel	1800	≈ 984	300	63,5	95 bis 97	45,1	136 %
Nr. I	1530	≈ 950	280	60	47	31,5	94,9%
Nr. II	1530	≈ 950	400	60	60	20,4	61,5%
Nr. III	1530	≈ 950	400	60	47	25,1	75,6%
Nr. IV	1530	≈ 950	280	47	47	33,2	100 %
Nr. V	1530	≈ 950	280	60	60	26,8	80,7%

§ 18. Der mittlere zylindrische Teil

Ehe wir uns ein *abschließendes* Urteil über den berechneten und gemessenen Spannungs- und Verzerrungsverlauf im Boden, in der Bodenkrempe und im anschließenden unteren zylindrischen Teil des oben behandelten 6000 l-Kessels erlauben können, bedarf es noch der Besprechung der Dehnungen und Spannungen im mittleren zylindrischen Teil. Wir haben gesehen, daß nach der Theorie die von der Bodenkrempe ausgehenden Störungen im mittleren zylindrischen Teil bereits abgeklungen sind (vgl. S. 64 und Abb. 42 bis 44) und wir nehmen vorweg, daß auch die vom Übergang zum Kesselflansch aus-strahlenden Störungen in diesem Bereich ohne Einfluß sind, was in einem späteren Paragraphen noch bewiesen wird. Auch der Gesamt-verlauf der gemessenen Dehnungen bestätigt diesen Sachverhalt. Wir wissen nun andererseits, daß die beiden Störungen durch Verbiegungen des Kessels bedingt und verursacht sind, so daß also im mittleren *ungestörten* zylindrischen Teil die aus den gemessenen Dehnungen berechneten Spannungen mit den *allein* nach der Membrantheorie berechneten Spannungen übereinstimmen müßten. Man kann natürlich auch — und dies wollen wir hier tun — aus den gemessenen Dehnungen und den berechneten Membranspannungen die elastischen Material-konstanten ν und E nach der Membrantheorie berechnen und mit den aus den Zugstabmessungen ermittelten Werten dieser Konstanten vergleichen.

Dieser Vergleich wird Rückschlüsse auf die Inhomogenität des ver-wendeten Gußeisens zulassen. Bekanntlich gelten nach der Membrantheorie dickwandiger Hohlzylinder, die unter einem Innendruck p stehen, für Tangentialspannung σ_{tag} und Axialspannung σ_{aag} die folgenden Gleichungen:

$$\left.\begin{aligned} \sigma_{tag} &= \frac{2}{\varkappa^2 - 1}\, p \\[2mm] \sigma_{dag} &= \frac{1}{\varkappa^2 - 1}\, p = \frac{1}{2}\, \sigma_{tag} \end{aligned}\right\} \quad \text{mit} \quad \varkappa = \frac{R_a}{R_i} \tag{31}$$

In unserem Beispiel ist der innere zylindrische Kesselradius $R_i = 100{,}65$ cm und der äußere $R_a = 106{,}25$ cm, so daß man für $\varkappa^2$ den Wert 1,1143 erhält. Nach Gl. (31) ergibt sich dann speziell für $p = 7$ atü:

$$\sigma_{tag} = 122{,}2 \ \text{kg/cm}^2$$

$$\sigma_{aag} = 61{,}1 \ \text{kg/cm}^2$$

Nach der Membrantheorie der Zylinderschalen gilt für die Querkontraktionszahl ν folgende Beziehung:

$$\nu = \frac{\varepsilon_{tag} - 2\,\varepsilon_{aag}}{2\,\varepsilon_{tag} - \varepsilon_{aag}} \tag{32}$$

Für ε_{tag} (Meßstelle 72; vgl. Abb. 30) entnimmt man der Tab. 12 für 7 atü den Wert $+118 \cdot 10^{-6}$ und für ε_{aag} (Meßstelle 70) den Wert $+33{,}5 \cdot 10^{-6}$. Somit bekommt man für die Querkontraktionszahl:

$$\underset{=}{\nu} = \frac{118 - 67}{236 - 33{,}5} = \underline{\underline{0{,}252}}\,.$$

Der E-Modul läßt sich nach den beiden Gleichungen

$$\left.\begin{aligned} E &= \frac{2 - \nu}{2\,\varepsilon_{tag}}\, \sigma_{tag} \\[2mm] E &= \frac{1 - 2\,\nu}{\varepsilon_{aag}}\, \sigma_{aag} \end{aligned}\right\} \tag{33}$$

bestimmen. In beiden Fällen erhält man $\underline{\underline{E = 0{,}905 \cdot 10^6 \ \text{kg/cm}^2}}$

Zunächst ist offensichtlich, daß diese Konstanten nicht, und nicht einmal annähernd, mit den auf Grund der Zugstabversuche (vgl. § 9) ermittelten Konstanten übereinstimmen. Die Abweichung beträgt bei der Querkontraktionszahl etwa 31%, beim E-Modul etwa 41% des oben angegebenen höheren Wertes. *Das als Kesselmaterial verwendete Gußeisen ist also sehr inhomogen.* Das konnte schon aus den Zugstabversuchen geschlossen werden; denn dabei hatte der *niedrigste* E-Modul den Wert $0{,}418 \cdot 10^6 \ \text{kg/cm}^2$, der *höchste* den Wert $0{,}738 \cdot 10^6 \ \text{kg/cm}^2$ (vgl. § 9). Auch die Messung mehrerer gleichartiger Tangentialverzerrungen (vgl. § 16) bestätigt diese Erkenntnis. So ersieht man aus Tab. 13, daß die größte Tangentialdehnung am Übergang zum Kessel-

flansch 1,42 mal größer als die kleinste ist; für den Übergang der Bodenkrempe in den unteren zylindrischen Teil lautet der entsprechende
Faktor sogar 2,12 $\left(\dfrac{E_{max}}{E_{min}} = \dfrac{0,905}{0,418} = 2,16\right)$. Man kann freilich ein-
wenden, daß die Größe des E-Moduls beim Gußeisen im allgemeinen
von der Größe der einwirkenden Spannung abhängig sei. Aber die
Geradlinigkeit des Dehnungsverlaufes bei den Zugstabmessungen oberhalb 50 bis 100 kg/cm² zeigt, daß dies hier nicht der Fall ist. Zudem
sind die gleichartigen Tangentialverzerrungen natürlich beim gleichen
Innendruck ($p = 7$ atü) gemessen worden; doch sind beim Vergleich
dieser Verzerrungen unter Umständen örtliche Verschiedenheiten (Einfluß der Bodentasche, Mangel an Rotationssymmetrie) zu berücksichtigen. Aus alledem wird klar, daß die erhebliche Inhomogenität
des Gußeisens in Rechnung gestellt werden muß. Es hilft nun wenig,
wenn man den oben berechneten E-Modul von $0,905 \cdot 10^6$ kg/cm² der
Gußeisen*haut* zuschreibt und etwa für den *Kern* mit dem Mittelwert
$0,53 \cdot 10^6$ kg/cm² aus den Zugstabmessungen rechnet; denn nach der
Theorie werden alle inneren Kräfte (N, T, M) für die Mittelfaser der
Kesselwandung berechnet und aus ihnen die Spannungen und Verzerrungen innen und außen ermittelt. Die Theorie ist daher gezwungen
mit *Mittelwerten der Materialkonstanten* zu rechnen, wenn sie nicht hoffnungslos kompliziert werden soll. Deshalb wurden alle Berechnungen
zunächst mit den auf Grund der Zugstabversuche ermittelten und
gemittelten Materialkonstanten $v = 0,174$ und $E = 0,53 \cdot 10^6$ kg/cm²
durchgeführt. Andererseits sollen natürlich die im mittleren zylindrischen Teil gemessenen *ungestörten* Membrandehnungen mit den auf
Grund der Membrantheorie berechneten übereinstimmen. Dies ist nur
für $v = 0,25$ und $E = 0,905 \cdot 10^6$ kg/cm² der Fall.

Wir haben nun mit *diesen* Konstanten die in § 17 erläuterten Berechnungen erneut durchgeführt. Es ist vielleicht ganz nützlich, sich
einmal zu überlegen, was sich an den früheren Rechenergebnissen dabei
ändert. Wir tun dies in kurzer, zusammenfassender Weise und können
hier die verbindenden Schritte dem Leser überlassen. Zunächst ist
festzustellen, daß die Werte *aller* Spannungen im Boden, in der Bodenkrempe und im anschließenden zylindrischen Teil unabhängig vom
E-Modul sind, während natürlich *alle* Verzerrungen in bekannter
Weise linear von ihm abhängen. Für die Bodenkrempe bleiben bei
der oben erläuterten Änderung der Materialkonstanten die inneren
Kräfte N und M erhalten; die T-Werte ändern sich infolge des Gliedes
$v N$ (vgl. Gl. 27). Die Spannungen σ_{Na} und σ_{Ni} bleiben erhalten,
während die Spannungen σ_{Ta} und σ_{Ti} infolge der veränderten Tangentialkraft und infolge des veränderten Gliedes $v\,\dfrac{6M}{s^2}$ umgerechnet

werden müssen. Ebenso müssen natürlich alle Verzerrungen umgerechnet werden. Da der E-Modul jetzt sehr viel größer ist, fallen die Verzerrungen nunmehr sehr viel kleiner aus. Für den Boden und den zylindrischen Teil bleiben N, M *und* T erhalten; die σ_T und die Verzerrungen sind wieder umzurechnen. Der ganze zusätzliche Arbeitsaufwand hält sich also in mäßigen Grenzen, da insbesondere die ganze Krempenrechnung nicht wiederholt zu werden braucht. Dies ist hauptsächlich dem Umstand zuzuschreiben, daß die Abhängigkeit vieler Größen von der Querkontraktionszahl ν die Form $\sqrt{1 - \nu^2}$ hat. Dieser Ausdruck ändert sich jedoch selbst bei großer Änderung von ν relativ wenig. Dies ist auch wohl der Grund, warum ESSLINGER ihre Berechnungen und Tabellen ganz allgemein auf $\nu = 0{,}25$ abgestimmt hat. An Hand der vorgenommenen Berechnungen ergibt sich, daß sich die Verhältnisse im Boden und im zylindrischen Teil nicht allzu stark gewandelt haben; nur in der Bodenkrempe sind die Veränderungen groß. Vereinfachend kann man sagen, daß *die Dehnungsspitze der Innenfaser der Krempe auf den halben Wert abgebaut worden ist* $(+300 \cdot 10^6)$. Selbstverständlich ist der Dehnungs*verlauf* der gleiche wie vorher.

Angesichts der großen Inhomogenität des Gußeisens und der daraus folgenden Tatsache, daß die Verzerrungen um 100% unsicher sind (vgl. das oben genannte Beispiel), ist es naturgemäß schwierig, bei Gußkesseln einen Vergleich zwischen berechneten Gußeisen- und gemessenen Emailverzerrungen durchzuführen. Trotzdem werden weiterhin die Meßwerte eingezeichnet und die mit den beiden Paaren der elastischen Materialkonstanten berechneten Spannungen und Verzerrungen einander zum Vergleich gegenübergestellt werden (vgl. Abb. 42 bis 44).

§ 19. Kritik der Berechnungen für Boden und Bodenkrempe
(Vergleich mit den Untersuchungen SIEBELS und seiner Mitarbeiter)

Wir sind jetzt in der Lage, die Ergebnisse der Berechnungen für Boden, Bodenkrempe und anschließenden zylindrischen Teil einer eingehenden Kritik unterziehen zu können, wobei uns der Vergleich mit den Untersuchungen von SIEBEL und seinen Mitarbeitern und mit den eigenen Messungen am 6000 l-Kessel wertvolle Dienste leisten wird.

Wir haben bereits in § 17 bemerkt, daß im Bereich der Bodenkrempe das Maximum der Normaldehnungen ε_{Ni} der Innenfaser des Gußeisens, auf die wir die Untersuchungen zunächst beschränken wollen, nach der Theorie wesentlich höher ist als der gemessene Wert der Emaildehnungen $(+595{,}5$ gegenüber $+245\ \mathrm{kg/cm^2})$. Das Maximum der Gußeisendehnungen ist selbst dann noch höher als das der Emaildehnungen, wenn man für das Gußeisen die Materialkonstanten

$E = 0,905 \cdot 10^6 \, \text{kg/cm}^2$ und $v = 0,25$ verwendet. Immerhin ist aber der Dehnungsunterschied dann bei einem Wert von $(343,8 - 245) \cdot$ $\cdot 10^{-6} \approx 100 \cdot 10^{-6}$ an die Grenze der Meßgenauigkeit herangerückt (vgl. § 14).

Wir wollen nun die maximale Normal- und Meridianspannung der Innenfaser des Gußeisens in der Krempe nach der von SIEBEL und SCHWAIGERER angegebenen Methode [*34*] berechnen. Die beiden Verfasser ziehen als Vergleichsmembranspannung die tangentiale Membranspannung σ_M heran, die sich in einem Zylinder vom Durchmesser D des zylindrischen Kesselteiles und der Wandstärke s unter dem Innendruck p ausbildet. Bekanntlich erhält man hierfür:

$$\sigma_M = \frac{D}{2s} \, p \tag{34}$$

In unserem Beispiel ist $D = 209,4$ cm (die Wandstärke wird hier mitgerechnet) und $s = 6,35$ cm, wenn man mit der Wandstärke des zylindrischen Teiles rechnet. Daraus folgt:

$$\sigma_M = 115,5 \, \text{kg/cm}^2$$

Aus der Kesselzeichnung geht hervor, daß die Wölbungshöhe H des Bodens, das ist der Abstand zwischen Krempenmittelpunkt und tiefstem Punkt der Bodenwölbung (einschließlich der Wandstärke) 57 cm beträgt, so daß man für die bezogene Wölbungshöhe den Wert

$$\frac{H}{D} = \frac{57}{209,4} = 0,2722$$

erhält. Geht man mit dieser Zahl in das Berechnungsschaubild für gewölbte Böden (Abb. 1 der oben erwähnten Arbeit) ein, so ergibt sich für den Formfaktor y_0 des Vollbodens der Wert 1,2. Hieraus berechnet sich die maximale Krempenspannung σ_{max} zu:

$$\sigma_{max} = y_0 \, \sigma_M = 1,2 \cdot 115,5 = 138,6 \, \text{kg/cm}^2 \tag{35}$$

Die nach der Schalentheorie berechnete maximale Krempenspannung (vgl. Lösung der 4. Aufgabe) ist wesentlich höher ($+ 315 \, \text{kg/cm}^2$). Für diese Spannung hätte y_0 den Wert

$$y_0 = 2,73$$

haben müssen, was einer bezogenen Wölbungshöhe von etwa 0,08 entspricht. Der Boden wäre also sehr flach gewesen und hätte nur die Wölbungshöhe $H = 16,75$ cm gehabt, was der Wirklichkeit auch nicht annähernd entspricht. Wohl hat der Boden in unserem Beispiel an der einen Stelle eine Bodentasche, wohl beträgt dort der innere Krempenradius nur 14 cm, aber die Meßstellen befanden sich an der Krempe von 30 cm Innenradius und mit dieser Zahl wurde in der Theorie gerechnet, so daß auch nur dieser Fall zum Vergleich herangezogen werden darf.

Wir wollen ferner die von SIEBEL und SCHWAIGERER eingeführte Kennzahl α für unseren Boden bestimmen. Der Höchstwert der Anstrengung in der Bodenkrempe σ_v^* kann mit guter Näherung gleich der maximalen Normal- (Meridian-)Spannung σ_{Na} gesetzt werden, da ihr gegenüber Tangential- und Radialspannung vernachlässigbar klein sind. Als Vergleichsspannung wird beim α-Wert die Membranspannung der *Bodenwölbung*

$$\sigma_M = \frac{1}{2}\, p\, \frac{R}{s} \tag{36}$$

herangezogen. Mit $R = 180$ cm (ohne Berücksichtigung der Wandstärke) und $s = 9$ cm (man beachte die andere Wandstärke) erhält man

$$\sigma_M = 70 \ \mathrm{kg/cm^2}$$

Somit ergibt sich für α

$$\alpha = \frac{\sigma_v^*}{\sigma_M} = \frac{315{,}4}{70} \approx 4{,}5 \tag{37}$$

Aus dem Schaubild 4 der Veröffentlichung von SIEBEL und SCHWAIGERER entnimmt man für $\alpha = 4{,}5$ eine bezogene Bodenhöhe $H/D = 0{,}2$, was einer Bodenhöhe von $H = 41{,}9$ cm entspricht. Diese Werte kommen der Wirklichkeit zwar schon näher, sind aber immer noch zu klein. Für die wahre bezogene Bodenhöhe $H/D = 0{,}272$ ergibt sich nach Schaubild 4 $\alpha \approx 2{,}5$ und somit eine maximale Anstrengung von $70 \cdot 2{,}5 = 175 \ \mathrm{kg/cm^2}$.

Diese Gegenüberstellungen zeigen, daß die berechnete maximale Krempenspannung nach der Schalentheorie wesentlich höher ist als nach der Methode von SIEBEL und SCHWAIGERER. Dies deckt sich mit der Feststellung von SIEBEL und KÖRBER [35], daß „man bei einer solchen Berechnung (nach der Schalentheorie) für die Korbbogenböden eine bedeutend höhere Beanspruchung findet, als sie bei den Versuchen festgestellt werden konnte, und daß dies wohl darauf zurückzuführen sein dürfte, daß sich bei dickwandigeren Kesselböden auch bei den Korbbogenformen an den Stellen wechselnder Krümmung stets allmähliche Übergänge in der Stützlinie ausbilden, so daß die Biegungsbeanspruchungen nicht die Höhe erreichen, die nach der Rechnung zu erwarten wäre." Andererseits geben SIEBEL und KÖRBER [36] für ihre Messungen, die auch der oben erläuterten Methode zugrunde liegen, bei den Innenspannungen allgemein einen Fehler von

± 150 kg/cm² und mögliche Auswertungsfehler der gleichen Größenordnung an. Danach zu urteilen wären also die Abweichungen der nach der Schalentheorie und nach der SIEBELschen Methode berechneten Maximalspannungen innerhalb der Fehlergrenzen der Messung. So stellt auch ESSLINGER auf S. 92 ihres Buches fest, daß „unter Berücksichtigung dieser Meß- und Auswertungsfehlermöglichkeiten Rechnung und Messung gut übereinstimmen", wiewohl auch in dem von ihr gewählten Beispiel das berechnete Spannungsmaximum über dem gemessenen Wert liegt.

Was läßt sich nun aus unseren eigenen Meßergebnissen zugunsten der Schalentheorie oder SIEBELschen Methode sagen? Nehmen wir einmal an, das Email machte infolge seiner geringen Wandstärke (durchschnittlich 1,2 mm) die Verzerrungen der Innenfaser des Gußeisens genau mit und rechnen wir für das Gußeisen mit den Materialkonstanten $E = 0{,}905 \cdot 10^6$ kg/cm² und $\nu = 0{,}25$, so erhält man für die *maximale* Dehnung der Innenfaser des Gußeisens in der Krempe die folgenden Werte:

Eigene Messung $+244 \cdot 10^{-6}$ (Meßstelle 13; vgl. Tab. 12)
Schalentheorie $+344 \cdot 10^{-6}$
Methode nach SIEBEL $+195 \cdot 10^{-6}$ (obere Grenze der nach den Spannungen geschätzten Werte)

Sieht man die gemessene Dehnung als wahren Wert an, so ergibt sich, daß die Methode nach SIEBEL ein zu kleines, die Schalentheorie ein zu großes Maximum der Dehnungen und damit auch der Spannungen liefert. Innerhalb ihrer allerdings großen Fehlergrenzen stimmen die Werte überein.

Zudem zeigt dieser Vergleich und ein Blick auf Abb. 40, daß eine große Abweichung zwischen den Werten der Messung und der Methode nach SIEBEL einerseits und denen der Schalentheorie andererseits bestünde, wenn man die im Zugstabversuch für das Gußeisen ermittelten Konstanten $E = 0{,}53 \cdot 10^6$ kg/cm² und $\nu = 0{,}174$ benutzte.

Alle diese Schlüsse gelten natürlich nur unter der Voraussetzung, daß die Verzerrungen der Emailfaser denen der inneren Gußeisenfaser gleich sind; denn sonst können wir nicht die auf dem Email gemessenen Dehnungen als die wahren Dehnungen der Innenfaser des Gußeisens ansehen. Wie steht es damit? Vorsicht in diesem Punkt ist zumindest angebracht. So wissen wir z. B. aus § 15, daß am Übergang zum Kesselflansch die Hauptdehnungen der Gußeisen-Außenfaser und der Emailfaser nicht die gleiche Richtung haben, dasselbe gilt für die Mitte der zylindrischen Wandung. In der Bodenwölbung gibt es eine Stelle (Meßstelle 4; s. a. Abb. 31) an der relativ hohe Emaildehnungen auftreten ($190 \cdot 10^{-6}$ für 7 atü; vgl. Tab. 12), die aus dem allgemeinen

Verzerrungsverlauf herausfallen und auch theoretisch nicht gerechtfertigt werden können, bemerkenswerterweise ist Meßreihe 4 statistisch in Ordnung. Wenn auch die Normal- (Axial-) Dehnungen der
Gußeisen-Außenfaser mit denen der Emailfaser in der Mitte der zylindrischen Wandung annähernd übereinstimmen (vgl. Meßreihe 29 und
70 in Tab. 12), so weichen doch die entsprechenden Tangentialdehnungen stark voneinander ab ($118 \cdot 10^{-6}$ im Gußeisen gegenüber
$40 \cdot 10^{-6}$ im Email für 7 atü; vgl. Meßreihe 72 und 27). Aus alledem
ersieht man, daß *die Annahme gleicher Verzerrungen der inneren Guß-
eisen- und der äußeren Emailfaser in den Messungen keine Stütze findet,
und daß also auch das Argument, die beiden Verzerrungen müßten auf
Grund der geringen Schichtdicke des Emails übereinstimmen, der Beweis-
kraft entbehrt.* Genauso wie im ungestörten Gebiet der Zylindermitte
Dehnungsunterschiede von $80 \cdot 10^{-6}$ auftreten, können solche Unterschiede auch im Störungsfeld der Bodenkrempe vorkommen. Und
damit entfällt die Möglichkeit, die Messungen auf der Emailfaser zum
Richter über die Schalentheorie und die SIEBELsche Methode zu machen.

Fassen wir die Ergebnisse aller Untersuchungen noch einmal kurz
zusammen, so können wir sagen:

1. Messung und Berechnung nach der Schalentheorie stimmen für die Außenfaser des Gußeisens an den wenigen dort angebrachten Meßstellen gut überein.

2. Im Bereich des Bodens entsprechen die gemessenen Emaildehnungen
etwa den nach der Schalentheorie berechneten Dehnungen der Innenfaser des
Gußeisens: *Im Boden haftet das Email.*

3. In der Bodenkrempe treten größere Abweichungen zwischen Messung
und Berechnung auf, und zwar in dem Sinne, daß die *Emaildehnungen kleiner
sind als die Dehnungen der Gußeisen-Innenfaser.* Die Dehnungsunterschiede können
entweder tatsächlich auftreten, oder aber durch die Meßungenauigkeit bedingt
sein (eine Entscheidung darüber, welche Möglichkeit vorliegt, kann nicht getroffen
werden).

4. Die Schalentheorie und die SIEBELsche Methode führen nicht zu den
gleichen Ergebnissen. Nach der Schalentheorie erhält man wesentlich höhere
Spannungen und Verzerrungen als nach der SIEBELschen Methode. Eine klare
Entscheidung auf Grund der eigenen Dehnungsmessungen am Email, welches
Rechenverfahren die *wahren* Werte liefert, ist nicht möglich, da die Verzerrungen
der Innenfaser des Gußeisens nicht notwendig gleich denen der Emailfaser sein
müssen. Immerhin hat es den Anschein, als ob die SIEBELsche Methode vielleicht
infolge der Tatsache, daß Zylinder- und Bodenwandstärke sehr verschieden sind,
viel zu geringe, die Schalentheorie zu hohe Spannungen und Verzerrungen
liefert. Genaue Aussagen über das Haftverhalten des Emails in der Krempe lassen
sich kaum machen, wenn es auch recht wahrscheinlich ist, daß die Verzerrungen
der Email- und Gußeisen-Innenfaser nicht übereinstimmen und *sich das Email
in Richtung des Meridians weniger dehnt als das darunter liegende Gußeisen.*

5. Im unteren zylindrischen Teil, der sich an die Krempe anschließt, bauen
sich die von der Krempe ausgehenden Störungen in der Innenfaser des Gußeisens
innerhalb einer kürzeren Entfernung von der Übergangsstelle ab als in der Emailfaser: Das Dehnungsmaximum des Emails hat eine größere Halbwertsbreite,
die Emaildehnungen *hinken örtlich nach.*

§ 20. Der Flansch nach W. Müller

Wir können auch hier, bei der Besprechung des Kesselflansches, nur einen kurzen, allgemeinen Überblick über die benutzten Methoden geben, damit die wichtigsten, später verwendeten Formeln verständlich werden; eine breitere Darstellung läge jenseits der Zielsetzung dieses Buches. Der Leser, der tiefer in die bekannten Theorien einzudringen wünscht, sei auf die Spezialliteratur verwiesen.

Der Grundgedanke der Flanschtheorie von W. MÜLLER [37] ist folgender: Der Flansch wird als Verbindung einer zylindrischen Schale, als die der unter Innendruck stehende zylindrische Kesselteil aufgefaßt werden kann, mit einer Kreisringplatte oder einem Flanschring aufgefaßt, der äußeren biegenden Kräften unterworfen ist. Eine rotationssymmetrische Anordnung wird auch hier wieder vorausgesetzt, und es wird ferner angenommen, daß die Anwendung der Ergebnisse der einfachen Schalen- und Plattentheorie auf diesen Fall zulässig ist.

Unter dem Einfluß des Innendruckes p und eines sogleich näher zu kennzeichnenden Biegemomentes M_0 erfährt die zylindrische Wandung des Kessels eine radiale Ausbiegung w; im oberen Teil des Zylindermantels findet eine radiale Aufweitung statt (vgl. Abb. 45). Nach der Biegetheorie der Zylinderschalen konstanter Wandstärke, die nur am Schalenrand belastet sind, genügt w einer Differentialgleichung 4. Ordnung, so daß in der Lösung 4 Integrationskonstanten auftreten, von denen jedoch die beiden mit $e^{\frac{\lambda x}{a_0}}$ multiplizierten gleich Null gesetzt werden müssen, wenn sich der Einfluß des Biegemomentes nur auf endliche Entfernungen x erstreckt. Dies ist hier der Fall, wie die Messungen aufweisen. Damit lautet die Lösung folgendermaßen:

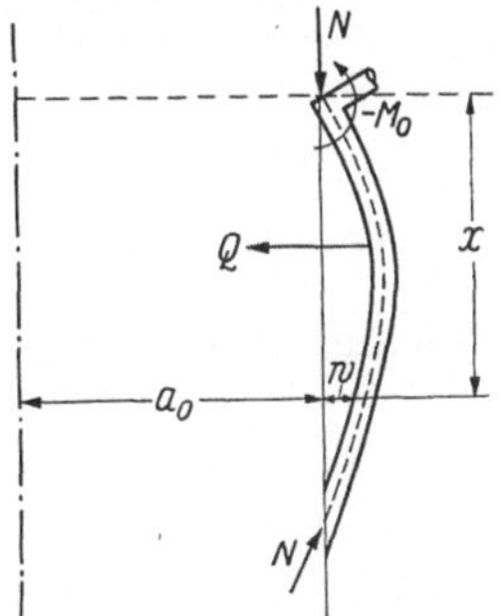

Abb. 45. Der Flanschansatz (nach W. MÜLLER)

$$w = e^{-\frac{\lambda x}{a_0}} \left(K_1 \cos \frac{\lambda x}{a_0} + K_2 \sin \frac{\lambda x}{a_0} \right) + \frac{p\,a_0^2}{E\,s} \tag{38}$$

Hierbei bedeuten:

x Von der Flanschoberkante gemessene Länge auf der Erzeugenden des Zylindermantels in cm

a_0 Bis zur Wandungsmitte des Zylinders gerechneter Kesselhalbmesser in cm

$$\lambda^4 = 3\,\frac{a_0^2}{s^2}\,(1 - \nu^2), \text{ dimensionslos}$$

s Kesselwandstärke in cm

MÜLLER nimmt nun an, daß w für die Flanschoberkante verschwindet, und daß dort das Biegemoment entgegengesetzt gleich dem zunächst statisch unbestimmten, vom Flanschteller übertragenen, Biegemoment M_0 ist, das heißt also:

$$\text{Für} \quad x = 0 \quad w = 0 \quad M = -M_0$$

Aus diesen beiden Randbedingungen können die Konstanten K_1 und K_2 bestimmt werden, wenn man die Beziehung:

$$M = \frac{E\,s^3}{12\,(1 - \nu^2)}\,\frac{d^2\,w}{d\,x^2} \tag{39}$$

verwendet.

Auf diese Weise erhält man

$$\left.\begin{aligned}
K_1 &= -\frac{p\,a_0^2}{E\,s} \\[2mm]
K_2 &= M_0\,\frac{a_0^2}{2\,\lambda^2}\,\frac{12\,(1 - \nu^2)}{E\,s^3}
\end{aligned}\right\} \tag{40}$$

Verwendet man die von ESSLINGER [38] eingeführten und tabulierten Größen $m_q = e^{-\frac{\lambda\,x}{a_0}}\sin\frac{\lambda\,x}{a_0}$ und

$$m_m = e^{\frac{\lambda\,x}{a_0}}\left(\cos\frac{\lambda\,x}{a_0} + \sin\frac{\lambda\,x}{a_0}\right),$$

so ergibt sich unter Berücksichtigung der Beziehung

$$T = \text{Tangentialkraft} = \frac{E\,s}{a_0}\,w \tag{41}$$

für das Biegemoment M

$$M = -M_0\,(m_m - m_q) - 0{,}017675\,m_q \tag{42}$$

und für die Tangentialkraft T

$$\left.\begin{aligned}
T &= \frac{E\,s}{a_0}\,w = \left(\frac{E\,s}{a_0}\,K_1\cos\frac{\lambda\,x}{a_0} + \frac{E\,s}{a_0}\,K_2\sin\frac{\lambda\,x}{a_0}\right)e^{-\frac{\lambda\,x}{a_0}} + p\,a_0 \\[2mm]
T &= -p\,a_0\,(m_m - m_q) + \frac{E\,s}{a_0}\,K_2\,m_q + p\,a_0
\end{aligned}\right\} \tag{43}$$

Die Werte von m_m und m_q sind auf S. 100, in Tab. 5 des ESSLINGERschen Buches in Abhängigkeit vom Argument $\lambda\,x/a_0$ zusammengestellt worden. Nun ist für alle x der in Gl. (42) vorkommende Ausdruck $0{,}017675\,m_q \ll M_0\,(m_m - m_q)$, so daß er im folgenden ohne Einschränkung der Genauigkeit fortgelassen werden kann.

Die Normalkraft N ist konstant und hat den Wert

$$N = p\,\frac{a_0}{2} \tag{44}$$

Ist also das Biegemoment M_0 bestimmt worden, so lassen sich die inneren Kräfte M, N und T und daraus in bekannter Weise die Spannungen und Verzerrungen (vgl. Gl. 28 und 29) berechnen.

Für den als Kreisringplatte aufgefaßten Flanschteller (vgl. Abb. 46), an dem eine Anzahl äquidistanter biegender Kräfte angreift, nimmt Müller der Einfachheit halber an, daß diese Einzelkräfte *gleichmäßig* über den Umfang eines mit der Zylinderwandung konzentrischen Kreises verteilt sind, und daß dieser Belastung die Gesamtgröße P zukommt (P ist hier *nicht*, wie sonst üblich, auf die Umfangseinheit bezogen). Ferner wird die Annahme gemacht, daß die kreisartig verteilte Kraft P am äußeren Rand der Platte

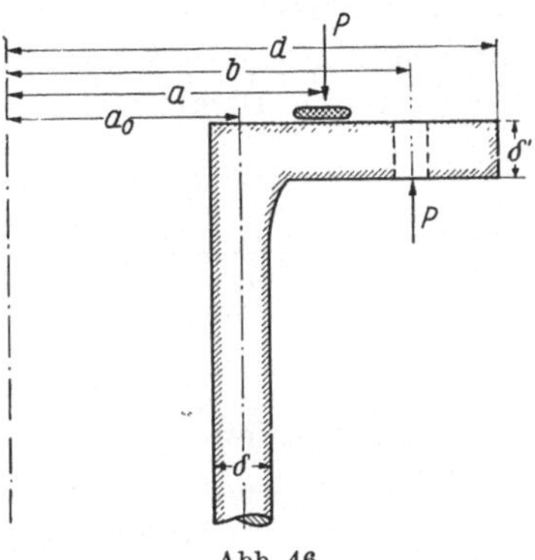

Abb. 46
Der Flanschteller (nach W. Müller)

($r = b$) angreift und die Kreisringplatte längs des Kreises $r = a$ (Mitte Dichtung) aufliegt. Aus der Differentialgleichung der senkrecht zu ihrer Ebene belasteten Kreisringplatte und den 3 Randbedingungen

$$\left.\begin{array}{l} w = \text{Durchbiegung} = 0 \\ M_r = \text{radiales Biegemoment} \\ \qquad \text{(in einem Schnitt } r = \text{const)} = M_0 \\ M_r = 0 \quad \text{für} \quad r = b \end{array}\right\} \quad \text{für} \quad r = a$$

lassen sich nun die Durchbiegung w und die Neigung dw/dr der Platte als Funktion des Radius r bestimmen. Man kann die Rechnung, wie dies auch Müller getan hat, noch verfeinern, indem man den Lochkreishalbmesser b vom Flanschhalbmesser d (vgl. Abb. 46) unterscheidet; dann sind an Stelle der einen Funktion w die beiden Funktionen w_1 (für $a \leqq r \leqq b$) und w_2 (für $b \leqq r \leqq d$) zu bestimmen, was unter Hinzunahme der Stetigkeitsbedingungen für den Grenzkreis $r = b$

$$w_1(b) = w_2(b)$$
$$w_1'(b) = w_2'(b)$$
$$w_1''(b) = w_2''(b)$$

gelingt. Auf diese Weise erhält man für den Neigungswinkel $w_1'(a)$ des Flanschtellers gegen die *Horizontale* einen Ausdruck der, wenn über die Schraubenkraft P verfügt ist, nur noch das durch die Rohrflanschverbindung übertragene Biegemoment M_0 als einzige Unbekannte enthält. Nun besteht aber eine winkelsteife Verbindung zwischen Zylinderwandung und Flanschteller, so daß der Neigungswinkel $w'(0)$ der Erzeugenden des Zylinders gegen die *Lotrechte* übereinstimmen muß mit dem Neigungswinkel $w_1'(a)$ des Flanschtellers gegen die *Waagerechte*. So ergibt sich die folgende endgültige Formel zur Berechnung des Biegemomentes M_0 (an der Flanschoberkante $x = 0$ bzw. für den Dichtungskreisradius $r = a$):

$$\frac{2\pi\,M_0}{P} = \frac{\dfrac{1}{1-\nu}\dfrac{\eta^2\ln\xi}{\eta^2-1} + \dfrac{\xi^2-1}{\eta^2-1}\dfrac{1}{2(1+\nu)} - \dfrac{\sqrt[4]{3(1-\nu^2)}}{12(1-\nu^2)}\dfrac{\delta'^{\,3}}{\delta}\sqrt{\dfrac{a_0}{\delta}}\,\dfrac{a_0}{a}\,\mu}{\delta'^{\,3}\,\delta^{-5/2}\,a_0^{1/2}\,a^{-1}\cdot\dfrac{1}{2\sqrt[4]{3(1-\nu^2)}} + \dfrac{1}{\eta^2-1}\left(\dfrac{1}{1+\nu} + \dfrac{\eta^2}{1-\nu}\right)}$$

$$(45)$$

Hierbei bedeuten:

a Kesselradius bis zur Mitte der Dichtung in cm

a_0 Kesselradius bis zur Mitte der Zylinderwandung in cm

b Lochkreishalbmesser (bis zur Mitte des Lochkreises) in cm

d Flanschhalbmesser (bis zum Flanschtellerende) in cm

p Innendruck in atü

P Schraubenkraft in kg

δ Wandstärke (bzw. mittlere Wandstärke) des zylindrischen Teiles in cm $\equiv s$

δ' Flanschdicke (stärke) in cm

$\eta = \dfrac{d}{a}, \quad \xi = \dfrac{b}{a}, \quad \mu = 2\pi\,\dfrac{p}{P}$ in cm^{-2}

ν Querkontraktionszahl

Nach diesen allgemeinen Erläuterungen kommen wir zur Anwendung der angegebenen Formeln auf das Beispiel unseres 6000 l-Kessels. Wir müssen zunächst die Schraubenkraft P bestimmen; *denn diese muß — was sicherlich als Nachteil der Müllerschen Theorie angesehen werden muß — vorgegeben sein.* Wir berechnen die Schraubenkraft nach den im Neuentwurf zu DIN 2505 bis 2507 (Oktober 1952) angegebenen Richtlinien bzw. nach den von S. SCHWAIGERER in seinem Aufsatz „Die Berechnung der Flanschverbindungen im Behälter- und Rohrleitungsbau" [39] aufgestellten Formeln. Die von den Schrauben übertragene Kraft hält bekanntlich den folgenden 3 Kräften das Gleichgewicht:

Der durch den Innendruck p über den Zylinder (bei SCHWAIGERER Rohr genannt) eingeleiteten Rohrkraft $P_R = p\,\dfrac{\pi}{4}\,d_i^2$, wobei d_i der Innendurchmesser des Kessels ist;

der infolge des Innendruckes p auf der Ringfläche zwischen dem Dichtungskreis mit dem Durchmesser d_D und dem Innenkreis mit dem Durchmesser d_i entstehenden Kraft $P_P = p\,\dfrac{\pi}{4}\,(d_D^2 - d_i^2)$ und endlich der zum Anpressen der Dichtung erforderlichen Dichtungskraft P_D. Faßt man P_R und P_P zusammen, so erhält man:

$$\underline{P_R + P_P = P_i = p\,\frac{\pi}{4}\,d_D^2 = p\,\pi\,a^2 = 2{,}815 \cdot 10^5\ \text{kg}}$$

Für die Dichtungskraft P_{D_1} im Betriebszustand gibt Schwaigerer die Formel

$$P_{D_1} = p\,\pi\,d_D\,k_1 = p\,2\,\pi\,a\,k_1 \tag{46}$$

an, wobei der Dichtungskennwert k_1 für die hier verwendete Flachdichtung den Wert

$$k_1 = b_D\left(1 + \sqrt{\frac{h_D}{b_D}}\right) = 60\left(1 + \sqrt{\frac{15{,}5}{60}}\right) = 90{,}49\ \text{mm} \tag{47}$$

hat.

Hier bedeutet b_D die Breite und h_D die Höhe der Dichtung in mm. Somit ergibt sich:

$$\underline{P_{D_1} = 7 \cdot 3{,}14 \cdot 226{,}4 \cdot 9{,}049 = 45050\ \text{kg}}$$

Insgesamt erhält man dann für die Schraubenkraft P im Betriebszustand:

$$\underline{\underline{P}} = P_i + P_{D_1} = (2{,}815 + 0{,}4505) \cdot 10^5 = \underline{\underline{326550\ \text{kg}}}$$

Wir gehen nun mit P in Gl. (45) ein; die anderen in dieser Formel vorkommenden Größen haben folgende Werte:

$$
\begin{array}{lll}
a = 113{,}2\ \text{cm} & \eta = 1{,}088 & \delta = 5{,}2\ \text{cm} = s \\
a_0 = 106{,}1\ \text{cm} & \xi = 1{,}047 & \delta' = 7{,}89\ \text{cm} \\
b = 118{,}5\ \text{cm} & \mu = 1{,}347 \cdot 10^{-4} & \\
d = 123{,}2\ \text{cm} & \nu = 0{,}174 & \\
p = 7\ \text{atü} & &
\end{array}
$$

Damit erhält man für das Biegemoment M_0

$$\underline{M_0 = 2352{,}7\ \text{cm kg/cm}}$$

Setzt man M_0 in Gl. (40) ein, so ergibt sich mit

$$s = 5{,}2\ \text{cm}; \quad \lambda = 5{,}898 \quad \text{und} \quad E = 0{,}53 \cdot 10^6\ \text{kg/cm}^2$$

$$\underline{K_2 = 5{,}944 \cdot 10^{-2}}$$

Es wurde hier für den zylindrischen Teil mit einer *mittleren* Kesselwandstärke von 5,2 cm gerechnet; in Wirklichkeit ist der Flanschhals flach kegelförmig ausgebildet. Wir werden später sehen, wie man den Spannungsverlauf in einem kegelförmigen Ansatz ermittelt; es sei jedoch vorweggenommen, daß der Unterschied der Ergebnisse beider Methoden im vorliegenden Fall unerheblich ist.

Für das Biegemoment im zylindrischen Teil bekommt man nach
Gl. (42)

$$M = -2352,7\,(m_m - m_q) \quad \text{in cm kg/cm,}$$

für die Tangentialkraft nach Gl. (43)

$$T = -742,7\,(m_m - m_q) + 1545\,m_q + 742,7 \quad \text{in kg/cm}$$

und für die Normalkraft nach Gl. (44)

$$N = 371,4 \text{ kg/cm}$$

Wir sind jetzt in der Lage, auf Grund der Gln. (28) die Spannungen
und an Hand der Gln. (29) die Dehnungen der Innen- und Außenfaser
der Zylinderwandung zu berechnen. Die Rechenergebnisse sind in den
beiden folgenden Zahlentafeln zusammengestellt.

Tabelle 15. *Vorarbeiten für die Spannungen*

$\dfrac{\lambda x}{a}$	x cm	M cm kg/cm	T kg/cm	$\dfrac{T}{s}$ kg/cm²	$\dfrac{6\,M}{s^2}$ kg/cm²	$\nu\,\dfrac{6\,M}{s^2}$ kg/cm²
0,00	0,00	− 2352,7	0	0	− 522,2	− 90,9
0,25	4,497	− 1776,0	+ 480,0	+ 92,26	− 394,2	− 68,6
0,50	8,994	− 1253,0	+ 796,0	+ 153,10	− 278,1	− 48,38
0,75	13,491	− 813,0	+ 983,0	+ 189,05	− 180,4	− 31,4
1,00	17,988	− 467,5	+ 1073,0	+ 206,33	− 103,7	− 18,05
1,25	22,485	− 212,2	+ 1095,0	+ 210,66	− 47,1	− 8,20
1,50	26,982	− 37,12	+ 1074,0	+ 206,60	− 8,24	− 1,43
1,75	31,479	+ 72,85	+ 1030,0	+ 197,97	+ 16,16	+ 2,81
2,00	35,976	+ 132,6	+ 974,0	+ 187,37	+ 29,42	+ 5,12

Tabelle 16. *Spannungen und Verzerrungen am Flanschansatz*

x cm	σ_{Na} kg/cm²	σ_{Ni} kg/cm²	σ_{Ta} kg/cm²	σ_{Ti} kg/cm²	$\varepsilon_{Na}\cdot 10^6$	$\varepsilon_{Ni}\cdot 10^6$	$\varepsilon_{Ta}\cdot 10^6$
0,00	+ 593,6	− 450,8	+ 90,9	− 90,9	+ 1090,0	− 821,0	− 23,2
4,497	+ 465,6	− 322,8	+ 160,86	+ 23,66	+ 826,0	− 616,8	+ 150,7
8,994	+ 349,5	− 206,7	+ 201,48	+ 104,72	+ 593,5	− 424,5	+ 265,5
13,491	+ 251,8	− 109,0	+ 220,45	+ 157,65	+ 403,0	− 257,3	+ 333,3
17,988	+ 175,1	− 32,3	+ 224,38	+ 188,28	+ 256,8	− 122,75	+ 366,0
22,485	+ 118,5	+ 24,3	+ 218,86	+ 202,46	+ 151,8	− 20,63	+ 374,0
26,982	+ 79,64	+ 63,16	+ 208,03	+ 205,17	+ 82,0	+ 51,80	+ 366,5
31,479	+ 55,24	+ 87,56	+ 195,16	+ 200,78	+ 40,13	+ 99,40	+ 350,1
35,976	+ 41,98	+ 100,82	+ 182,25	+ 192,49	+ 19,41	+ 127,0	+ 330,0

$$\nu = 0,174 \qquad E = 0,53 \cdot 10^6 \text{ kg/cm}^2 \qquad p = 7 \text{ atü}$$

In den Abb. 47, 48 und 49 sind die Spannungen σ_{Na}, σ_{Ni}, σ_{Ta}
und σ_{Ti}, in den Abb. 50, 51 und 52 die Verzerrungen ε_{Na}, ε_{Ni} und

$\varepsilon_{Ta} = \varepsilon_{Ti}$ in Abhängigkeit von x aufgetragen worden. Wiederum wurden die idealen Membranspannungen bzw. Dehnungen eingezeichnet und bei den Verzerrungen die Meßwerte, die hier infolge der großen

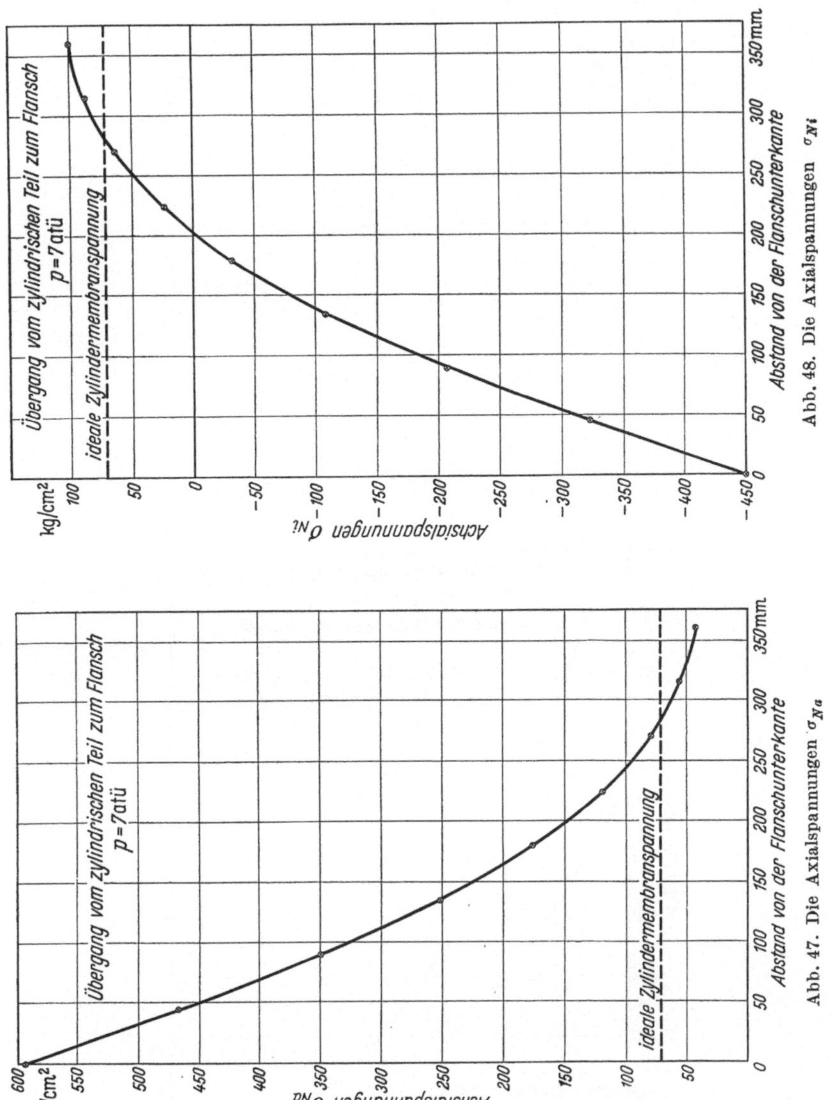

Abb. 48. Die Axialspannungen σ_{Ni}

Abb. 47. Die Axialspannungen σ_{Na}

Absolutwerte alle statistisch in Ordnung sind. Dabei zeigte sich nun, daß die Übereinstimmung zwischen den gemessenen und den berechneten Werten relativ gut ist, wenn man die Größe x nicht wie Müller

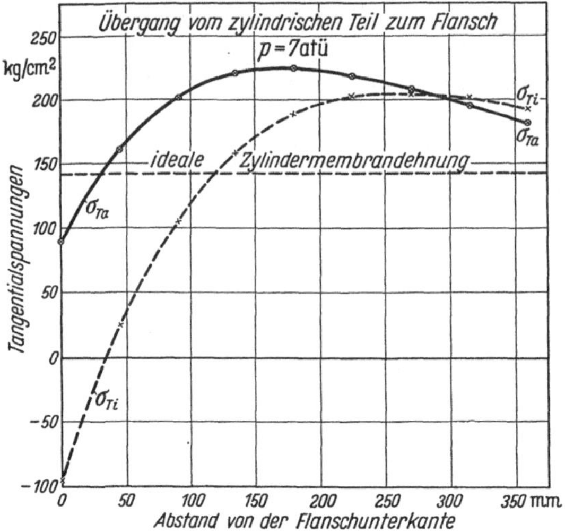

Abb. 49. Die Tangentialspannungen σ_{Ta} und σ_{Ti}

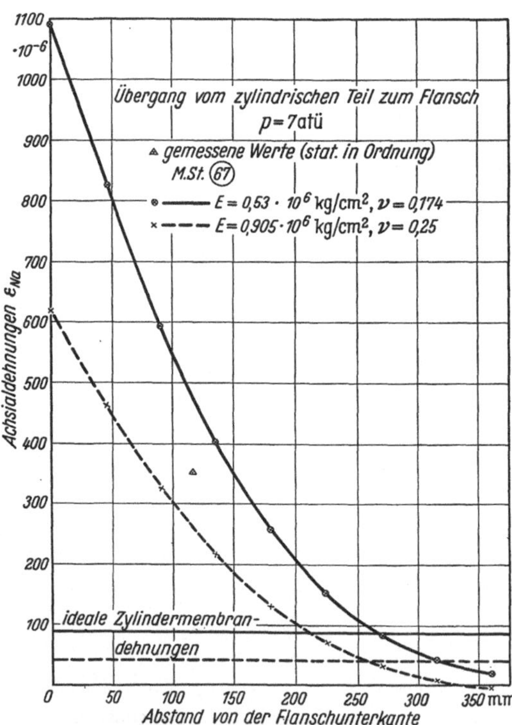

Abb. 50. Die Axialdehnungen ε_{Na}

von der Flansch*ober*kante, sondern von der *Unter*kante an rechnet. Man überzeugt sich leicht davon; wird nämlich x von der Flanschoberkante aus gezählt, so rutschen alle gezeichneten Kurven um die

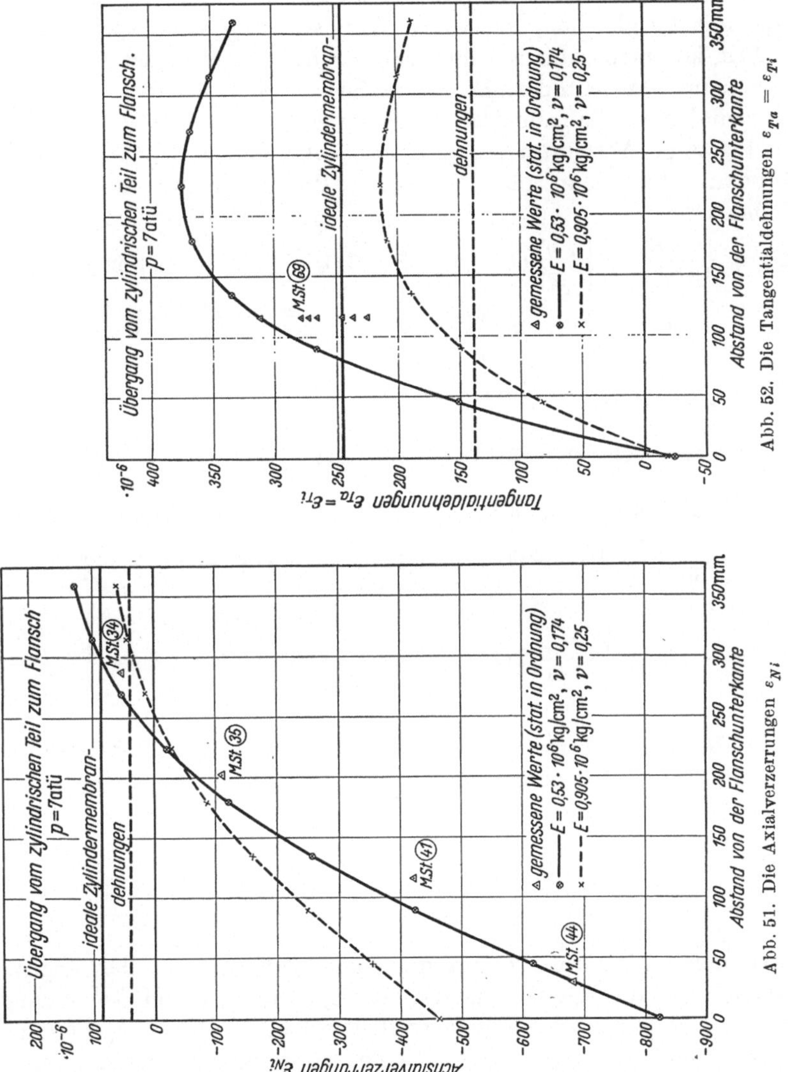

Abb. 52. Die Tangentialdehnungen $\varepsilon_{Ta} = \varepsilon_{Ti}$

Abb. 51. Die Axialverzerrungen ε_{Ni}

Flanschstärke (= 78,9 mm) nach links, während die Meßpunkte natürlich ihre Lage beibehalten. Die durch den Flanschansatz hervorgerufenen Störungen sind zwar, wie ein Vergleich mit den idealen Membranspannungen zeigt, 35 cm unterhalb der Flanschunterkante noch

6*

nicht ganz, aber weitgehend abgeklungen. Die Berechnung wurde nicht auf die tiefer gelegenen Teile der Kesselwandung ausgedehnt, weil einmal das Wesentliche des Spannungs- und Verzerrungsverlaufes schon bis dahin zum Ausdruck kommt und weil andererseits von dort ab nicht mehr mit der gleichen, konstanten Wandstärke gerechnet werden kann.

Wir kommen jetzt zur Berechnung der Spannungen und Verzerrungen im Flanschteller. Hierzu bedarf es zunächst der Bestimmung der radialen und tangentialen Biegemomente für die beiden Abschnitte der Platte (1. Abschn. $a \leqq r \leqq b$ und 2. Abschn. $b \leqq r \leqq d$). — Nach MÜLLER erhält man für die beiden Biegemomente im 1. Abschn. (Index 1)

$$M_{r1} = \frac{P}{8\pi(\eta^2-1)}\left[2\frac{\eta^2}{\varrho^2}(1+\nu)\ln\xi - 2(1+\nu)(\eta^2\ln\frac{\xi}{\varrho}+\ln\varrho) + \\ + (1-\nu)(\eta^2-\xi^2)\left(1-\frac{1}{\varrho^2}\right)\right] - \frac{M_0}{\eta^2-1}\left(\frac{\eta^2}{\varrho^2}-1\right) \tag{48}$$

$$M_{t1} = \frac{P}{8\pi(\eta^2-1)}\left\{-\frac{2\eta^2}{\varrho^2}(1+\nu)\ln\xi - 2(1+\nu)(\eta^2\ln\frac{\xi}{\varrho}+\ln\varrho) - \\ - (1-\nu)\left[(\eta^2-\xi^2)\left(1-\frac{1}{\varrho^2}\right)+2(\xi^2-1)\right]\right\} + \frac{M_0(\eta^2+\varrho^2)}{\varrho^2(\eta^2-1)} \tag{49}$$

und im 2. Abschn. (Index 2)

$$M_{r2} = \frac{P(\eta^2-\varrho^2)}{8\pi\varrho^2(\eta^2-1)}[2(1+\nu)\ln\xi + (1-\nu)(\xi^2-1)] - \frac{M_0(\eta^2-\varrho^2)}{\varrho^2(\eta^2-1)} \tag{50}$$

$$M_{t2} = -\frac{P(\eta^2+\varrho^2)}{8\pi\varrho^2(\eta^2-1)}[2(1+\nu)\ln\xi + (1-\nu)(\xi^2-1)] + \frac{M_0(\eta^2+\varrho^2)}{\varrho^2(\eta^2-1)} \tag{51}$$

Die radialen und tangentialen Biegespannungen σ_r und σ_t lassen sich auf Grund der Gleichungen

$$\sigma_r = \frac{6 M_r}{\delta'^2} \tag{52}$$

und

$$\sigma_t = \frac{6 M_t}{\delta'^2} \tag{53}$$

bestimmen. Die Größe ϱ hat die Bedeutung r/a. In der folgenden Tabelle sind die Biegemomente, die Spannungen und Verzerrungen für den 1. Abschn. zusammengestellt worden. Auf die Berechnung der entsprechenden Größen des 2. Abschn. wurde hier verzichtet, weil einmal der Spannungsverlauf aus den angegebenen Werten schon hinreichend klar wird und andererseits in einem späteren Paragraphen bei der Berechnung der Spannungen im Deckel auch die Spannungen bis zum äußersten Ende des Deckelflansches aufgeführt werden. Das radiale Biegemoment muß an der Stelle $r = a$ (Mitte Dichtung) natürlich mit M_0 übereinstimmen; die Abweichung des in der Tabelle angegebenen Wertes von M_0 erklärt sich daraus, daß für den Flanschteller fälschlich mit $\nu = 0,1695$ anstatt mit $\nu = 0,174$ gerechnet wurde. Die Kleinheit dieser Abweichungen der M-Werte ($\approx 1^0/_{00}$) und der ν-Werte ($\approx 2,6\%$) verbürgt jedoch, daß die Ergebnisse exakt bleiben. Die berechneten Spannungen und Verzerrungen gelten für die obere Fläche des Flanschtellers, für die untere kehren sich alle Vorzeichen um, die Mittelebene der Platte ist spannungsfrei.

Tabelle 17. *Biegemomente, Spannungen und Verzerrungen im Flanschteller* $E = 0,53 \cdot 10^6$ kg/cm²

r cm	M_r cm kg/cm	M_t cm kg/cm	σ_r kg/cm²	σ_t kg/cm²	$\varepsilon_r \cdot 10^6$	$\varepsilon_t \cdot 10^6$
$a = 113,2$	−2351	−1384	−226,6	−133,4	−384,8	−179,1
114,53	−1696	−1275	−163,5	−122,8	−269,1	−179,4
115,85	−1122	−1170	−108,1	−112,8	−167,9	−178,1
117,18	− 503	−1070	− 48,5	−103,1	− 58,45	−179,0
$b = 118,5$	+ 37,1	− 971	+ 3,58	− 93,6	+ 46,3	−177,6

Abb. 53 zeigt den Verlauf der Spannungen, Abb. 54 den Verlauf der Dehnungen in Abhängigkeit vom Radius r. Nun liegen zwar für den Flanschteller keine eigenen Messungen vor, aber der Kurvenlauf ist in guter Übereinstimmung mit Messungen von SCHWAIGERER (vgl. z. B. Abb. 3 der oben erwähnten Arbeit und Abb. 7 der Veröffentlichung „Festigkeitsuntersuchung an einem festen Flansch" [40]. Im 2. Abschn. des Flanschtellers (Mitte Lochkreis bis Flanschende) geht σ_r allmählich von seinem positiven Wert zurück auf Null und nimmt am Flanschende

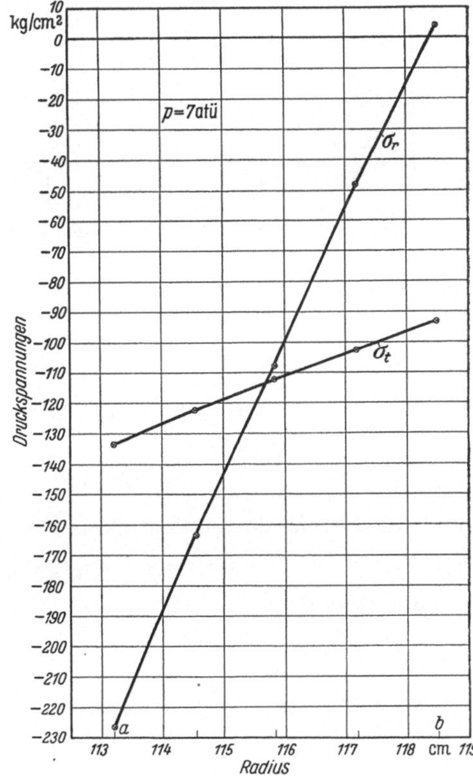

Abb. 53. Die Tangential- (σ_t) und Radialspannungen (σ_r) des Flanschtellers nach der Theorie von W. MÜLLER

einen kleinen negativen Wert an, während σ_t völlig konstant bleibt.

Wir wollen nun, wie stets, die Rechenergebnisse einer eingehenden Kritik unterziehen, bevor wir die Ergebnisse anderer Flanschtheorien zum Vergleich heranziehen.

Alles bisher Gesagte bezog sich auf den *Betriebszustand,* was bedeutet, daß in den angegebenen Beanspruchungen sowohl die durch die Schraubenkraft allein als auch die durch den Innendruck allein hervorgerufenen enthalten sind; so war ja auch die Schraubenkraft für den Betriebszustand ermittelt worden. Gerade aber für die Flanschverbindung ist es wichtig, ebenfalls die Beanspruchungen zu kennen, die nur durch das Anziehen der Schrauben (im folgenden kurz *Montagezustand* genannt) hervorgerufen werden.

Für die Schraubenkraft P im Montagezustand erhält man nach SCHWAIGERER [*39*]

$$P = P_{D_0} = \pi \, d_D \, k_0 \, K_D$$
$$= \text{Dichtungskraft} \tag{54}$$

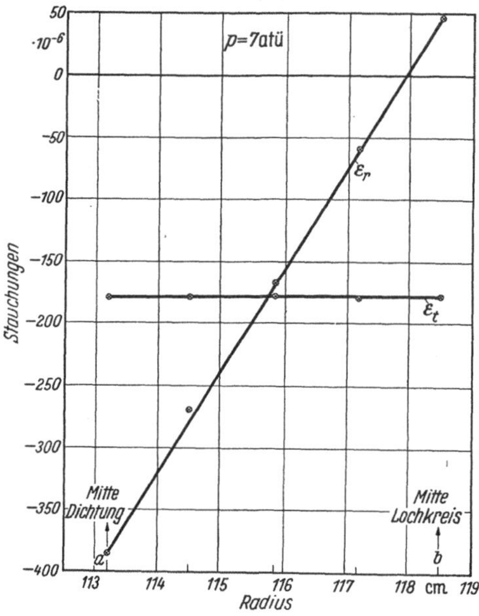

Abb. 54
Die Tangential- (ε_t) und Radialverzerrungen (ε_r) des Flanschtellers nach der Theorie von W. MÜLLER

Hierbei ist für die verwendete Weichstoffdichtung mit der Breite b_D und der Höhe h_D nach dem Neuentwurf zu DIN 2507 (Oktober 1952, S. 4) der Dichtungskennwert

$$k_0 = b_D \frac{3}{h_D} = 11,62 \text{ mm}$$

und die Formänderungsfestigkeit

$$K_D = 0,8 \text{ kg/mm}^2$$

Somit ergibt sich

$$P = P_{D_0} = 3,14 \cdot 2,264 \cdot 1,162 \cdot 0,8 \cdot 10^4 = \underline{6,61 \cdot 10^4} \text{ kg}$$

Nach Gl. (45) erhält man nun mit $p = 0$, also auch $\mu = 0$

$$M_0 = 481,2 \text{ cm kg/cm}$$

Aus Gl. (40) folgt

$$K_1 = 0, \qquad K_2 = 1{,}216 \cdot 10^{-2}$$

und aus Gl. (43) endlich

$$T = 315{,}7 \, m_q \, \text{kg/cm}$$

Natürlich ist die Normalkraft N gleich Null.

Nachdem die inneren Kräfte M, T und N berechnet sind, können die Spannungen und Verzerrungen des zylindrischen Teiles in bekannter Weise berechnet werden. Die gesamten Ergebnisse sind in der folgenden Tab. 18 zusammengestellt worden.

In den Abb. 55 und 56 sind die Verzerrungen ε_{Na} und $\varepsilon_{Ta} = \varepsilon_{Ti}$ sowie ε_{Ni} in Abhängigkeit von x aufgetragen worden. Da auch für den Montagezustand Messungen vorliegen, wurden die Meßwerte in die entsprechenden Bilder eingezeichnet. Daß hier die äußeren und inneren Normalspannungen, absolut genommen, gleich sind, rührt daher, daß die Normalkraft im Montagezustand Null ist.

Natürlich ist es leicht möglich, auch für den Flanschteller die Beanspruchungen beim Montagezustand zu ermitteln. Da aber der Gang der Berechnung

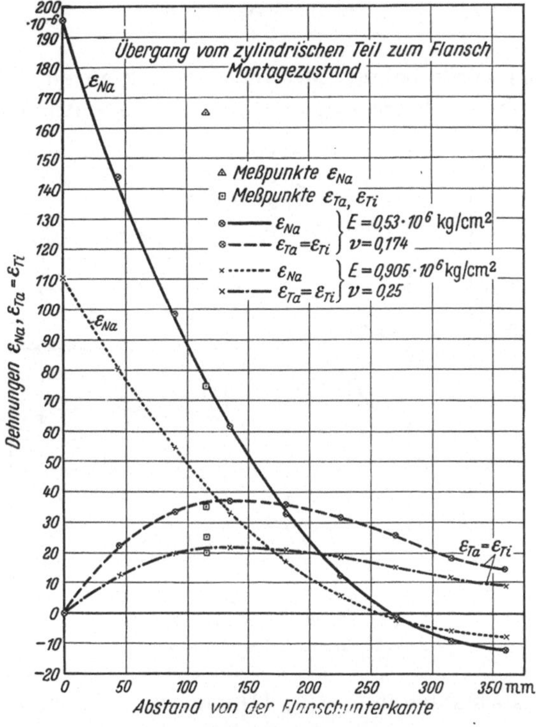

Abb. 55. Die Axialdehnungen ε_{Na} und die Tangentialdehnungen $\varepsilon_{Ta} = \varepsilon_{Ti}$

unter Berücksichtigung des veränderten Wertes der Schraubenkraft P genauso verläuft wie oben (vgl. Gl. 48 bis 53), und da uns hierfür keine Meßwerte zum Vergleich zur Verfügung stehen, wollen wir hier darauf verzichten.

Wir haben oben in die Abb. 50, 51 und 52 die Meßwerte eingetragen, wie sie sich allein unter der Einwirkung des Innendruckes ergaben. Denn

Tabelle 18. *Spannungen und Verzerrungen am Flanschansatz*
$E = 0,53 \cdot 10^6\,\text{kg/cm}^2$, $v = 0,174$, $p = 0$;   Montagezustand

x cm	σ_{Na} kg/cm²	σ_{Ni} kg/cm²	σ_{Ta} kg/cm²	σ_{Ti} kg/cm²	$\varepsilon_{Na} \cdot 10^6$	$\varepsilon_{Ni} \cdot 10^6$	$\varepsilon_{Ta} \cdot 10^6$
0,000	+106,8	−106,8	+18,59	−18,59	+195,5	−195,5	0,00
4,497	+ 80,6	− 80,6	+25,73	− 2,33	+143,6	−151,3	+22,10
8,994	+ 56,85	− 56,85	+27,54	+ 7,76	+ 98,3	−109,9	+33,30
13,491	+ 36,89	− 36,89	+25,97	+13,13	+ 61,1	− 73,9	+36,90
17,988	+ 21,20	− 21,20	+22,48	+15,10	+ 32,62	− 45,0	+35,46
22,485	+ 9,63	− 9,63	+18,19	+14,83	+ 12,20	− 23,04	+31,18
26,982	+ 1,69	− 1,69	+13,80	+13,22	− 1,34	− 7,53	+25,49
31,479	− 3,30	+ 3,30	+ 9,81	+10,96	− 9,45	+ 2,43	+18,05
35,976	− 6,02	+ 6,02	+ 6,42	+ 8,52	− 12,42	+ 8,56	+14,10

es wurde bei den Messungen so verfahren, daß zunächst die Verzerrungen im Montagezustand festgestellt wurden, sodann aber für die Beanspruchungen durch den Innendruck mit neuem Nullpunkt angefangen wurde. Also muß man beim Vergleich von Messung und Berechnung, da sich ja die berechneten Werte auf den Betriebszustand beziehen, von diesen die Werte abziehen, die dem Montagezustand entsprechen. Führt man dies durch (man vergleiche dazu Abb. 50 und 55, 51 und 56, 52 und 55), so erhält man für die

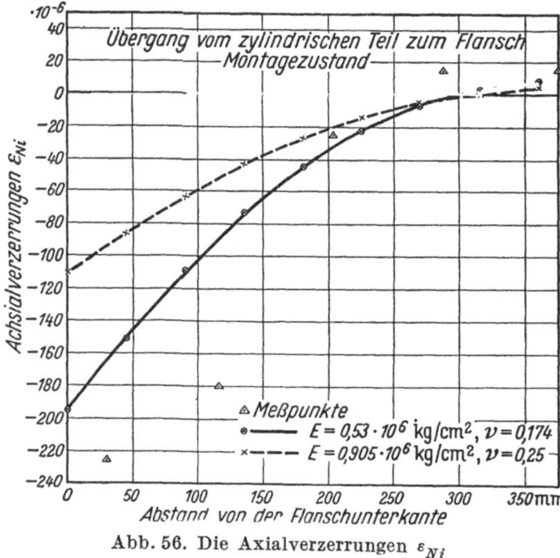

Abb. 56. Die Axialverzerrungen ε_{Ni}

Normaldehnung ε_{Na}, 116 mm von der Flanschunterkante

$$\varepsilon_{Na} = (475 - 75) \cdot 10^{-6} = 400 \cdot 10^{-6}$$

was mit dem Meßwert von $352 \cdot 10^{-6}$ innerhalb der Versuchsgenauigkeit recht gut übereinstimmt.

Für die Tangentialdehnung ε_{Ta}, 116 mm von der Flanschunterkante, ergibt sich

$\varepsilon_{Ta} = (322 - 36) \cdot 10^{-6} = 286 \cdot 10^{-6}$, was mit dem Meßwert (M. St. 69) von $277 \cdot 10^{-6}$ ebenfalls gut zusammenpaßt. Wir gelangen also hier zu dem Schluß, daß die gemessenen und berechneten Verzerrungen der

Gußeisenaußenfaser eine recht befriedigende Übereinstimmung zeigen. Beim folgenden Vergleich zwischen der berechneten Verzerrung der Innenfaser des Gußeisens und der gemessenen der Außenfaser des Emails werden sich, zumindest in Flanschnähe, größere Unterschiede ergeben.

Im einzelnen bekommt man:

Berechneter Wert (Gußeisen)	Gemessener Wert (Email)

ε_{Ni}, 30 mm unterhalb der Flanschunterkante

$$\varepsilon_{Ni} = (-685 + 162) \cdot 10^{-6} = -523 \cdot 10^{-6} \qquad -681 \cdot 10^{-6}$$

ε_{Ni}, 116 mm unterhalb der Flanschunterkante

$$\varepsilon_{Ni} = (-325 + 90) \cdot 10^{-6} = -235 \cdot 10^{-6} \qquad -423 \cdot 10^{-6}$$

ε_{Ni}, 202 mm unterhalb der Flanschunterkante

$$\varepsilon_{Ni} = (-70 + 34) \cdot 10^{-6} = -36 \cdot 10^{-6} \qquad -112 \cdot 10^{-6}$$

ε_{Ni}, 288 mm unterhalb der Flanschunterkante

$$\varepsilon_{Ni} = (+73 + 2) \cdot 10^{-6} = +75 \cdot 10^{-6} \qquad +53 \cdot 14^{-6}$$

Aus den Zahlenwerten ersieht man, daß das Email in Flanschnähe eine um $(150–200) \cdot 10^{-6}$ größere Stauchung erfährt als die Innenfaser des Gußeisens.

Auch beim Vergleich der Verzerrungen, die dem Montagezustand entsprechen (s. Abb. 55 und 56), zeigte sich, daß in Flanschnähe Email- und Gußeisenstauchungen stark voneinander abweichen, und zwar sind auch hier die Emailstauchungen größer; die Tangentialdehnungen, innen und außen, stimmen gut mit den berechneten Werten überein, während die gemessene Dehnung der Außenfaser des Gußeisens größer ist als die berechnete.

Da auch für die übrigen Teile des Kessels die beim Montagezustand hervorgerufenen Verzerrungen nicht bedeutungslos sind, insbesondere nicht für Deckel, wurden in der folgenden Tab. 19 diese Verzerrungen für alle Meßstellen zusammengestellt.

Man ersieht aus dieser Tabelle, daß grundsätzlich jeder Teil des Kessels vom Anziehen der Schrauben betroffen wird. Gering sind im allgemeinen die Verzerrungen des Zylindermantels, in dessen Innenfaser die Axialverzerrungen um *Null pendeln*, im Boden treten beim Email geringe axiale Stauchungen auf (im Gegensatz zum Verhalten unter Innendruck), in der Bodenkrempe erfolgt beim Email der Übergang von Stauchungen zu Dehnungen und wieder zu Stauchungen beim Übergang in den Zylindermantel, *im Deckel schließlich kommen*

Tabelle 19. *Die Verzerrungen beim Montagezustand*

Meßstelle Nr.	Lage der Meßstelle	Stoff	$\varepsilon \cdot 10^6$	Meßstelle Nr.	Lage der Meßstelle	Stoff	$\varepsilon \cdot 10^6$
1	Boden, a	Email	− 25	43	zum Flansch, t	Email	+ 75
2	Boden, a	Email	− 35	44	zum Flansch, a	Email	−225
3	Boden, a	Email	− 30	45	zum Flansch, a	Email	− 45
4	Boden, a	Email	− 10				
5	Boden, a	Email	− 65	46	Deckel, Durchbruch, a	Email	− 60
6	Bodenkrempe, a	Email	+ 10	47	Deckel, a	Email	−125
7	Bodenkrempe, a	Email	+ 50	48	Deckel, a	Email	−175
8	Bodenkrempe, t	Email	− 45	49	Deckel, a	Email	−181
9	Bodenkrempe, t	Email	− 30	50	Deckel, a	Email	0
10	Bodenkrempe, t	Email	−120	51	Deckel, a	Email	−175
11	Bodenkrempe, t	Email	+ 50	52	Deckel, a	Email	−117
12	Bodenkrempe, 45°	Email	0	53	Deckel, a	Email	−135
13	Bodenkrempe, a	Email	+ 10	54	Deckel, 45°	Email	−115
14	Bodenkrempe, t	Email	− 45	55	Deckel, t	Email	+ 25
15	Bodenkrempe, t	Email	− 55	56	Deckel, t	Email	0
16	Bodenkrempe, t	Email	− 5	57	Deckel, t	Email	− 75
				58	Deckel, a	Email	−145
17	Zylindermantel, a	Email	− 20	59	Deckel, a	Email	−270
18	Zylindermantel, a	Email	− 10	60	Deckel, a	Email	− 90
19	Zylindermantel, a	Email	+ 5	61	Deckel, t	Email	−110
20	Zylindermantel, a	Email	+ 5	62	Deckel, t	Email	+ 10
21	Zylindermantel, a	Email	− 35	63	Deckel, t	Email	− 15
22	Zylindermantel, a	Email	− 40	64	Deckel, t	Email	+ 45
23	Zylindermantel, a	Email	0	65	Deckel, 45°	Email	−225
24	Zylindermantel, a	Email	− 15	66	Deckel, a	Email	−340
25	Zylindermantel, a	Email	− 25				
26	Zylindermantel, a	Email	− 10	67	Übergangsteil zum Flansch, a	Gußeisen	+165
27	Zylindermantel, t	Email	−115	68	zum Flansch, 45°	Gußeisen	+ 65
28	Zylindermantel, 45°	Email	+ 20	69	zum Flansch, t	Gußeisen	+ 25
29	Zylindermantel, a	Email	− 5				
				70	Zylindermitte, a	Gußeisen	− 20
30	Übergangsteil zum Flansch, a	Email	− 35	71	Zylindermitte, 45°	Gußeisen	−105
31	zum Flansch, a	Email	− 50	72	Zylindermitte, t	Gußeisen	− 25
32	zum Flansch, a	Email	− 10				
33	zum Flansch, a	Email	+ 15	73	Zylinder, unten, a	Gußeisen	− 35
34	zum Flansch, a	Email	+ 15				
35	zum Flansch, a	Email	− 25	74	Ende Bodenkrempe, a	Gußeisen	− 50
36	zum Flansch, t	Email	+ 20	75	Bodenkrempe, 45°	Gußeisen	− 25
37	zum Flansch, t	Email	+ 35	76	Bodenkrempe, t	Gußeisen	− 10
38	zum Flansch, t	Email	+ 20				
39	zum Flansch, t	Email	− 60	77	Deckel, a	Gußeisen	+ 30
40	zum Flansch, 45°	Email	− 90	78	Deckel, a	Gußeisen	+420
41	zum Flansch, a	Email	−180	79	Deckel, a	Gußeisen	− 30
42	zum Flansch, t	Email	− 55				

die größten der beim Montagezustand gemessenen Verzerrungen vor
($- 340 \cdot 10^{-6}$ innen und $+ 420 \cdot 10^{-6}$ außen), worauf bei der Besprechung der für den Deckel entwickelten Theorien noch näher eingegangen wird. Man vergleiche auch die *vergleichbaren Tangentialverzerrungen* (im oben in § 16 erläuterten Sinne) der Meßstellen 8, 9, 10, 14, 15 und 16 sowie 36, 37, 38, 39, 42 und 43! Bei der ersten Serie fällt Meßstelle 10 heraus, bei der zweiten Serie treten sowohl Dehnungen als auch Stauchungen gleicher Größenordnung auf.

Wir wollen jetzt ganz ähnlich wie beim Boden und der Bodenkrempe untersuchen, welche Größen ihren Wert bei einer Änderung der elastischen Materialkonstanten des Gußeisens ändern, damit der Inhomogenität des Gußeisens Rechnung getragen werden kann. Gemäß Gl. (45) ist das Biegemoment M_0 unabhängig vom E-Modul. *Bei einer Änderung der Querkontraktionszahl von $v = 0{,}174$ zu $v = 0{,}25$ verändert sich das Biegemoment M_0* nur unwesentlich; zwar wächst der Zähler in Gl. (45), aber auch der Nenner, was sich gegenseitig etwa ausgleicht. Mit M_0 behalten auch nach Gl. (42) sämtliche anderen Biegemomente des Flanschansatzes ihre Werte bei. Die Konstanten K_1 und K_2 sind zwar nach Gl. (40) vom E-Modul abhängig, T ist jedoch gemäß Gl. (43) davon unabhängig. Nun hängt zwar T von der Querkontraktionszahl v ab, aber bei der Umrechnung auf $v = 0{,}25$ ersieht man, daß die neuen Werte von T etwa 97% der alten betragen. Mithin können die inneren Kräfte M, N und T ohne Korrektur übernommen werden; folglich behalten auch alle ermittelten Normalspannungen ihre Werte, so daß nur die Umrechnung der Tangentialspannungen und der Verzerrungen erforderlich ist. In die Abb. 50 bis 52 und 55 und 56 sind die Verzerrungen, die sich für $E = 0{,}905 \cdot 10^6$ kg/cm² und $v = 0{,}25$ ergeben, ebenfalls eingezeichnet worden (gestrichelte Kurven). Aus diesen Abbildungen ersieht man, daß die Übereinstimmung zwischen Meß- und Rechenwerten nicht besser wird, wenn man von den alten elastischen Materialkonstanten ($E = 0{,}53 \cdot 10^6$ kg/cm⁶ $v = 0{,}174$) zu den neuen übergeht — hierbei wird für den Vergleich von ε_{Ti} und ε_{Ni} angenommen, daß die Verzerrungen der Innenfaser des Gußeisens mit denen der Außenfaser des Emails übereinstimmen. Der Verlauf der neuen Verzerrungen zeigt aber auch, daß es durchaus sinnvoll ist, das Schalenende $x = 0$ mit der Unterkante des Flansches zusammenfallen zu lassen. Man wird also sagen können, daß das Gußeisen am Flanschansatz anders als in der Bodenkrempe und im mittleren zylindrischen Teil die elastischen Eigenschaften aufweist, die sich auch im Zugstabversuch gezeigt haben, so daß mit dem in diesen Versuchen bestimmten mittleren E-Modul ($0{,}53 \cdot 10^6$ kg/cm²) gerechnet werden kann. Die Übereinstimmung zwischen Theorie und Versuch ist dann relativ gut.

Es bleibt noch ein Wort zu sagen über die Veränderung der Spannungen und Verzerrungen im Flanschteller bei der Änderung der elastischen Materialkonstanten. Nun ändert sich zwar die Querkontraktionszahl um etwa 30%, aber die in den Gln. (48 bis 51) vorkommenden Ausdrücke $1 + \nu$ und $1 - \nu$ ändern sich nur um 6 bzw. 9%; zudem werden sich die Vergrößerung von $1 + \nu$ und die Verkleinerung von $1 - \nu$ zum Teil ausgleichen, so daß man die Biegemomente und damit auch die Spannungen, ohne einen nennenswerten Fehler zu begehen, übernehmen kann. Die Verzerrungen ändern sich in bekannter Weise; die geänderten Werte wurden aber nicht aufgezeichnet, da ein Vergleich mit Meßwerten entfällt.

Wird der kegelförmige Flanschansatz in mehrere Stufenkörper aufgeteilt, wie dies bei großen Wandstärkeänderungen der Fall ist, so sind die vorstehenden Berechnungen naturgemäß schwieriger. Die Theorie und die Formeln, die für die Aufteilung des kegelförmigen Flanschansatzes in *zwei* zylindrische Stufenkörper konstanter, aber voneinander verschiedener Wandstärke gelten, werden im Anhang 1 entwickelt.

Auch für 4 Stufenkörper wurde von den Verfassern ein Rechenverfahren ausgebaut, bei dem man sich aber zweckmäßigerweise einer elektronischen Rechenmaschine bedient. DETTMAR führte für zwölf verschiedene Kessel solche Berechnungen auf der programmgesteuerten elektronischen Rechenmaschine G 1 in Göttingen durch. Tab. 20 bringt die Zusammenstellung der maximalen äußeren Normalspannung σ_{Na} am Kesselflansch dieser verschiedenen 6000 l-Kessel in Abhängigkeit von den Flanschabmessungen. Zweierlei ist hierbei von Bedeutung: Erstens tritt die maximale äußere Normalspannung σ_{Na} bei kurzer Wurzellänge (Länge des konischen Übergangteiles) am Übergang der Wurzel in den zylindrischen Teil auf, worauf auch SCHILHANSL [11] schon hinwies. Bei größerer Wurzellänge verschiebt sich die Stelle maximaler Spannung σ_{Na} zur Flanschunterkante hin. Zweitens können die Spannungen σ_{Na} durch Vergrößerung der Wurzeldicke (an der Flanschunterkante gemessen) merklich vermindert werden, wenn die Wurzellänge nicht zu kurz bemessen wird. Stärker kommt die Abhängigkeit der Spannungen σ_{Na} von den Flanschabmessungen noch am Übergang von der Wurzel in den zylindrischen Teil zum Ausdruck, wie Tab. 21 zeigt. Bei langem konischen Übergangsteil kann die Spannung σ_{Na} hier drastisch gesenkt werden (in den angegebenen Beispielen bei 300 mm Wurzellänge auf ein Drittel des Wertes für 100 mm Wurzellänge.

Abschließend soll die Frage beantwortet werden, warum gerade die Flanschtheorie von W. MÜLLER zur Berechnung der Spannungen und Verzerrungen herangezogen wurde. Es gibt zahlreiche Flansch-

Tabelle 20. *Abhängigkeit der maximalen äußeren Normalspannung σ_{Na} am Kesselflansch verschiedener 6000 l-Kessel von den Flanschabmessungen. $p = 1$ atü*

Kesselradius bis Wandungsmitte mm	Wurzellänge mm	Wurzeldicke mm	Flanschdicke mm	Maximale äußere Normalspannung σ_{Na} am Kesselflansch-Hals			Kesselbezeichnung
				Ort	Größe in kg/cm²	Proz. Verhältnis der max. Normalsp. σ_{Na} zu der von Kessel 3_1	
1053	100	60	80	Übergang, wurzelzylindr. Teil	58,9	98,8%	1_1
1050	200	60	80	Flanschunterkante	57,8	97,0%	1_2
1048	300	60	80	Flanschunterkante	57,9	97,1%	1_3
1045	100	70	80	Übergang, wurzelzylindr. Teil	59,2	99,4%	2_1
1042	200	70	80	Flanschunterkante	43,5	73,0%	2_2
1040	300	70	80	Flanschunterkante	43,6	73,2%	2_3
1045	100	70	70	Übergang, wurzelzylindr. Teil	59,6	100,0%	3_1
1042	200	70	70	Flanschunterkante	43,8	73,5%	3_2
1040	300	70	70	Flanschunterkante	43,9	73,7%	3_3
1045	100	70	90	Übergang, wurzelzylindr. Teil	58,6	98,4%	4_1
1042	200	70	90	Flanschunterkante	43,0	72,2%	4_2
1040	300	70	90	Flanschunterkante	43,2	72,5%	4_3
1059	140	55	78,9	Flanschunterkante	84,8	142 %	Hier untersuchter Kessel

theorien; die Flanschberechnung nach BAUD ist im Anhang 2 ausführlich behandelt, während der Leser im Anhang 3 einen Gesamtüberblick über verschiedene andere Flanschtheorien findet. Allen diesen Theorien hat die von W. MÜLLER voraus, daß der Aufbau solide ist, daß alle wichtigen Flanschabmessungen berücksichtigt sind, daß zu summerische Näherungen und zu einschneidende Einschränkungen vermieden werden, ohne daß dadurch die Berechnungen unübersichtlich oder schwierig würden.

Tabelle 21. *Abhängigkeit der äußeren Normalspannung σ_{Na} am Übergang, wurzelzylindrischer Teil von den Flanschabmessungen. $p = 1$ atü*

Kesselbezeichnung	Äußere Normalspannung σ_{Na} am Übergang, wurzelzylindrischer Teil in kg/cm^2	Prozentuales Verhältnis der jeweiligen äußeren Normalspannung zur maximalen am Übergang, wurzelzylindrischer Teil
1_1	58,9	98,8%
1_2	31,6	53,0%
1_3	17,5	29,4%
2_1	59,2	99,4%
2_2	33,8	56,7%
2_3	19,05	32,0%
3_1	59,6	100,0%
3_2	33,9	56,9%
3_3	19,06	32,0%
4_1	58,6	98,4%
4_2	33,6	56,4%
4_3	19,03	31,9%
Hier untersuchter Kessel	34,7	58,2%

§ 21. Der Deckel

a) Spannungen und Verzerrungen am Durchbruch und im anschließenden Teil der Kugelschale unter Vernachlässigung der durch die Krempe verursachten Störungen

Die Spannungen und Verzerrungen im Einflußbereich des zentralen Durchbruches berechnet man am zweckmäßigsten nach der von MARIA ESSLINGER [41] entwickelten und von uns verbesserten Methode, bei der von anderen Störeinflüssen abgesehen wird. Wir wollen also den Einfluß der Deckelkrempe *hier* zunächst einmal als nicht vorhanden ansehen.

Nach Esslinger gilt für die inneren Kräfte einer Kugelschale mit zentralem Durchbruch ohne Bördelrand

$$N = \frac{pR}{2}\left(1 - C_1 n_c - D_1 n_d\right)$$

$$T = \frac{pR}{2}\left(1 - C_1 t_c - D_1 t_d\right) \tag{55}$$

$$\frac{M}{s} = \frac{pR}{2}\left(- C_1 m_c - D_1 m_d\right)$$

Hierbei sind C_1 und D_1 2 Konstanten mit der Bedeutung

$$C_1 = \frac{(K_1\sqrt{2}\,\varphi_1)\,Z_{41} - \dfrac{3}{4}\,Z'_{31}}{(Z_{31}Z'_{41} - Z_{41}Z'_{31}) + \dfrac{3}{4K_1\sqrt{2}\,\varphi_1}\,(Z'^{\,2}_{31} + Z'^{\,2}_{41})}\;\frac{1}{\sqrt{2}}$$

$$D_1 = \frac{(K_1\sqrt{2}\,\varphi_1)\,Z_{31} + \dfrac{3}{4}\,Z'_{41}}{(Z_{31}Z'_{41} - Z_{41}Z'_{31}) + \dfrac{3}{4K_1\sqrt{2}\,\varphi_1}\,(Z'^{\,2}_{31} + Z'^{\,2}_{41})}\;\frac{1}{\sqrt{2}} \tag{56}$$

$K_1 = \sqrt[4]{3(1 - \nu^2)}\;\sqrt{R_1/s_1}$

R_1 Radius (Wölbungshalbmesser) des Deckels in der Nähe des zentralen Durchbruches

s_1 Wandstärke des Deckels

φ_1 Grenz-Zentri-Winkel des zentralen Durchbruches (s. Abb. 57)

$Z_{31},\ Z_{41}$ 3. und 4. Schleichersche Funktion für das Argument $K_1\sqrt{2}\,\varphi_1$, Z'_{31} und Z'_{41} deren 1. Ableitungen für das gleiche Argument.

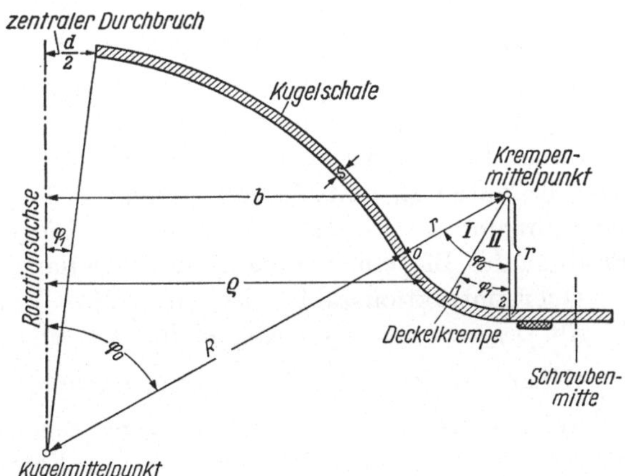

Abb. 57. Abmessungen beim Deckel und Lage der Stufenkörper in der Deckelkrempe
Die Bezeichnung φ_1 wird zweimal in verschiedenem Sinne gebraucht; eine Verwechslung kann nicht eintreten, da die Berechnungen für die Kugelschale und die Krempenrechnung nacheinander ausgeführt werden

Alle diese Funktionen sind in der 5stelligen Funktionentafel von HAYASHI [7] tabuliert.

$n_c, \ldots, m_d$ sind Funktionen des Zentriwinkels φ und in Tab. 4 auf S. 99/100 des ESSLINGERschen Buches zusammengestellt worden.

Nach den Gln. (55) lassen sich also sofort die inneren Kräfte und danach in bekannter Weise die Spannungen und Verzerrungen berechnen. Für den Ausdruck $6\,\dfrac{M_\Theta}{s^2}$ erhält man ähnlich wie beim kugelförmigen Teil des Bodens [vgl. Gl. (28b)]

$$\left.\begin{aligned}
\frac{6\,M_\Theta}{s^2} &= v\,\frac{6\,M_\varphi}{s^2} + \frac{K^2}{R}\,(C^* n_d - D^* n_c) \\
C^* &= -\frac{p\,R}{2}\,C_1 \qquad D^* = -\frac{p\,R}{2}\,D_1
\end{aligned}\right\} \tag{57}$$

6. Aufgabe. Der Deckel eines 6000 l-Kessels habe folgende Maße: Deckelwölbungshalbmesser $R_1 = 202{,}3$ cm; Durchmesser des zentralen Durchbruches $d = 25$ cm; Wandstärke $s_1 = 4{,}5$ cm.

Berechne $\varphi_1 \approx \sin \varphi_1 = \dfrac{d}{2\,R_1}$, K_1 für $v = 0{,}174$ und mit Hilfe der aus der Funktionentafel von HAYASHI entnommenen Werte

$$\begin{aligned}
Z_{31} &= 0{,}36856 & Z'_{31} &= -0{,}22831 \\
Z_{41} &= -0{,}31105 & Z'_{41} &= 0{,}67032
\end{aligned}$$

die inneren Kräfte M, N und T an Hand der Gln. (55) und (56) und die Spannungen der Innen- und Außenfaser des Gußeisens nach den Gln. (57) und (28) für den Bereich vom Rand des zentralen Durchbruches bis zur Mitte zwischen diesem Durchbruch und der Deckelkrempe.

In den Abb. 58, 59 und 60 sind der Reihe nach für den in der voranstehenden Aufgabe behandelten Deckel eines 6000 l-Kessels die Normaldehnungen $\varepsilon_{Na}(\varepsilon^*_{Na})$, $\varepsilon_{Ni}(\varepsilon^*_{Ni})$ sowie die Tangentialdehnungen ε_T in Abhängigkeit von der Länge x des abgewickelten Meridians aufgetragen worden. Hierbei bedeuten ε^*_{Na} und ε^*_{Ni} die Dehnungen, die sich ergeben, wenn man die Annahme macht, daß das tangentiale Biegemoment M_Θ gleich dem Produkt des Biegemomentes in der Meridianebene M oder M_φ und der Querkontraktionszahl v ist, also $M_\Theta = v\,M$. Nur in diesem Fall gilt $\varepsilon_{Ta} = \varepsilon_{Ti} = \bar{\varepsilon}_T$. Allgemein hat man hingegen: $\bar{\varepsilon}_T = \dfrac{\varepsilon_{Ta} + \varepsilon_{Ti}}{2}$. Über die Zulässigkeit dieser Annahme werden wir weiter unten sprechen. In Abb. 59 wurden die gemessenen Dehnungen der Emailaußenfaser eingezeichnet. Diese gemessenen Emaildehnungen stimmen nur an einer Stelle mit den berechneten Dehnungen der Innenfaser des Gußeisens überein, während an allen anderen Stellen größere Abweichungen vorkommen. Wir könnten uns hier mit der

Aussage begnügen, daß Email- und Gußeisendehnungen eben verschieden sind, wie an anderen Stellen des betrachteten Kessels auch, es muß aber vorher geprüft werden, ob nicht die Dehnungen im

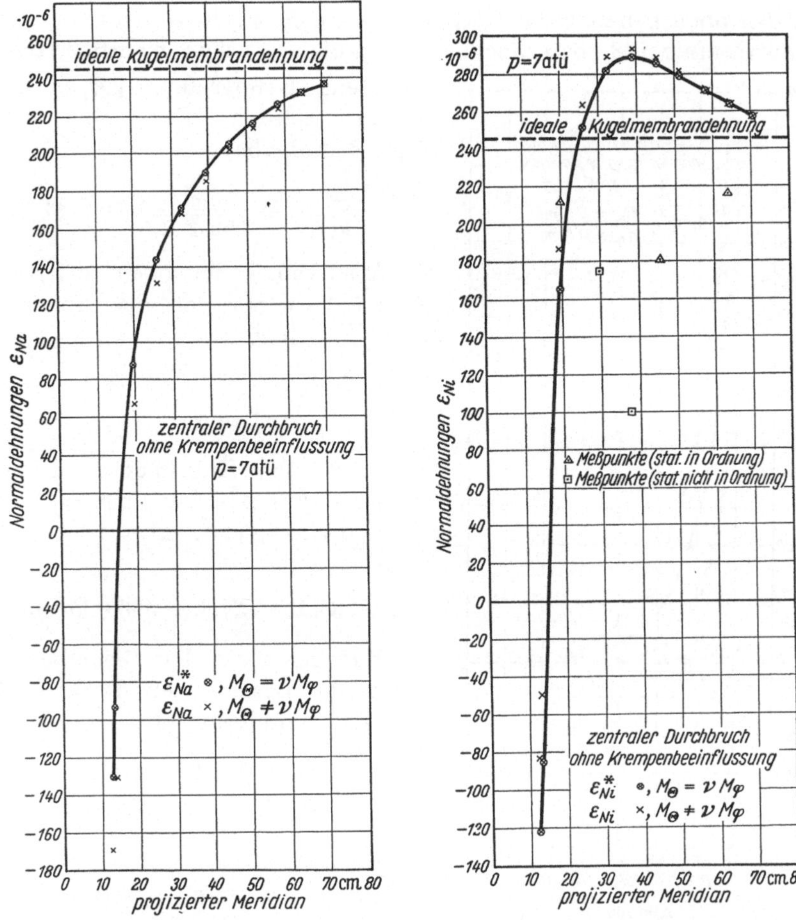

Abb. 58. Die Radial- (Normal-) Dehnungen ε_{Na} für den Deckel

Abb. 59. Die Radial- (Normal-) Dehnungen ε_{Ni} für den Deckel

Bereich zwischen zentralem Durchbruch und Deckelkrempe auch durch die Störungen beeinflußt werden, die von der *Krempe* ausgehen.

Unmittelbar am Durchbruch treten in axialer Richtung, also längs der Meridianlinie des Deckels, Stauchungen auf (vgl. Abb. 58 und 59), die durch das Verschwinden der Kraft S_1, also der Kraft senkrecht zur Rotationsachse an dieser Stelle, und durch das Verschwinden des

Biegemomentes M dort bedingt sind. Diese Ursachen lösen andererseits hohe tangentiale Spannungen und Dehnungen in der Nähe des Durchbruches aus, wie sie Abb. 60 zeigt.

Wir wollen abschließend die Anstrengung σ_v^* am Mannlochrand für den oben behandelten Deckel nach der Methode von SIEBEL und SCHWAIGERER [42] berechnen. Dazu muß die schon mehrfach aufgetretene Kenngröße $d/\sqrt{R_1 s_1}$ bestimmt werden. Es ergibt sich (vgl. 6. Aufgabe)

$$\frac{d}{\sqrt{R_1 s_1}} = \frac{25}{\sqrt{202{,}3 \cdot 4{,}5}} = 0{,}83$$

Aus Abb. 7 der oben zitierten Arbeit liest man an der Abszisse $d/\sqrt{R_1 s_1} = 0{,}83$ für die Formzahl α den Wert 3,115 ab. Nun gilt:

$$\sigma_v^* = \alpha \, \sigma_M$$

wobei σ_M die Kugelmembranspannung ist. Für $p = 7$ atü hat σ_M den Wert 157,4 kg/cm². Also bekommt man

$$\sigma_v^* = 3{,}115 \cdot 157{,}4 = 490{,}0 \text{ kg/cm}^2$$

Nun ist nach der Biegetheorie (vgl. die Lösung der 6. Aufgabe) für den Mannlochrand

$$\sigma_{Ta} = 505{,}0 \text{ kg/cm}^2 ;$$

$$\sigma_{Na} = -\,1{,}65 \text{ kg/cm}^2$$

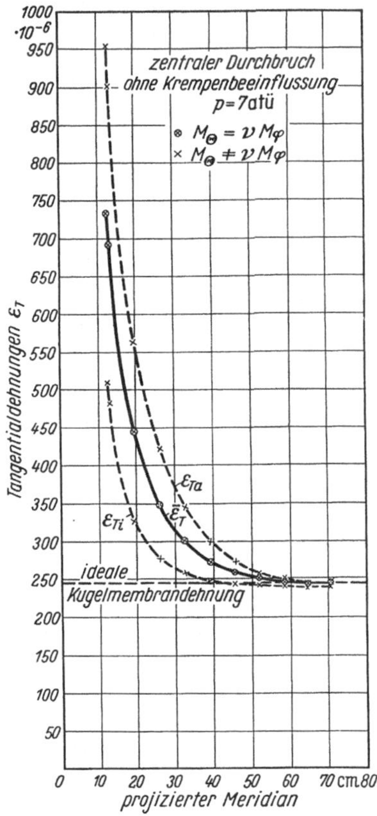

Abb. 60
Die Tangentialdehnungen ε_T für den Deckel

Man kann also mit sehr guter Näherung $\sigma_v^* \approx \sigma_{Ta}$ setzen, da $\sigma_{Na} \ll \sigma_{Ta}$ ist. Daraus ersieht man, daß die nach dem Verfahren von SIEBEL und SCHWAIGERER bestimmte Anstrengung recht gut mit dem auf Grund der Biegetheorie errechneten Wert übereinstimmt. Für den Durchbruch ist es aber unerläßlich, die exakten Gln. (28) und (57) mit $M_\Theta \neq \nu M_\varphi$ der Bestimmung der Tangentialspannungen zugrunde zu legen. Dann und nur dann ergibt sich, daß innere und äußere Tangentialspannung verschieden sind, und daß die äußere Tangentialspannung die durch Versuche festgestellte Größe hat.

b) Biegetheorie des Deckels unter Berücksichtigung der durch Krempe und zentralen Durchbruch verursachten Störungen

Wir haben im vorhergehenden Unterabschnitt gesehen, daß sich Spannungen und Verzerrungen im Bereich des zentralen Durchbruches ohne besonders großen rechnerischen Aufwand bestimmen lassen. Im mittleren Deckelabschnitt überlagern sich aber die Störungen, die vom zentralen Durchbruch ausgelöst sind, mit den Störungen, die von der Krempe ausgehen. Um diese Einflüsse zu erfassen, bedarf es einer allgemeineren Biegetheorie, die wir im folgenden kurz besprechen wollen.

Waren wir beim Kesselflansch in der Lage, viele Flanschtheorien vorzufinden und zur Auswahl bereit zu haben, wobei wir feststellen konnten, daß diese Theorien sich hauptsächlich durch die Art der Randbedingungen voneinander unterschieden, so sind hier, beim Deckel, so gut wie gar keine Theorien vorhanden, weshalb wir im wesentlichen auf eigene Entwicklungen angewiesen sind. Bevor die Biegetheorie des Deckels im folgenden entwickelt wird, sei darauf hingewiesen, daß die hier dargebotene Lösung eines sehr schwierigen Problems lediglich als ein *erster Versuch* anzusehen ist. Mehr noch als beim Kesselflansch werden wir erkennen, daß die Art der vorgegebenen oder frei gewählten Randbedingungen nicht nur von Wichtigkeit für die absolute Größe der sich ergebenden Beanspruchungen, sondern sogar von ausschlaggebender Bedeutung für den *Gesamtverlauf* der Spannungen ist, mehr noch als beim Kesselflansch lautet die Problemstellung: „*Wenn* man die und die Randbedingungen vorgibt, dann erhält man die und die Spannungen". Ob es dann im Einklang mit dem Versuch ist, diese gewählten Randbedingungen vorzugeben, ist eine zweite, natürlich nicht minder wichtige Frage; aber wir wollen das vorliegende Problem zweiteilen. Im ersten Teil wird eine vollständige Biegetheorie mit festen Randbedingungen abgeleitet und die Veränderlichkeit der Beanspruchungen bei Änderung der Randbedingungen besprochen, im zweiten Teil werden Theorie und Experiment miteinander verglichen und dabei wird die Zulässigkeit der Randbedingungen erörtert.

Vom theoretischen Standpunkt aus erscheint es uns nun beinahe vollkommen hoffnungslos, der gegenseitigen Beeinflussung *aller* Durchbrüche des Deckels und der Deckelkrempe Rechnung tragen zu können; wir müssen uns begnügen, die gegenseitige Beeinflussung von *zentralem* Durchbruch und Deckelkrempe rechnerisch zu erfassen. *Denn beim Deckel müssen wir, wie oben betont, mit dieser gegenseitigen Beeinflussung* rechnen. Kesselboden und Kesselflansch sind so weit voneinander entfernt, daß sie, wie wir gesehen haben, nicht aufeinander einwirken, weshalb auch Bodentheorie und Flanschtheorie unabhängig voneinander angewendet werden konnten. Anders beim Deckel: Genau wie die Störungen in der Bodenkrempe bis zur Bodenmitte hin ausstrahlen, überlagern sich die Störungen, die von der Deckelkrempe und vom zentralen Durchbruch ausgehen im *mittleren* Teil des Deckels. Da der Deckel also außer der bekannten Membranbeanspruchung auch Biegebeanspruchungen erfährt, ist die Anwendung der Biegetheorie unerläßlich. Dabei gehen wir von folgendem Grundgedanken aus: Die Deckelwölbung ist eine am Außenrand (am Übergang zur Deckelkrempe) und am Innenrand (am Rand des zentralen Durchbruches) belastete Kugelschale (vgl. Abb. 57). Für Kugelschalen *konstanter* Wandstärke gilt *im Bereich kleiner Zentriwinkel*, in dem $\operatorname{ctg}\varphi \approx 1/\varphi$ ist, für die Querkraft Q in der Meridianebene, senkrecht zur jeweiligen Meridianlinie, die folgende Lösung der bekannten Differentialgleichung 2. Ordnung:

$$Q = A Z_1'(K\sqrt{2}\,\varphi) + B Z_2'(K\sqrt{2}\,\varphi) + C Z_3'(K\sqrt{2}\,\varphi) + D Z_4'(K\sqrt{2}\,\varphi)$$

$A,\dots,D$ sind 4 durch je 2 Randbedingungen am Außen- und Innenrand zu bestimmende Konstanten, $Z_1',\dots,Z_4'$ sind die Ableitungen der SCHLEICHERschen Funktionen $Z_1,\dots,Z_4$ nach ihrem Argument $K\sqrt{2}\,\varphi$. φ ist der jeweilige Zentriwinkel und K hat die oben (vgl. § 21 a) schon mehrfach erwähnte Bedeutung. Da nun an den beiden Schalenenden jeweils die Normalkraft in der Meridianebene (normal zum Schnitt $\varphi = $ const) und das Biegemoment in der Meridianebene vorgegeben werden, wollen wir die Ausdrücke für diese beiden *inneren* Kräfte, wie sie sich aus der Biegetheorie ergeben, hinschreiben. Man erhält

$$\left.\begin{aligned}
A Z_1' + B Z_2' + C Z_3' + D Z_4' &= -N_r\,\varphi_r\\[4pt]
A\left(K\sqrt{2}\,\varphi_r Z_1 + \tfrac{3}{4} Z_2'\right) + B\left(K\sqrt{2}\,\varphi_r Z_2 - \tfrac{3}{4} Z_1'\right) & +\\[4pt]
+\ C\left(K\sqrt{2}\,\varphi_r Z_3 + \tfrac{3}{4} Z_4'\right) + D\left(K\sqrt{2}\,\varphi_r Z_4 - \tfrac{3}{4} Z_3'\right) &\\[4pt]
= -2\sqrt{3(1-\nu^2)}\,\frac{\varphi_r\,M_r}{s} &
\end{aligned}\right\} \quad (58)$$

Hierbei erinnert der Index r daran, daß es sich um einen Randwert handelt, s ist die Wandstärke der Kugelschale. Wir wollen nun im folgenden mit φ_0 *den Grenzwinkel zur Deckelkrempe hin* bezeichnen und mit φ_1 *den Grenzwinkel zum Durchbruch hin* (s. Abb. 57); ferner werden wir bei den SCHLEICHERschen Z-Funktionen und ihren Ableitungen der Kürze und Übersichtlichkeit halber die Argumente $K_0\sqrt{2}\,\varphi_0$ und $K_1\sqrt{2}\,\varphi_1$ nicht ausschreiben, sondern durch einen zweiten Index 0 bzw. 1 hinter dem ersten, die Art der Funktion angebenden Index kennzeichnen. Eine Unterscheidung zwischen $K_0 = \sqrt[4]{3(1-\nu^2)}\,\sqrt{R_0/s_0}$ und $K_1 = \sqrt[4]{3(1-\nu^2)}\,\sqrt{R_1/s_1}$ ist dann notwendig, wenn s_0 und s_1 nicht gleich sind und daher auch R_0 und R_1 nicht ganz übereinstimmen. Strenggenommen weicht man dann von der Biegetheorie der Schalen *konstanter* Wandstärke ab und müßte eine Biegetheorie von Schalen veränderlicher Wandstärke benutzen. (Ansätze für die Biegetheorie von Schalen unterschiedlicher Wandstärke findet der Leser bei TIMO-SHENKO [43].) Dies würde aber unser Problem noch weit mehr komplizieren, zudem rechnen wir in unseren Beispielen bis *nahezu* an die Deckelkrempe mit der konstanten Wandstärke von $s_1 = 4{,}5$ cm und werden später beim Auftragen der Spannungen und Verzerrungen sehen und darauf hinweisen, wie sich der Übergang von $s = 4{,}5$ cm zu $s = 5{,}2$ cm auswirkt.

Wir bekommen nun nach Gl. (58) die folgenden 4 Bestimmungsgleichungen für die 4 Unbekannten $A, \ldots, D$:

$$A Z'_{10} + B Z'_{20} + C Z'_{30} + D Z'_{40} = - N_0 \varphi_0$$

$$A Z'_{11} + B Z'_{21} + C Z'_{31} + D Z'_{41} = - N_1 \varphi_1$$

$$A \left(K_0 \sqrt{2}\, \varphi_0 Z_{10} + \frac{3}{4} Z'_{20} \right) + B \left(K_0 \sqrt{2}\, \varphi_0 Z_{20} - \frac{3}{4} Z'_{10} \right) +$$

$$+ C \left(K_0 \sqrt{2}\, \varphi_0 Z_{30} + \frac{3}{4} Z'_{40} \right) + D \left(K_0 \sqrt{2}\, \varphi_0 Z_{40} - \frac{3}{4} Z'_{30} \right)$$

$$= - 2 \sqrt{3(1 - \nu^2)}\, \frac{\varphi_0 M_0}{s_0}$$

$$A \left(K_1 \sqrt{2}\, \varphi_1 Z_{11} + \frac{3}{4} Z'_{21} \right) + B \left(K_1 \sqrt{2}\, \varphi_1 Z_{21} - \frac{3}{4} Z'_{11} \right) +$$

$$+ C \left(K_1 \sqrt{2}\, \varphi_1 Z_{31} + \frac{3}{4} Z'_{41} \right) + D \left(K_1 \sqrt{2}\, \varphi_1 Z_{41} - \frac{3}{4} Z'_{31} \right)$$

$$= - 2 \sqrt{3(1 - \nu^2)}\, \frac{\varphi_1 M_1}{s_1} \tag{59}$$

Wir führen jetzt die folgenden Bezeichnungen ein:

$$-N_0 \varphi_0 = E_0$$

$$-N_1 \varphi_1 = E_1$$

$$K_0 \sqrt{2}\, \varphi_0 Z_{10} + \frac{3}{4} Z'_{20} = F_0 \qquad -2 \sqrt{3(1 - \nu^2)}\, \frac{\varphi_0 M_0}{s_0} = L_0$$

$$K_1 \sqrt{2}\, \varphi_1 Z_{11} + \frac{3}{4} Z'_{21} = F_1 \qquad -2 \sqrt{3(1 - \nu^2)}\, \frac{\varphi_1 M_1}{s_1} = L_1 = 0$$

$$K_0 \sqrt{2}\, \varphi_0 Z_{20} - \frac{3}{4} Z'_{10} = G_0$$

$$K_1 \sqrt{2}\, \varphi_1 Z_{21} - \frac{3}{4} Z'_{11} = G_1$$

$$K_0 \sqrt{2}\, \varphi_0 Z_{30} + \frac{3}{4} Z'_{40} = H_0 \tag{60}$$

$$K_1 \sqrt{2}\, \varphi_1 Z_{31} + \frac{3}{4} Z'_{41} = H_1$$

$$K_0 \sqrt{2}\, \varphi_0 Z_{40} - \frac{3}{4} Z'_{30} = J_0$$

$$K_1 \sqrt{2}\, \varphi_1 Z_{41} - \frac{3}{4} Z'_{31} = J_1$$

Die Größen F_i, G_i, H_i und $J_i (i = 1, 2)$ stellen *Konstanten* dar. Die Funktionswerte der SCHLEICHERschen Z-Funktionen und ihrer Ableitungen können für das Argument $K_1 \sqrt{2}\,\varphi_1$ aus der 5stelligen Funktionentafel von HAYASHI entnommen werden. Die Werte dieser Funktionen für das Argument $K_0 \sqrt{2}\,\varphi_0 = 6{,}576$, wie es unserem späteren Beispiel entspricht, können weder in der Tabelle von HAYASHI abgelesen (diese geht nur bis $K \sqrt{2}\,\varphi = 6{,}0$), noch kann die asymptotische Darstellung benützt werden. Nun hat ESSLINGER gerade für dieses Übergangsgebiet die Funktionswerte bestimmt. Und zwar ergibt sich nach S. 13 bzw. 20 des ESSLINGERschen Buches

$$\left.\begin{aligned}
Z'_{10} &= -K_0\,\varphi_0\,n_a & Z'_{30} &= -K_0\,\varphi_0\,n_c \\[2mm]
Z'_{20} &= -K_0\,\varphi_0\,n_b & Z'_{40} &= -K_0\,\varphi_0\,n_d \\[2mm]
Z_{10} &= \frac{1}{\sqrt{2}}\,(t_b + n_b) & Z_{30} &= \frac{1}{\sqrt{2}}\,(t_d + n_d) \\[2mm]
Z_{20} &= -\frac{1}{\sqrt{2}}\,(t_a + n_a) & Z_{40} &= -\frac{1}{\sqrt{2}}\,(t_c + n_c)
\end{aligned}\right\} \qquad (61)$$

Die Werte von n_a, n_b, n_c, n_d, t_a, t_b, t_c und t_d können für das Argument $K_0 \sqrt{2}\,\varphi_0$ in Tab. 2, S. 98 des ESSLINGERschen Buches abgelesen bzw. durch *graphische* Interpolation ermittelt werden. Für die Konstante E_0 in Gl. (60) erhält man (vgl. S. 49 des ESSLINGERschen Buches).

$$E_0 = -N_0\,\varphi_0 = -S_0\,\varphi_0\,\cos\varphi_0 + p\,\frac{R}{2}\,\varphi_0\,\cos^2\varphi_0 \qquad (62)$$

Hierbei bedeutet S_0 die Kraft senkrecht zur Rotationsachse in der Meridianebene am Übergang zur Deckelkrempe; S_0 ist, ähnlich wie bei der Berechnung für den Boden, die *eine statisch unbestimmte Größe,* die durch die Krempenberechnung geschleppt wird. R ist der bis zur Wandungsmitte gerechnete Krümmungsradius der Kugelschale. Für die Konstante E_1 gilt eine ganz ähnliche Beziehung, nur daß am Rand des zentralen Durchbruches die Kraft senkrecht zur Rotationsachse verschwindet; also folgt mit $S_1 = 0$:

$$E_1 = -N_1\,\varphi_1 = \frac{p\,R}{2}\,\varphi_1\,\cos^2\varphi_1 \qquad (63)$$

Da für den Rand des zentralen Durchbruches auch das Biegemoment M_φ in der Meridianebene verschwindet, (nicht jedoch M_Θ) also $M_1 = 0$ ist, wird auch L_1 in Gl. (60) gleich Null. M_0 ist das Biegemoment in der Meridianebene am Übergang zur Deckelkrempe und wird als zweite statisch unbestimmte Größe zusammen mit S_0 durch die Krempenrechnung geschleppt. Nach Auflösung der vier Gln. (59) erhält man also die Unbekannten $A, \ldots, D$ als Funktionen von S_0

und M_0 allein, sofern über den Innendruck p verfügt ist. Die Auflösung des Gleichungssystems ergibt

$$A = - \frac{B\,G_1 + C\,H_1 + D\,J_1}{F_1}$$

$$B = \frac{\Delta_B}{\Delta}, \qquad C = \frac{\Delta_C}{\Delta}, \qquad D = \frac{\Delta_D}{\Delta}$$

$$\left.\begin{aligned}
\Delta &= F_1^2\{(G_1 J_0 - G_0 J_1)(Z'_{10} Z'_{31} - Z'_{11} Z'_{30}) + \\
&\quad + (G_1 H_0 - G_0 H_1)(Z'_{11} Z'_{40} - Z'_{10} Z'_{41}) + \\
&\quad + (H_1 J_0 - H_0 J_1)(Z'_{11} Z'_{20} - Z'_{10} Z'_{21}) + (F_1 H_0 - F_0 H_1)(Z'_{20} Z'_{41} - Z'_{21} Z'_{40}) + \\
&\quad + (F_1 J_0 - F_0 J_1)(Z'_{21} Z'_{30} - Z'_{20} Z'_{31}) + (F_1 G_0 - F_0 G_1)(Z'_{31} Z'_{40} - Z'_{30} Z'_{41})\} \\[4pt]
\Delta_B &= F_1^2\{E_1[Z'_{10}(J_1 H_0 - J_0 H_1) + Z'_{30}(F_1 J_0 - J_1 F_0) + \\
&\quad + Z'_{40}(F_0 H_1 - F_1 H_0)] + \\
&\quad + E_0[Z'_{11}(H_1 J_0 - H_0 J_1) + Z'_{31}(F_0 J_1 - F_1 J_0) + Z'_{41}(F_1 H_0 - F_0 H_1)] + \\
&\quad + L_0[F_1(Z'_{31} Z'_{40} - Z'_{30} Z'_{41}) + H_1(Z'_{10} Z'_{41} - Z'_{11} Z'_{40}) + \\
&\quad + J_1(Z'_{11} Z'_{30} - Z'_{10} Z'_{31})]\} \\[4pt]
\Delta_C &= F_1^2\{E_1[Z'_{10}(G_1 J_0 - G_0 J_1) + Z'_{20}(F_0 J_1 - F_1 J_0) + \\
&\quad + Z'_{40}(F_1 G_0 - F_0 G_1)] + \\
&\quad + E_0[Z'_{11}(G_0 J_1 - G_1 J_0) + Z'_{21}(F_1 J_0 - F_0 J_1) + Z'_{41}(F_0 G_1 - F_1 G_0)] + \\
&\quad + L_0[F_1(Z'_{20} Z'_{41} - Z'_{21} Z'_{40}) + G_1(Z'_{11} Z'_{40} - Z'_{10} Z'_{41}) + \\
&\quad + J_1(Z'_{10} Z'_{21} - Z'_{11} Z'_{20})]\} \\[4pt]
\Delta_D &= F_1^2\{E_1[Z'_{10}(G_0 H_1 - G_1 H_0) + Z'_{20}(F_1 H_0 - F_0 H_1) + \\
&\quad + Z'_{30}(F_0 G_1 - F_1 G_0)] + \\
&\quad + E_0[Z'_{11}(G_1 H_0 - G_0 H_1) + Z'_{21}(F_0 H_1 - F_1 H_0) + Z'_{31}(F_1 G_0 - F_0 G_1)] + \\
&\quad + L_0[F_1(Z'_{21} Z'_{30} - Z'_{20} Z'_{31}) + G_1(Z'_{10} Z'_{31} - Z'_{11} Z'_{30}) + \\
&\quad + H_1(Z'_{11} Z'_{20} - Z'_{10} Z'_{21})]\}
\end{aligned}\right\} \quad (64)$$

Sind die Konstanten $A, \ldots, D$ an Hand der Gln. (64) als Funktionen von S_0 und M_0 allein berechnet, müssen nach der Biegetheorie der Kugelschalen die Deformationen am Übergang zur Deckelkrempe, nämlich die radiale Aufweitung w_0 senkrecht zur Rotationsachse und die Neigungsänderung (Drehwinkel der Meridiantangente) χ_0 bestimmt werden. So ergibt sich:

$$\left.\begin{aligned}
\frac{w_0}{r} &= \frac{R}{E\,s_0\,r}\Big\{A\Big(\frac{5}{4}Z'_{10} - K_0\sqrt{2}\,\varphi_0 Z_{20}\Big) + B\Big(\frac{5}{4}Z'_{20} + K_0\sqrt{2}\,\varphi_0 Z_{10}\Big) + \\
&\quad + C\Big(\frac{5}{4}Z'_{30} - K_0\sqrt{2}\,\varphi_0 Z_{40}\Big) + D\Big(\frac{5}{4}Z'_{40} + K_0\sqrt{2}\,\varphi_0 Z_{30}\Big) + \\
&\quad + \frac{1-\nu}{2}\,R\,p\,\sin\varphi_0\Big\}
\end{aligned}\right\} \quad (65)$$

Hierbei ist r der Radius der Deckelkrempe.

Ferner erhält man

$$\chi_0 = -\frac{2\,K_0^2}{E\,s_0}\,(A\,Z'_{20} - B\,Z'_{10} + C\,Z'_{40} - D\,Z'_{30}) \tag{66}$$

Es bleibt noch ein Wort zu sagen über die Bestimmung der Grenzwinkel φ_0 und φ_1. Ist d der Durchmesser des zentralen Durchbruches, so bekommt man

$$\varphi_1 \approx \sin\varphi_1 = \frac{d}{2\,R}$$

so daß sich

$$K_1\,\varphi_1 = \sqrt[4]{3(1-\nu^2)}\,\sqrt{\frac{R_1}{s_1}}\;\varphi_1 = \sqrt[4]{3(1-\nu^2)}\,\frac{d}{2\sqrt{R_1\,s_1}} \tag{67}$$

ergibt. Für φ_0 liest man aus Abb. 57 die folgende Beziehung ab

$$\sin\varphi_0 = \frac{b}{R+r}$$

wobei b der Abstand des Krempenmittelpunktes von der Rotationsachse ist. Nach Kenntnis von w_0 und χ_0 (als Funktionen von S_0 und M_0) kann die *Krempenrechnung* in Angriff genommen werden. Dazu sind zunächst noch einige Voraussetzungen zu klären. Nach Abb. 57 ist der Abstand ϱ eines Schalenpunktes von der Rotationsachse $\leq b$, d. h. die als Kreisringschale aufgefaßte Krempe ist *nach innen* gewölbt. Für die Stufenkörpermethode wird der Zentriwinkel φ von der Parallelen zur Rotationsachse durch den Krempenmittelpunkt aus gezählt. Die Krempe wird in die Stufenkörper I und II eingeteilt. Für jeden der beiden Stufenkörper ist $\varphi_a > \varphi_e$ (a = Anfangsschnittstelle, e = Endschnittstelle). Das bedeutet: Es sind die Gln. (85) und (86), auf S. 32 und (102) und (103) auf S. 35 des Esslingerschen Buches zu benutzen. So erhalten wir

$$\frac{S_e}{E\,s} = (F_1 + F_2)\frac{S_a}{E\,s} + F_3\frac{w_a}{r} - F_4\chi_a + (F_5 - F_6)\frac{p}{E}$$

$$\frac{M_e}{E\,s\,r} = G_0\frac{M_a}{E\,s\,r} + (G_1 + G_2)\frac{S_a}{E\,s} + G_3\frac{w_a}{r} - G_4\chi_a + (G_5 + G_6 - G_7)\frac{p}{E} \tag{68}$$

$$\chi_e = \chi_a + H_1\frac{M_a + M_e}{E\,s\,r}$$

$$\frac{w_e}{r} = H_2\frac{w_a}{r} - H_3\chi_a - H_4\frac{M_a}{E\,s\,r} - H_5\frac{M_e}{E\,s\,r} + H_6\frac{S_a + S_e}{E\,s} - H_7\frac{p}{E}$$

Die Konstanten F_1 bis H_7 haben nichts mit den Konstanten $E_0, \ldots, L_0$ in Gl. (60) zu tun, sondern besitzen die in den Gln. (178) auf S. 51 des Esslingerschen Buches angegebene Bedeutung, wobei der Faktor 1/4 im Ausdruck für F_2 durch ν, der Faktor 1/8 im Ausdruck für F_6 durch $1/2\,\nu$ und der Faktor 0,469 im Ausdruck für H_6 bzw. H_7 durch $\dfrac{1-\nu^2}{2}$ zu ersetzen ist. (Eine Gefahr der Verwechselung wegen gleicher Bezeichnungsweise besteht nicht.)

Naturgemäß ist die Einteilung der Deckelkrempe in 2 Stufenkörper schon auf unser Beispiel des 6000 l-Kessels zugeschnitten. Es können auch mehr als 2 Stufenkörper vorgesehen werden, was allerdings mit einem entsprechenden Anwachsen der Rechenarbeit verbunden ist; denn *innere* Kräfte und Deformationen des einen Stufenkörpers dienen als Ausgangswerte für den nächstfolgenden. Wer ganz gründlich und sicher vorgehen will, kann bei weiterer Unterteilung in Stufenkörper prüfen, ob sich die am Ende errechneten Spannungen ändern und gegebenenfalls erst dann mit der Unterteilung aufhören, wenn keine Änderung der Spannungen mehr eintritt (Konvergenzmethode). Für die *Deckelkrempe* unseres 6000 l-Kessels kennzeichnet der Index 0 die Schnittstelle zwischen Kugelschale und Deckelkrempe, der Index 1 die Schnittstelle zwischen den Stufenkörpern I und II und der Index 2 die Schnittstelle zwischen Stufenkörper II und Flanschteller; diese Schnittstelle ist nur wenig ($\approx 1,5$ mm) von der Mitte der Dichtung entfernt. *War die Wahl der beiden Randbedingungen für jeden der beiden Ränder der Kugelschale vollkommen eindeutig und zweifelsfrei, so ist es die Wahl der Randbedingungen für die Schnittstelle 2 der Krempe nicht. Es wird im folgenden deutlich werden, daß gerade die Randbedingungen an dieser Stelle von entscheidender Bedeutung für den Spannungsverlauf im gesamten Deckel sind.* Grundsätzlich wäre es möglich, an der Schnittstelle 2 entweder die *inneren* Kräfte M_2 und S_2 oder die Deformationen, w_2 und χ_2, oder eine *innere* Kraft und eine Deformation vorzugeben. Wir wollen zunächst mit dem relativ einfachsten beginnen, nämlich die Deformationen w_2 und χ_2 vorzugeben. Und zwar wollen wir annehmen, daß sowohl w_2, die radiale Aufweitung senkrecht zur Rotationsachse, als auch die Neigungsänderung χ_2 verschwinden. Sicher ist sehr die Frage, ob diese Bedingung im Falle unseres Beispieles erfüllt ist, aber wir wollen einmal sehen, welcher Spannungsverlauf sich ergibt und ihn dann mit der Erfahrung vergleichen. Die ganze Art des Vorgehens ist also im Falle des Deckels heuristisch. Wir nehmen somit an:

$$\left.\begin{array}{l} w_2 = 0 \\[4pt] \chi_2 = 0 \end{array}\right\} \tag{69}$$

Auf Grund dieser beiden Randbedingungen lassen sich sofort die beiden statisch unbestimmten Kräfte S_0 und M_0 bestimmen, da ja w_2 und χ_2 nur Funktionen von S_0 und M_0 sind. Sobald S_0 und M_0

berechnet sind, können sämtliche *inneren* Kräfte und Deformationen der beiden Stufenkörper ermittelt werden. Im einzelnen ergibt sich:

$$\left.\begin{aligned}
N_0 &= S_0 \cos\varphi_0 + \frac{p\,\varrho_0}{2}\sin\varphi_0 \\
N_1 &= S_1 \cos\varphi_1 + \frac{p\,\varrho_1}{2}\sin\varphi_1 \\
N_2 &= S_2\,(\varphi_2 = 0)
\end{aligned}\right\} \tag{70}$$

ϱ_0 und ϱ_1 sind die bis zur Wandungsmitte gerechneten Abstände vom Anfang des ersten bzw. zweiten Stufenkörpers bis zur Rotationsachse

$$\left.\begin{aligned}
T_0 &= \frac{E\,s\,w_0}{\varrho_0} + \nu\,N_0 \\
T_1 &= \frac{E\,s\,w_1}{\varrho_1} + \nu\,N_1 \\
T_2 &= \nu\,N_2 = \nu\,S_2
\end{aligned}\right\} \tag{71}$$

Die *inneren* Kräfte S_1, S_2, M_1 und M_2 sind durch die Krempenrechnung sofort bekannt, wenn die Werte für S_0 und M_0 eingesetzt werden. Aus den *inneren* Kräften lassen sich die Spannungen und Verzerrungen in bekannter Weise berechnen [vgl. die Gln. (28) und (29)].

Für die Kugelschale müssen sodann die Konstanten $E_0, \ldots, L_0$ nach Gl. (60) und danach die Konstanten $A, \ldots, D$ nach Gl. (64) bestimmt werden. Die *inneren* Kräfte N und M werden dann an Hand von Gl. (58) ermittelt. Für das Argument bzw. die Veränderliche $K\sqrt{2}\,\varphi$ müssen die Funktionen $Z_1, \ldots, Z_4$ und ihre ersten Ableitungen aus der Tabelle von HAYASHI entnommen werden. Wir schreiben die *inneren* Kräfte N_g und M als Funktionen der SCHLEICHERschen Z-Funktionen und ihrer ersten Ableitungen noch einmal an und fügen den Ausdruck für die Tangentialkraft T_g hinzu: (Der Index g weist darauf hin, daß es sich um die Gesamtkräfte = Biege- und Membrankräfte handelt.)

$$\left.\begin{aligned}
N_g &= -\frac{1}{\varphi}\left(A Z_1' + B Z_2' + C Z_3' + D Z_4'\right) + \frac{p\,R}{2} \\
T_g &= -N - K\sqrt{2}\left(A Z_2 - B Z_1 + C Z_4 - D Z_3\right) + \frac{p\,R}{2} \\
M &= -\frac{s}{\varphi}\,\frac{1}{2\sqrt{3(1-\nu^2)}}\Big\{ K\sqrt{2}\,\varphi\left(A Z_1 + B Z_2 + C Z_3 + D Z_4\right) \\
&\quad + \frac{3}{4}\left(A Z_2' - B Z_1' + C Z_4' - D Z_3'\right)\Big\}
\end{aligned}\right\} \tag{72}$$

Spannungen und Verzerrungen können nunmehr in bekannter Weise errechnet werden.

c) Zwei Anwendungs-Beispiele zur Biegetheorie des Deckels

7. Aufgabe. Der Deckel eines 6000 l-Kessels habe folgende Abmessungen (vgl. 6. Aufgabe):

$$b = 111{,}75\ \text{cm} \qquad R = 202{,}3\ \text{cm} \qquad d = 25\ \text{cm}$$
$$r = 4{,}65\ \text{cm} \qquad s_1 = 4{,}5\ \text{cm} \qquad s_0 = 5{,}2\ \text{cm}$$

Berechne die Werte $K_0\ \sqrt{2}\ \varphi_0$ und $K_1\ \sqrt{2}\ \varphi_1$ nach Gl. (67), entnimm der Tabelle von HAYASHI für diese Argumente die Funktionswerte $Z_{10} \cdots Z_{41}$ und $Z'_{10} \cdots Z'_{41}$, bestimme mit diesen Konstanten die Größen $E_0 \cdots L_0$ nach den Gln. (60). — E_0 ist nur eine Funktion von S_0 [vgl. Gl. (62)], der einen statisch unbestimmten Größe, und L_0 nur eine Funktion von M_0, der anderen statisch unbestimmten Größe — berechne sodann die Größen $A \cdots D$ an Hand der Gl. (64) als Funktionen von S_0 und M_0 allein (nimm für $p = 7$ atü an) und bestimme endlich die Deformationen w_0 und χ_0 für die Übergangsstelle zwischen Kugelschale und Deckelkrempe nach den Gln. (65) und (66).

8. Aufgabe. Führe mit den in der 7. Aufgabe errechneten Deformationen die Krempenrechnung durch! Hierbei ist die Deckelkrempe in zwei annähernd gleich große Stufenkörper (also Stufenkörper mit etwa gleich großem Zentriwinkel) aufzuteilen. Bestimme die Deformationen w_2 und χ_2 an der Übergangsstelle zwischen Deckelkrempe und Flanschteller als Funktionen von S_0 und M_0 allein!

9. Aufgabe. Berechne die inneren Kräfte der Krempe nach den Gln. (68), (70) und (71) und die inneren Kräfte der Kugelschale nach der Gl. (72) sowie die Spannungen und Verzerrungen nach den Gln. (28) und (29) für die willkürlich vorgegebenen Werte $S_0 = +462$ kg/cm und $M_0 = -654$ cm kg/cm sowie für $w_2 = \chi_2 = 0$ und vergleiche die Spannungs- und Dehnungsverläufe miteinander! Dabei ist für das tangentiale Biegemoment M_Θ der Deckelwölbung (Kugelschale), ganz ähnlich wie beim kugelförmigen Teil des Bodens (vgl. Gl. 28 a) einzusetzen:

$$\left.\begin{aligned}
\frac{6\,M_\Theta}{s^2} &= \nu\,\frac{6\,M}{s^2} + \frac{E\,s\,\chi}{2\,R}\,\frac{1}{\varphi} \\[2mm]
&= \nu\,\frac{6\,M}{s^2} - \frac{K^2}{R\,\varphi}\,(A\,Z'_2 - B\,Z'_1 + C\,Z'_4 - D\,Z'_3)
\end{aligned}\right\} \tag{73}$$

Für die Deckelkrempe hat man ganz ähnlich wie für die Bodenkrempe [vgl. Gl. (28 b)]

$$\text{mit} \qquad \left.\begin{aligned}
\frac{6\,M_\Theta}{s^2} &= \nu\,\frac{6\,M}{s^2} + \frac{E\,s}{2\,r_2}\,\chi\,\operatorname{ctg}\varphi \\[4mm]
r_2 &= \frac{b}{\sin\varphi} - r
\end{aligned}\right\} \tag{74}$$

Als Ergänzung zur Lösung der 9. Aufgabe sind in den Abb. 61, 62 und 63 der Reihe nach die Normalspannungen σ_{Na}, σ_{Ni} und die

Tangentialspannungen σ_{Ta}, σ_{Ti}, in den Abb. 64, 65 und 66 der Reihe nach die Normalverzerrungen ε_{Na} (ε_{Na}^{*}), ε_{Ni} (ε_{Ni}^{*}) und die Tangentialdehnungen ε_{Ta} und ε_{Ti} in Abhängigkeit von der Länge x des auf den Kesseldurchmesser projizierten Meridians für das 1. Beispiel der vorgegebenen

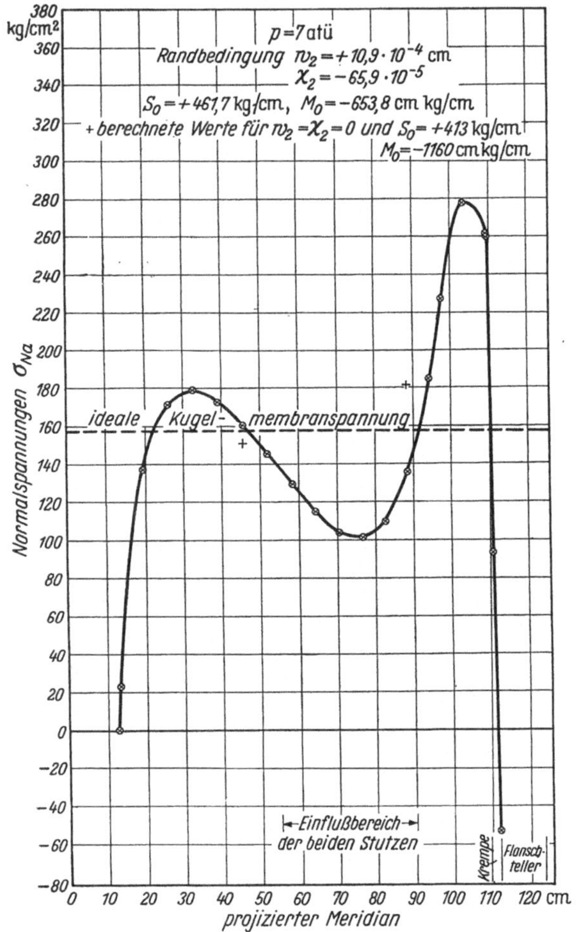

Abb. 61. Die Radial- (Normal-) Spannungen σ_{Na} für den Deckel

Größen S_0 und M_0 aufgetragen worden. Hierbei bedeuten ε_{Na}^{*} und ε_{Ni}^{*}, wie oben schon erwähnt, die Dehnungen, die sich ergeben, wenn man die Annahme macht, daß das tangentiale Biegemoment M_Θ gleich dem Produkt des Biegemomentes in der Meridianebene M oder M_φ und der Querkontraktionszahl ν ist, also $M_\Theta = \nu M$. Auch für das 2. Beispiel, $w_2 = \chi_2 = 0$, sind in Abb. 61, 62, 64 und 65 einige der berechneten Werte eingezeichnet worden, so daß es leicht ist, den Kurvenverlauf zu rekonstruieren.

Im 1. Beispiel ergibt sich für $S_0 = +462$ kg/cm und $M_0 = -654$ cm kg/cm nach den Gln. (68) für die Deckelkrempe

$w_2 =$ Radiale Ausweitung am Übergang in den Flanschteller $= 10,9 \cdot 10^{-4}$ cm

$\chi_2 =$ Neigungsänderung am Übergang in den Flanschteller $= -65,9 \cdot 10^{-5},$

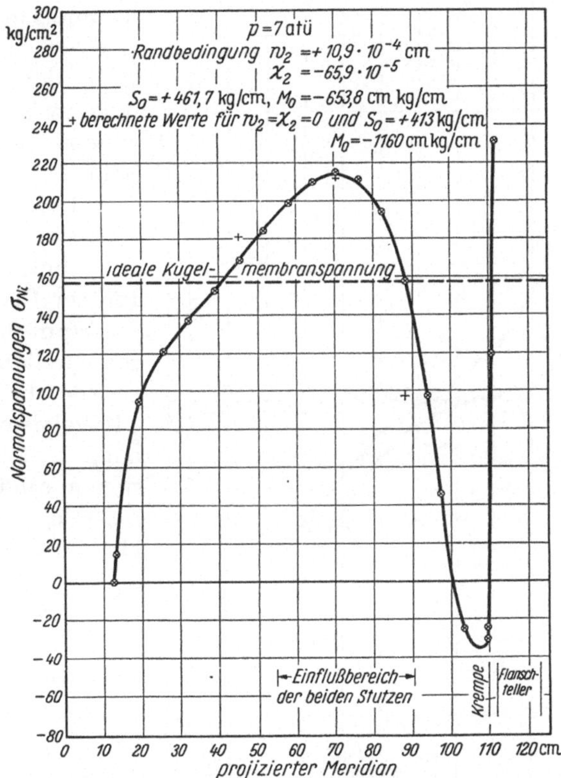

Abb. 62. Die Radial- (Normal-) Spannungen σ_{Ni} für den Deckel

während sich, wie man der Lösung der 9. Aufgabe entnimmt, die statisch unbestimmten Kräfte für die Bedingung $w_2 = \chi_2 = 0$ zu

$$S_0 = 413 \text{ kg/cm}$$
$$M_0 = -1160 \text{ cm kg/cm}$$

errechnen. Alle diese Zahlen wurden zum besseren Vergleich in die oben erwähnten Abbildungen eingetragen.

Wir wollen zunächst den allgemeinen Verlauf der Spannungen charakterisieren, wie ihn die Abb. 61 bis 63 zeigen. Am Übergang zwischen Flanschteller und Deckelkrempe steht die Außenfaser in axialer Richtung (σ_{Na}) unter Druck, im Bereich der Krempe wechseln die äußeren Normalspannungen ihr Vorzeichen, unmittelbar nach der Übergangsstelle zwischen Deckelkrempe und Deckelwölbung baut sich ein verhältnismäßig hohes Zugspannungsmaximum auf, im *mittleren* Teil der Deckelwölbung *pendeln* die Zugspannungen um die waagerechte Gerade, die der idealen Kugelmembranspannung entspricht und sinken schließlich zum zentralen Durchbruch hin bis fast auf Null ab. Unmittelbar am zentralen Durchbruch treten in axialer (radialer) Richtung, wie wir aus § 21a wissen, außen und innen (s. Abb. 62) keine *axialen* Spannungen, wohl aber infolge der dort herrschenden hohen tangentialen Zugspannungen (s. Abb. 63) Stauchungen auf (siehe

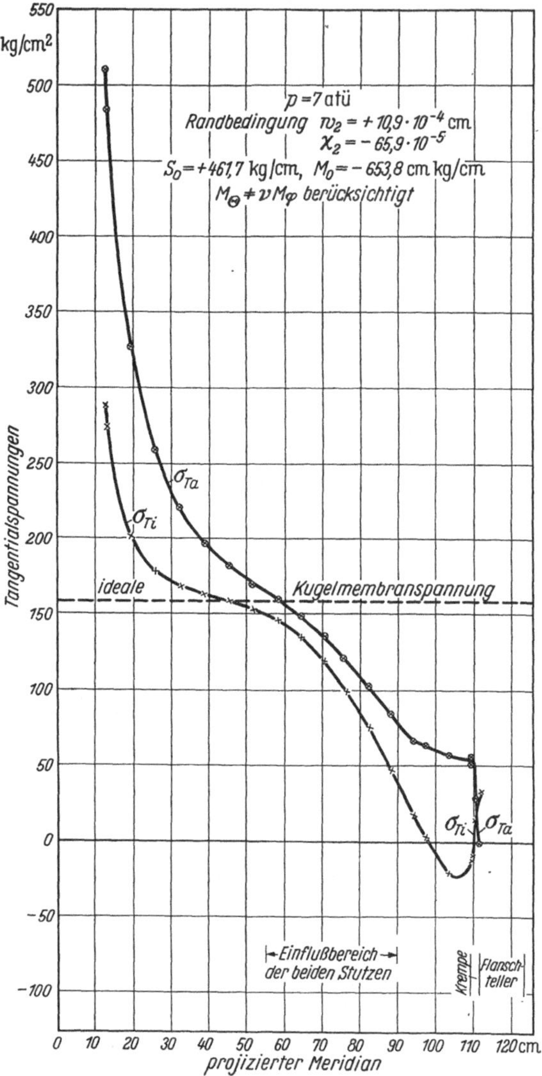

Abb. 63. Die Tangentialspannungen σ_T für den Deckel

Abb. 64 und 65). Die beiden gewählten Beispiele $S_0 = 462$ kg/cm, $M_0 = -654$ cm kg/cm (ausgezogene Kurve) und $w_2 = \chi_2 = 0$ (eingezeichnete Kreuze) führen mit Ausnahme des Bereiches unmittelbar an der Krempe zu nicht sehr verschiedenen Spannungen. Das wesentlich

größere negative Biegemoment im 2. Beispiel (-1160 gegenüber
-654 cm kg/cm) wirkt sich also hauptsächlich in einer höheren Spitze
der Zugspannungen *in dem an die Deckelkrempe anschließenden Teil der Wölbung aus.* Im Bereich des zentralen Durchbruches fallen die Spannungen in beiden Beispielen nahezu zusammen, weil hier das Biegemoment der Krempe ohne Einfluß ist.

Die inneren Normalspannungen (σ_{Ni}) sind praktisch das Spiegelbild der äußeren an der Horizontalen der idealen Kugelmembranspannung, wie man durch Aufeinanderlegen der Abb. 61 und 62 erkennen kann. Somit herrschen am Übergang zwischen Flanschteller und Krempe innen in axialer Richtung Zugspannungen, in der Krempe kehrt sich wiederum das Vorzeichen der Spannungen um, so daß der an die Krempe anschließende Teil der Deckelwölbung unter (wenn auch hier geringem) Druck steht, im mittleren Teil des Deckels wird dann ein

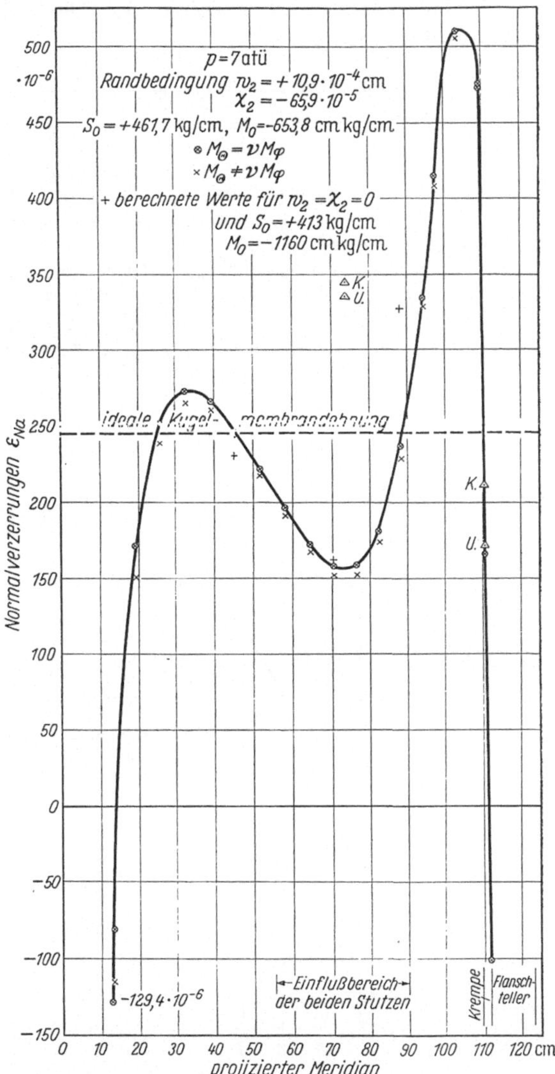

Abb. 64
Die Radial- (Normal-) Verzerrungen ε_{Na} für den Deckel

Zugspannungsmaximum durchlaufen und zum zentralen Durchbruch hin sinken die Spannungen bis fast auf Null wieder ab.

Die Tangentialspannungen (σ_{Ti} und σ_{Ta}; s. Abb. 63) sind am zentralen Durchbruch sehr hoch und vor allem nicht einander gleich, wie wir schon aus § 21a wissen. Im mittleren Bereich des Deckels schneiden die Spannungskurven die Horizontale der idealen Kugelmembranspannung, im Bereich der Deckelkrempe treten nur verhältnismäßig geringe Spannungen, innen wie außen, auf.

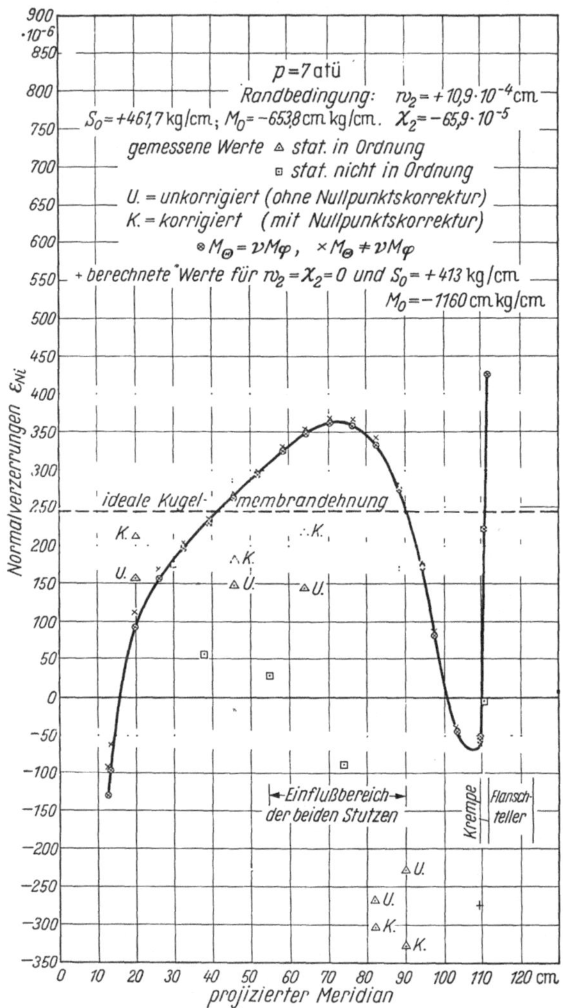

Abb. 65. Die Radial- (Normal-) Verzerrungen ε_{Ni} für den Deckel

Naturgemäß ist der Verlauf der Verzerrungen dem der entsprechenden Spannungen ähnlich (vgl. die Abb. 61 und 64, 62 und 65 sowie 63 und 66). Die Abb. 64 und 65 zeigen, daß es bei den Normalverzerrungen kaum einen Unterschied ausmacht, ob man $M_\Theta = \nu M_\varphi$

setzt oder mit dem exakten Wert $M_\Theta \mp \nu M_\varphi$ nach den Gln. (73) und (74) rechnet. Zur Bestimmung der *Tangential*verzerrungen ist hingegen nur der exakte Wert $M_\Theta \mp \nu M_\varphi$ heranzuziehen, wobei man die in Abb. 66 dargestellten Kurven erhält.

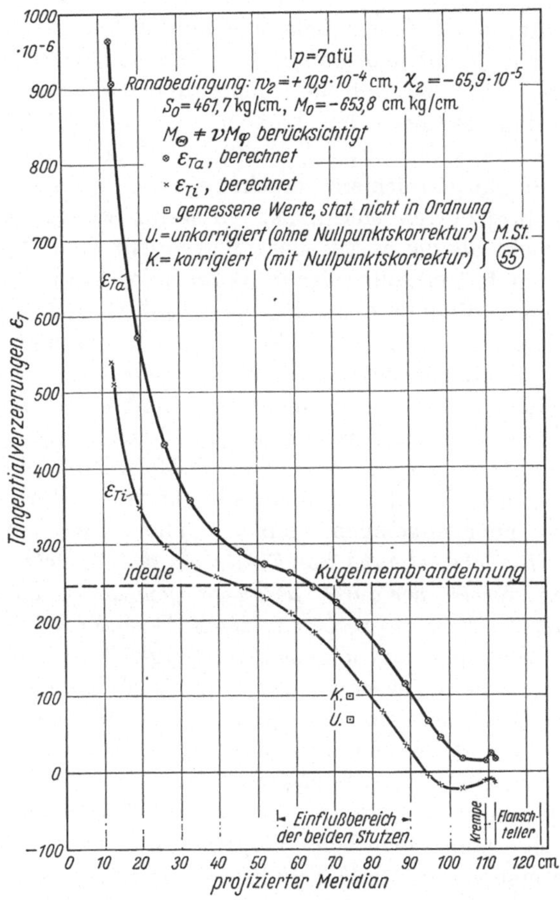

Abb. 66. Die Tangentialverzerrungen ε_T für den Deckel

Ganz analog wie bei den entsprechenden Spannungen führen die beiden gewählten Beispiele $S_0 = 462$ kg/cm, $M_0 = -654$ cm kg/cm (ausgezogene Kurve) und $w_2 = \chi_2 = 0$ (eingezeichnete Kreuze; vgl. Abb. 64 und 65) zu nicht sehr verschiedenen Normalverzerrungen, mit Ausnahme des Bereiches unmittelbar an der Krempe. Man kann sich leicht an Hand der ausgezogenen Kurven den Dehnungsverlauf für $w_2 = \chi_2 = 0$ konstruieren. Man erkennt, daß die inneren Normalverzerrungen (Abb. 65) im Einflußbereich der beiden nicht zentralen

Stutzen, die der für die Messungen benützte 6000 l-Kessel aufweist, ein etwa genauso hohes Maximum und im Einflußbereich der Krempe ein tieferes Minimum haben, während der Verlauf im Bereich des Mitteldurchbruches nur wenig geändert sein dürfte.

In den Abb. 64, 65 und 66 wurden außerdem die *Meß*werte eingezeichnet, die dem Fall der Belastung durch den Innendruck allein entsprechen. Vergleicht man nun Meß- und Rechenwerte miteinander, so sieht man in Abb. 65, daß die (nichtgezeichnete, aber aus den eingezeichneten Punkten leicht konstruierbare) Kurve für $S_0 = 413$ kg/cm und $M_0 = -1160$ kg/cm ($w_2 = \chi_2 = 0$) im Bereich von 40 bis 70 cm (vom zentralen Durchbruch aus gerechnete Längen des auf den Deckeldurchmesser projizierten Meridians) ein wenig weiter von den Meßpunkten abrückt als die ausgezogene Kurve (für $S_0 = 462$ kg/cm und $M_0 = -654$ cm kg/cm), ohne sich im Bereich von 80 bis 110 cm wesentlich mehr den Meßpunkten im negativen Feld zu nähern.

Für radiale Biegemomente, die (absolut genommen) kleiner als 650 cm kg/cm sind, näherte sich zwar, wie berechnet, aber nicht eingezeichnet wurde, die Kurve der inneren Normalverzerrungen mehr den Meßpunkten im Bereich zwischen 40 und 70 cm, rückte aber weiter von den Meßwerten zwischen 80 und 90 cm Meridianlänge ab; auch die Abweichung gegenüber den Meßpunkten für 20 cm dürfte zunehmen. Wir können daher annehmen, daß von allen Verzerrungsverläufen, die sich *bei Berücksichtigung des Einflusses von Mitteldurchbruch und Deckelkrempe ergeben, der durch die ausgezogene Kurve dargestellte noch am besten mit den Messungen übereinstimmt.* Deshalb wurde auch dieser Verlauf für den späteren allgemeinen Vergleich zwischen Messung und Berechnung herangezogen. Auch Abb. 64 für die äußeren Normalverzerrungen bestätigt, daß für $S_0 = 413$ kg/cm und $M_0 = -1160$ cm kg/cm Messung und Berechnung nicht besser übereinstimmen als für $S_0 = 462$ kg/cm und $M_0 = -654$ cm kg/cm.

Betrachtet man den Verlauf der äußeren Normalspannungen σ_{Na} in Abb. 61, so erkennt man beim Vergleich mit der von SCHWAIGERER in seiner Untersuchung *über die Festigkeit flachgewölbter Behälterdeckel* [44] gemessenen Spannungsverteilung unverkennbar die Ähnlichkeit beider Verläufe. Kennzeichnend sind in beiden Fällen das steile Zugspannungsmaximum in dem unmittelbar an die Krempe anschließenden Teil der Deckelwölbung und der Vorzeichenwechsel der Spannungen in der Deckelkrempe. In Abb. 61 ist der Spannungsverlauf im Flanschteller nicht gezeichnet worden; wir werden aber an Hand späterer Untersuchungen feststellen können, daß die letzte eingezeichnete Druckspannung am Übergang von der Deckelkrempe in den Deckelflanschteller jeweils die absolut genommen größte Druckspannung ist, so daß die Spannungen im Bereich des Flanschtellers wieder anwachsen, und zwar bis auf Null. Der Spannungsverlauf im *mittleren* Teil des Deckels ist deshalb anders als bei SCHWAIGERER, weil SCHWAIGERER Deckel ohne zentralen Durchbruch untersucht hat. Bedeutsam ist ferner, daß das Zugspannungsmaximum am Übergang von der Deckelkrempe zur Kugelschale 4,65mal größer ist als das Druckspannungsminimum in der Deckelkrempe. Vergleicht man diese Angaben mit den Untersuchungen von SCHULZ [45] über den *Einfluß verschiedener Einspannmöglichkeiten* auf die Spannungsausbildung an einer Kugelschale, so kommt man zu dem Schluß, daß die Randbedingungen $w_2 = \chi_2 = 0$ dem Fall des *radial festen Randes* entsprechen. Beim radial frei nachgiebigen Rand ist nämlich umgekehrt das Druckspannungsminimum (absolut) größer als das Zugspannungsmaximum. Es leuchtet auch unmittelbar ein, daß bei einem Flansch, der in der Mitte der Dichtung weder eine radiale Verschiebung noch eine Neigungsänderung erfährt, die Bedingung radialer Starrheit erfüllt ist.

Das Auftreten der Ecke in Abb. 63 für $x = 109,4$ cm rührt von der oben schon erwähnten Wandstärkenänderung her; wir haben für die Krempe mit $s = 5,2$ cm, für $x = 103,5$ cm mit $s = 4,7$ cm und von $x = 97,50$ cm ab bis zum Durchbruch mit $s = 4,5$ cm gerechnet.

Es bleibt noch ein abschließendes Wort zu sagen über den Vergleich zwischen berechneten und gemessenen Werten. In Abb. 64 sind die auf der Außenfaser des Gußeisens gemessenen Normaldehnungen eingezeichnet worden. Man erkennt, daß die gemessenen und berechneten Dehnungen in der *Deckelkrempe* übereinstimmen. Allerdings wachsen die Dehnungen im Bereich der Krempe von $- 109 \cdot 10^{-6}$ bis $+ 505 \cdot 10^{-6}$ an, aber dennoch würden Messung und Berechnung stark auseinanderklaffen, wie wir später sehen werden, wenn der Flansch rechnerisch nicht als ungefähr radial starr, sondern als nachgiebig behandelt würde. Im *mittleren* Teil des Deckels befindet sich die Meßstelle 78 im Einflußbereich der beiden nichtzentralen Stutzen (s. Abb. 30). Hier treten nun größere Unterschiede zwischen Meß- und Rechenwerten auf, was auch nicht Wunder nehmen kann, da rechnerisch der Einfluß nichtzentraler Durchbrüche nicht erfaßt werden konnte. Zwar ist die Ausmessung der Meßstellen nicht auf den Zentimeter genau möglich gewesen, aber eine Abweichung von etwa 20 cm, wie sie hier nötig wäre, damit Meß- und Rechenwert übereinstimmten, ist ausgeschlossen.

Aus Abb. 65 geht hervor, daß die auf der Außenfaser des Emails gemessenen Normalverzerrungen im Einflußbereich des *Durchbruches* und der *Deckelkrempe* einigermaßen befriedigend mit den berechneten Verzerrungen der Innenfaser des Gußeisens übereinstimmen; große Abweichungen zwischen Messung und Berechnung treten wiederum im Einflußbereich der beiden nichtzentralen Stutzen auf.

8*

Bei den Tangentialdehnungen (M. St. 55, Außenfaser des Emails) ist die Übereinstimmung zwischen Meß- und Rechenwert hingegen etwas besser (s. Abb. 66), obwohl die Meßstelle 55 auch im Einflußbereich der beiden nichtzentralen Stutzen liegt.

Zusammenfassend kann man sagen, daß Messung und Rechnung außer im Bereich der beiden nichtzentralen Stutzen befriedigend übereinstimmen. Mehr kann aber nach den Voraussetzungen der Theorie nicht erwartet werden. Damit ist andererseits der Nachweis erbracht, daß der Deckelflansch des untersuchten 6000 l-Kessels nahezu als radial starr anzusehen ist.

Die berechneten Spannungen und Verzerrungen gelten für die Belastung durch den *Innendruck allein*. Wir können hier zunächst nichts über den *Montagezustand* aussagen, da wir noch nicht wissen, in welcher Weise dafür die beiden Randbedingungen $w_2 = \chi_2 = 0$ abzuwandeln sind. Dieses Problem wird indessen in einem späteren Paragraphen behandelt werden.

d) Spannungen und Verzerrungen eines nichtdurchbrochenen Deckels bei radial starrer Einspannung

Konnten wir aus den Entwicklungen und numerischen Werten der vorigen Unterabschnitte entnehmen, daß Spannungs- und Dehnungsverlauf in unmittelbarer Nähe des zentralen Durchbruches *unabhängig* von den Störungen der Deckelkrempe sind, so werden wir demgegenüber hier sehen, daß es in der Theorie einen beträchtlichen Unterschied für die Spannungen und Verzerrungen in dem an die *Deckelkrempe* anschließenden kugelförmigen Teil ausmacht, ob der Deckel einen zentralen Durchbruch aufweist oder nicht. Da die biegetheoretische Berechnung eines nichtdurchbrochenen Deckels ganz ähnlich verläuft wie die des Bodens, können wir uns bei den Ableitungen relativ kurz fassen.

Zunächst ist klar, daß sich die 4 Randbedingungen (59) auf 2 vermindern, die mit den Abkürzungen (60) in folgender Form angeschrieben werden können

$$A Z_1' + B Z_2' = E_0 \left.\right\}$$
$$A F_0 + B G_0 = L_0 \left.\right\} \tag{59'}$$

Hierbei haben wir bei den Ableitungen der SCHLEICHERschen Funktionen den zweiten Index 0 weggelassen, da es selbstverständlich ist, daß sich die Randbedingungen nunmehr auf die Schnittstelle 0 zwischen Deckelwölbung und -krempe beziehen.

Die Auflösung des Gleichungssystems ergibt, wie man leicht abliest:

$$A = \frac{E_0 G_0 - L_0 Z_2'}{G_0 Z_1' - F_0 Z_2'} \qquad B = \frac{L_0 Z_1' - F_0 E_0}{G_0 Z_1' - F_0 Z_2'} \tag{64'}$$

Setzt man die Werte $E_0, \ldots L_0$ aus Gl. (60) in (64') ein, so erhält man nach der Grundgleichung der Biegetheorie, aus der auch die Gln. (65) und (66) abgeleitet sind, für die radiale Aufweitung w_0

$$E \sqrt{3(1-\nu^2)}\, w_0$$

$$= -\frac{(K\sqrt{2}\,\varphi_0)^3(Z_1^2+Z_2^2) - 2(K\sqrt{2}\,\varphi_0)^2(Z_1'Z_2 - Z_2'Z_1) + \dfrac{15}{16}K\sqrt{2}\,\varphi_0(Z_1'^2+Z_2'^2)}{2\left[Z_1 Z_2' - Z_2 Z_1' + \dfrac{3}{4K\sqrt{2}\,\varphi_0}(Z_1'^2+Z_2'^2)\right]}\cdot\frac{N_0}{\varphi_0}$$

$$+ \frac{(K\sqrt{2}\,\varphi_0)^2(Z_1 Z_1' + Z_2 Z_2')}{Z_1 Z_2' - Z_2 Z_1' + \dfrac{3}{4K\sqrt{2}\,\varphi_0}(Z_1'^2+Z_2'^2)}\sqrt{3(1-\nu^2)}\,\frac{M_0}{\varphi_0 s} \tag{75}$$

und für die Neigungsänderung χ_0

$$E s \chi_0 = -\frac{(K\sqrt{2}\,\varphi_0)^2(Z_1 Z_1' + Z_2 Z_2')}{(Z_1 Z_2' - Z_2 Z_1') + \dfrac{3}{4K\sqrt{2}\,\varphi_0}(Z_1'^2+Z_2'^2)}\cdot\frac{N_0}{\varphi_0}$$

$$\left.+ \frac{K\sqrt{2}\,\varphi_0(Z_1'^2+Z_2'^2)\,2\sqrt{3(1-\nu^2)}}{Z_1 Z_2' - Z_2 Z_1' + \dfrac{3}{4K\sqrt{2}\,\varphi_0}(Z_1'^2+Z_2'^2)}\cdot\frac{M_0}{s\,\varphi_0}\right\} \tag{76}$$

Führt man in diese Gleichungen die numerischen Werte ein, die dem oben als Beispiel gewählten Deckel eines 6000 l-Kessels entsprechen (vgl. 7. Aufgabe), so ergibt sich:

$$\frac{w_0}{r} = 185,66\,\frac{S_0}{E s} - 80,452\,\frac{M_0}{E s r} - \frac{18657}{E} \tag{75'}$$

$$\chi_0 = 67,63\,\frac{S_0}{E s} - 53,5\,\frac{M_0}{E s r} - \frac{7770}{E} \tag{76'}$$

Vergleicht man diese Ausdrücke mit den entsprechenden bei durchbrochenem Deckel (vgl. die Lösung der 7. Aufgabe), so erkennt man, daß die Deformationen an der Schnittstelle 0 in beiden Fällen ziemlich genau die gleichen sind.

Man erhält daher auch nach Durchführung der Krempenrechnung fast genau die gleichen Deformationen an der Schnittstelle 2 zwischen Krempe und Flanschteller (vgl. die Lösung der 8. Aufgabe), nämlich:

$$\left.\begin{aligned} w_2 &= 2,9469 \cdot 10^{-4}\,S_0 - 2,619 \cdot 10^{-5}\,M_0 - 0,15211 \\ \chi_2 &= 2,4755 \cdot 10^{-5}\,S_0 - 3,670 \cdot 10^{-6}\,M_0 - 0,014462 \end{aligned}\right\} \tag{77}$$

und mit der Bedingung $w_2 = \chi_2 = 0$ fast genau die gleichen statisch unbestimmten Kräfte, nämlich:

$$\left.\begin{aligned} S_0 &= +414,5 \quad \text{kg/cm} \\ M_0 &= -1145 \text{ cmkg/cm} \end{aligned}\right\} \begin{aligned} &\text{für } p = 7 \text{ atü} \\ &\text{und nichtdurchbrochenen Deckel} \end{aligned} \tag{78'}$$

Beim durchbrochenen Deckel lauteten die Werte bekanntlich:

$$S_0 = + \ 413 \ \text{kg/cm} \atop M_0 = - 1160 \ \text{cm kg/cm} \right\} \qquad (78)$$

Somit werden also Spannungs- und Dehnungs*verlauf* für den durchbrochenen und den nichtdurchbrochenen Deckel eine große Ähnlichkeit miteinander haben, insbesondere wird man erwarten, daß steile Maximum der äußeren Normalspannungen σ_{Na} (vgl. Abb. 61) und der Dehnungen ε_{Na} (vgl. Abb. 64) wiederzufinden; es wird sich jedoch zeigen, wie wir sogleich sehen werden, daß die absoluten Werte der Spannungen und Verzerrungen, zwar nicht in der Krempe, aber im unmittelbar anschließenden Teil der Kugelwölbung wesentlich geändert sind.

Die inneren Kräfte, Spannungen und Dehnungen der Deckelwölbung (des kugelförmigen Teiles des Deckels) werden ganz ähnlich ermittelt wie die des Kugelbodens. So erhält man nach den Gln. (185) des ESSLINGERschen Buches für die Beiwerte A^* und B^* der Kugelschale

$$A^* = A_1 S_0 \cos \varphi_0 + A_2 \frac{M_0}{s} - A_1 \frac{p\,R}{2} \cos^2 \varphi_0 \atop B^* = B_1 S_0 \cos \varphi_0 + B_2 \frac{M_0}{s} - B_1 \frac{p\,R}{2} \cos^2 \varphi_0 \right\} \qquad (79)$$

wobei die 4 *Konstanten* $A_1, \ldots, B_2$ bei Kenntnis des Wertes von $K\varphi_0$ der Tab. 1 des ESSLINGERschen Buches entnommen werden können. Die inneren Kräfte ergeben sich nun zu

$$N_g = A^* n_a + B^* n_b + \frac{p\,R}{2}$$
$$T_g = A^* t_a + B^* t_b + \frac{p\,R}{2}$$
$$\frac{M_\varphi}{s} = \frac{M}{s} = A^* m_a + B^* m_b \qquad (80)$$
$$6 \frac{M_\Theta}{s^2} = \nu \frac{6\,M_\varphi}{s^2} + \frac{K^2}{R} (A^* n_b - B^* n_a)$$

wobei die *Veränderlichen* m_a, m_b, n_a, n_b, t_a und t_b in Abhängigkeit von $K\varphi$ aus der Tab. 2 bei ESSLINGER abgelesen werden können.

Die Spannungen ergeben sich dann aus den inneren Kräften an Hand der Gln. (28), die allgemein gültig sind.

In den Tab. 22 und 23 sind die den Randbedingungen (78) bzw. (78') beim durchbrochenen bzw. nichtdurchbrochenen Deckel entsprechenden Normalspannungen und -verzerrungen für 4 Werte der x-Koordinate einander gegenübergestellt worden. Vergleicht man entsprechende

Werte miteinander, so erkennt man, daß die Spannungen und Verzerrungen beim nichtdurchbrochenen Deckel im unmittelbar an die Krempe anschließenden Teil der Wölbung wesentlich größer sind (absolut genommen) als beim durchbrochenen Deckel.

Tabelle 22. *Vergleich der Normalspannungen* σ_{Na}, σ_{Ni} *beim durchbrochenen und nichtdurchbrochenen Deckel.* $p = 7\ atü$

Randbedingungen:
a) Durchbrochener Deckel $S_0 = 413$ kg/cm; $\qquad M_0 = -1160$ cm kg/cm;
b) Nichtdurchbrochener Deckel $S_0 = 414,5$ kg/cm; $\qquad M_0 = -1145$ cm kg/cm

$x = R \sin \varphi$ cm	σ_{Na} kg/cm² durchbrochener Deckel	σ_{Na} kg/cm² nichtdurchbrochener Deckel	σ_{Ni} kg/cm² durchbrochener Deckel	σ_{Ni} kg/cm² nichtdurchbrochener Deckel
45,42	150,50	191,88	180,30	157,72
70,45	102,00	420,70	212,20	− 47,70
88,50	180,90	610,20	96,30	−268,20
109,40	363,70	360,70	−150,70	−147,30

Tabelle 23. *Vergleich der Normalverzerrungen* ε_{Na}^{*}, ε_{Ni}^{*} *beim durchbrochenen und nichtdurchbrochenen Deckel.* $p = 7\ atü$

Randbedingungen:
a) Durchbrochener Deckel $S_0 = 413$ kg/cm; $\qquad M_0 = -1160$ kg/cm
b) Nichtdurchbrochener Deckel $S_0 = 414,5$ kg/cm; $\quad M_0 = -1145$ kg/cm

$x = R \sin \varphi$ cm	$\varepsilon_{Na}^{*} \cdot 10^6$ durchbrochener Deckel	$\varepsilon_{Na}^{*} \cdot 10^6$ nichtdurchbrochener Deckel	$\varepsilon_{Ni}^{*} \cdot 10^6$ durchbrochener Deckel	$\varepsilon_{Ni}^{*} \cdot 10^6$ nichtdurchbrochener Deckel
45,42	230,20	294,2	284,8	232,0
70,45	160,25	719,0	362,0	−138,25
88,50	326,40	1126,0	171,6	−480,70
109,40	666,0	661,0	−275,2	−268,80

e) Spannungen und Verzerrungen in Deckelwölbung und -krempe beim nicht starr eingespannten Deckel mit zentralem Durchbruch

Alles bisher Gesagte bezog sich auf die beiden Randbedingungen $w_2 = \chi_2 = 0$ am äußeren Rand der Deckelkrempe oder auf die sogenannte *starre Einspannung*. Wir wollen nunmehr im folgenden von dieser Bedingung abgehen und zunächst einmal annehmen, daß die radiale Aufweitung an der Schnittstelle 2 der Deckelkrempe verschwindet (1. Randbedingung), daß *aber die Neigungsänderung der Deckelkrempe gleich der des anschließenden Flanschtellers ist* (2. Randbedingung). Dazu muß wiederum wie beim Kesselflansch die Plattentheorie des Flanschtellers herangezogen werden. Es soll dabei die Dehnung der Mittelfaser der Platte unberücksichtigt bleiben. Dies ist dann erlaubt, wenn die Spannungen dieser Mittelfaser klein gegenüber den maximalen Biegespannungen sind. Für die Durchbiegung $w_1 = w_1(r)$ des inneren Teiles ($a' \leqq r \leqq b'$) des Flanschtellers erhält man nach der in § 20 entwickelten Flanschtheorie von W. Müller [37]

$$w_1(r) = -\frac{P}{8\pi B'(d^2-a'^2)}\left\{ d^2\left(a^2\ln\frac{b}{a} - 2\frac{1+\nu}{1-\nu}a'^2\ln\frac{b}{a'}\ln\frac{r}{a}\right) - \right.$$
$$- r^2 d^2\ln\frac{b}{r} + a'^2\ln\frac{r}{a}(d^2-b^2) - a'^2 r^2\ln\frac{r}{a'} +$$
$$\left. + a^2 a'^2\ln\frac{a}{a'} - (r^2-a^2)\left[d^2-a'^2+\frac{1-\nu}{2(1+\nu)}(b^2-a'^2)\right]\right\} - \tag{81}$$
$$- \frac{M_2 a'^2}{2B'(d^2-a'^2)}\left(\frac{r^2-a^2}{1+\nu} + \frac{2d^2\ln\frac{r}{a}}{1-\nu}\right)$$

und für die Neigung der elastischen Fläche gegen die ungestörte Mittelebene

$$w_1'(r) = \frac{P}{8\pi B'(d^2-a'^2)}\left\{ 2\frac{1+\nu}{1-\nu}\frac{d^2 a'^2}{r}\ln\frac{b}{a'} + 2r d^2\ln\frac{b}{r} - \right.$$
$$- r d^2 - \frac{a'^2}{r}(d^2-b^2) + 2a'^2 r\ln\frac{r}{a'} +$$
$$\left. + a'^2 r + 2r\left[d^2-a'^2+\frac{1-\nu}{2(1+\nu)}(b^2-a'^2)\right]\right\} - \tag{82}$$
$$- \frac{M_2 a'^2}{B'(d^2-a'^2)}\left(\frac{r}{1+\nu} + \frac{d^2}{(1-\nu)r}\right)$$

Hierbei haben alle Bezeichnungen die gleiche Bedeutung wie in § 20; a' ist gleich der Größe b bei der *Krempen*rechnung, also gleich dem Kesselradius bis zum äußeren Krempenrand (Schnittstelle 2), wohingegen b' der Größe b beim *Kesselflansch* entspricht. Da im allgemeinen die Mitte der Dichtung ($r = a$) und der äußere Krempenrand ($r = a'$) nicht zusammenfallen ($a \neq a'$), wurde die eine Randbedingung Radialmoment des Flanschtellers = Krempenmoment M_2 für $r = a$ durch die Bedingung Gleichheit der Momente für $r = a'$ ersetzt, während die anderen Randbedingungen [z. B. $w_1(a) = 0$] ungeändert blieben. Die sich ergebenden Unterschiede gegenüber der Theorie von Müller sind indessen recht geringfügig, wenn a und a' nicht sehr voneinander abweichen. Man überzeugt sich leicht nach Gl. (81), daß die Bedingung $w_1(a) = 0$ erfüllt ist.

10. Aufgabe. Setze alle numerischen Werte für den Flansch des oben behandelten 6000 l-Kessels ein und berechne an Hand der Gln. (81) und (82) die Durchbiegung des inneren Teiles des Flanschtellers am äußeren Krempenrand $w_1(a')$ und die Neigung der elastischen Fläche gegen die ungestörte Mittelebene, $w_1'(a')$ als Funktion der zunächst noch unbestimmten Größe M_2.

Die Konstanten a, b, d, δ', E und ν sind in § 20 angegeben.

$$a' = 111{,}7 \text{ cm} = 0{,}985\,a$$

$$B' = \frac{E\,\delta'^3}{12\,(1 - \nu^2)}$$

Für die Schraubenkraft ist der gleiche Wert wie beim Kesselflansch einzusetzen, nämlich $P = 326\,550$ kg (vgl. § 20).

11. Aufgabe. Setze ferner für M_2 den Wert ein, der sich auf Grund der Krempenrechnung (vgl. Gl. 68) ergibt (s. a. 8. Aufgabe!) und gewinne aus der Bedingung $w_1'(a') = \chi_2$ (χ_2 nach der 8. Aufgabe) die 1. Gleichung zur Bestimmung der beiden statisch unbestimmten Größen S_0 und M_0. Die zweite notwendige Gleichung soll durch die Bedingung $w_2 = 0$ (w_2 nach der 8. Aufgabe) gegeben sein. Bestimme sodann S_0 und M_0, die inneren Kräfte am Übergang der Deckelwölbung in die Deckelkrempe!

Sind die Größen S_0 und M_0 berechnet, so lassen sich die inneren Kräfte der Kugelschale in bekannter Weise, nämlich an Hand der Gln. (64) und (72), bestimmen (vgl. dazu auch die Lösung der 7. Aufgabe), während die inneren Kräfte und Deformationen der Krempe an Hand der Gln. (68) ermittelt werden können. Hier wollen wir nun auch die Spannungen und Verzerrungen im Flanschteller ermitteln.

Nach der Plattentheorie des Flanschtellers bekommt man für das tangentiale Biegemoment M_t und das radiale Biegemoment M_r in der Bezeichnungsweise von WILH. MÜLLER:

$$M_t = \frac{P}{8\pi\,(\eta'^2 - 1)}\left\{2(1 + \nu)\left[-\frac{\eta'^2}{\varrho'^2}\ln\xi' - \eta'^2\ln\frac{\xi'}{\varrho'} - \ln\varrho'\right] - \right.$$
$$\left. - (1 - \nu)\left[(\eta'^2 - \xi'^2)\left(1 - \frac{1}{\varrho'^2}\right) + 2(\xi'^2 - 1)\right]\right\} + M_2\frac{\eta'^2 + \varrho'^2}{(\eta'^2 - 1)\,\varrho'^2} \tag{83}$$

$$M_r = \frac{P}{8\pi\,(\eta'^2 - 1)}\left\{2(1 + \nu)\left[\frac{\eta'^2}{\varrho'^2}\ln\xi' - \eta'^2\ln\frac{\xi'}{\varrho'} - \ln\varrho' + \right.\right.$$
$$\left.\left. + (1 - \nu)\left[(\eta'^2 - \xi'^2)\left(1 - \frac{1}{\varrho'^2}\right)\right]\right\} - M_2\frac{\eta'^2 - \varrho'^2}{(\eta'^2 - 1)\,\varrho'^2} \tag{84}$$

für den inneren Flanschteller, d. h. $a \leq r \leq b'$ oder mit

$$\varrho' = \frac{r}{a'} \qquad 1 \leq \varrho' \leq \xi'$$

und

$$M_t = -\frac{P}{8\pi\,(\eta'^2 - 1)}\left(1 + \frac{\eta'^2}{\varrho'^2}\right)\left[2(1 + \nu)\ln\xi' + (1 - \nu)(\xi'^2 - 1)\right] + $$
$$+ \frac{M_2}{\eta'^2 - 1}\left(\frac{\eta'^2}{\varrho'^2} + 1\right) \tag{85}$$

$$M_r = \frac{P}{8\pi\,(\eta'^2 - 1)}\left(\frac{\eta'^2}{\varrho'^2} - 1\right)\left[2(1 + \nu)\ln\xi' + (1 - \nu)(\xi'^2 - 1)\right] - $$
$$- \frac{M_2}{\eta'^2 - 1}\left(\frac{\eta'^2}{\varrho'^2} - 1\right) \tag{86}$$

für den äußeren Flanschteller, d. h. $b' \leq r \leq d$ oder $\xi' \leq \varrho' \leq \eta'$.

Hierbei bedeutet

P Schraubenkraft in kg

M_2 radiales Biegemoment am Übergang vom Flanschteller zur Deckelkrempe in cm kg/cm

a' Deckelradius bis zur Übergangsstelle 2 zwischen Flanschteller und Deckelkrempe in cm, nicht zu verwechseln mit dem Krümmungsradius R

b' Lochkreishalbmesser (bis zur Mitte des Lochkreises) in cm

d Flanschhalbmesser (bis zum Flanschtellerende) in cm

$$\xi' = \frac{b'}{a'}, \qquad \eta' = \frac{d}{a'}, \qquad \varrho' = \frac{r}{a'}$$

Man überzeugt sich leicht an Hand von Gl. (84), daß für $r = a'$ oder $\varrho' = 1$ $M_r = |M_2|$ ist. Die Radialspannungen σ_r und die Tangentialspannungen σ_t ergeben sich zu

$$\sigma_r = \frac{6\,M_r}{\delta'^2}; \qquad \sigma_t = \frac{6\,M_t}{\delta'^2} \tag{87}$$

wobei δ' die Flanschdicke (-stärke) bedeutet.

Für das in der 10. Aufgabe behandelte Beispiel ist

$$a' = 111{,}75 \text{ cm} \qquad d = 123{,}25 \text{ cm}$$
$$b' = 118{,}5 \text{ cm} \qquad \xi' = 1{,}060 \text{ cm}$$
$$\eta' = 1{,}102 \text{ cm} \qquad \delta' = 5{,}2 \text{ cm}$$

Damit ergeben sich nach den Gln. (83) bis (87) die in der folgenden Tab. 24 zusammengestellten Werte:

Tabelle 24. *Biegemomente, Spannungen und Verzerrungen des Flanschtellers, Betriebszustand.* $p = 7$ *atü*

Radius r cm	Nähere Kennzeichnung	M_r cm kg/cm	M_t cm kg/cm	σ_r kg/cm²	σ_t kg/cm²	$\varepsilon_r \cdot 10^6$	$\varepsilon_t \cdot 10^6$
111,75	Übergang zur Krempe	-3105	-725	$-689{,}0$	$-160{,}9$	-1247	$-\ 77{,}4$
113,2	Mitte Dichtung	-2407	-636	$-534{,}1$	$-141{,}1$	$-\ 961$	$-\ 90{,}8$
114,5		-1787	$-547{,}5$	$-396{,}4$	$-121{,}5$	$-\ 708$	$-\ 99{,}1$
115,9		-1176	$-455{,}8$	$-261{,}0$	$-101{,}1$	$-\ 459$	$-105{,}1$
117,2		$-\ 577$	$-357{,}3$	$-128{,}1$	$-\ 79{,}3$	$-\ 216$	$-107{,}5$
118,5	Mitte Lochkreis	$+2{,}6$		$+0{,}58$		$+19{,}7$	
		$+9{,}5$	$-255{,}5$	$+2{,}11$	$-\ 56{,}6$	$+22{,}6$	$-106{,}7$
119,6		$+7{,}2$	$-253{,}2$	$+1{,}59$	$-\ 56{,}2$	$+21{,}4$	$-106{,}5$
120,7		$+4{,}8$	$-250{,}8$	$+1{,}07$	$-\ 55{,}7$	$+20{,}3$	$-105{,}3$
121,8		$+2{,}4$	$-248{,}4$	$+0{,}53$	$-\ 55{,}1$	$+19{,}1$	$-104{,}2$
123,25	Flanschaußenkante	$-0{,}4$	$-245{,}6$	$-0{,}09$	$-\ 54{,}5$	$+17{,}7$	$-102{,}8$

Beim radialen Biegemoment M_r, den Radialspannungen σ_r und den Radialverzerrungen ε_r ergeben sich für $r = 118,5$ cm verschiedene Werte, je nachdem man nach Gl. (84) oder (86) rechnet, doch sind die Unterschiede relativ geringfügig.

In Tab. 25 sind die auf Grund der Kugelschalen- und Krempentheorie berechneten inneren Kräfte und Spannungen zusammengestellt

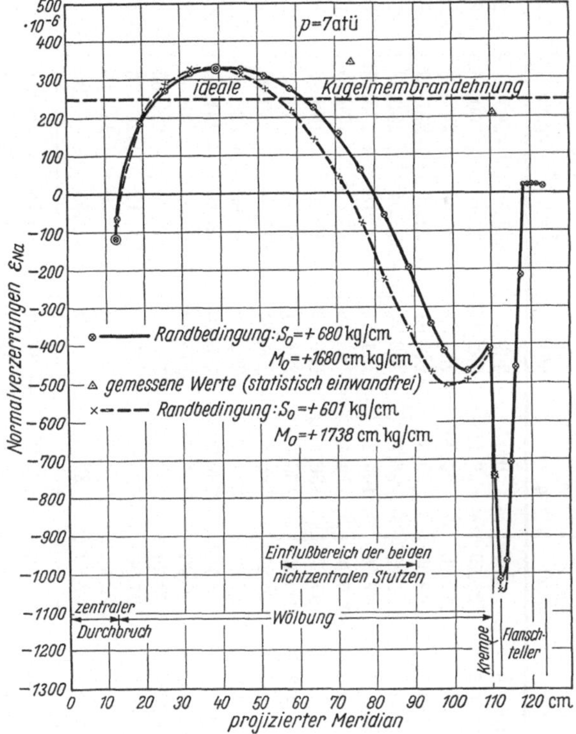

Abb. 67. Die Radial- (Normal-) Verzerrungen ε_{Na}^* für den Deckel

worden, die sich für $S_0 = +\,680$ kg/cm und $M_0 = +\,1680$ cm kg/cm ergeben. Die Werte dieser statisch unbestimmten Kräfte entsprechen zwar nicht genau den Werten, die man für das in der 10. und 11. Aufgabe behandelte Beispiel erhält (vgl. die Lösungen dieser Aufgaben), die Unterschiede sind indessen geringfügig; so weichen die Werte von S_0 nur um 1,3%, die von M_0 um etwa 4,3% voneinander ab. In den Abb. 67, 68 und 69 sind der Reihe nach die Normalverzerrungen ε_{Na}^*, ε_{Ni}^* und die Tangentialverzerrungen ε_{Ta}^*, ε_{Ti}^* in Abhängigkeit von der Länge x des abgewickelten Meridians aufgetragen worden. (Bei der Ermittlung der *Normal*verzerrungen kann das tangentiale Biegemoment M_Θ unbedenklich gleich $v\,M_\varphi$ gesetzt werden, weil ε_N^* und ε_N

Tabelle 25. *Innere Kräfte und Spannungen für den durchbrochenen Deckel, Betriebszustand,* $p = 7$ *atü*
Randbedingungen: $S_0 = +680$ kg/cm; $M_0 = +1680$ cm kg/cm

$x = R \sin \varphi$ cm	M cm kg/cm	N kg/cm	T kg/cm	σ_{Na} kg/cm²	σ_{Ni} kg/cm²	σ_{Ta}^{*} kg/cm²	σ_{Ta} kg/cm²	σ_{Ti}^{*} kg/cm²	σ_{Ti} kg/cm²	Deckelteil
12,50	− 0,64	+ 3	+1662,9	+ 0,67	+ 0,67	+369,5	+452,9	+369,5	+286,1	
13,17	− 28,15	+ 78,5	+1581,5	+ 25,79	+ 9,11	+352,95	+431,10	+350,05	+271,90	
19,64	− 110,8	+485,0	+1115,0	+140,60	+ 74,90	+253,52	+294,62	+242,08	+200,98	
26,06	− 147,5	+617,3	+ 940,0	+180,90	+ 93,50	+216,61	+242,49	+201,39	+175,57	
32,50	− 178,0	+673,04	+ 862,7	+202,25	+ 96,75	+200,94	+205,94	+182,57	+177,57	
39,10	− 174,6	+701,82	+ 834,3	+207,75	+104,25	+194,51	+190,18	+176,49	+180,82	
45,42	− 154,2	+720,62	+ 843,6	+205,80	+114,40	+195,36	+185,11	+179,45	+189,70	Deckel-wölbung
51,70	− 113,2	+736,38	+ 859,2	+197,23	+130,17	+196,74	+183,28	+185,06	+198,52	
58,15	− 45,88	+751,73	+ 894,3	+180,59	+153,41	+201,17	+187,02	+196,43	+210,58	
64,35	+ 53,42	+768,00	+ 932,3	+154,87	+186,53	+204,54	+192,14	+210,06	+222,46	
70,45	+ 191,4	+784,40	+ 961,8	+117,68	+231,12	+203,82	+195,89	+223,58	+231,51	
76,40	+ 378,0	+799,65	+ 968,4	+ 65,70	+289,70	+195,80	+195,36	+234,80	+235,24	
82,60	+ 610,5	+812,30	+ 932,1	− 0,40	+361,60	+175,60	+185,02	+238,60	+229,18	
88,50	+ 880,0	+817,80	+ 828,9	− 79,20	+442,60	+138,85	+161,86	+229,65	+206,64	
94,20	+1169,0	+808,10	+ 636,1	−167,00	+526,00	+ 81,05	+120,13	+201,75	+162,67	
97,50	+1321,0	+804,95	+ 467,9	−212,40	+570,20	+ 35,70	+ 88,70	+172,10	+119,10	
103,50	+1547,0	+786,60	+ 210,4	−252,90	+587,70	− 28,30	+ 35,35	+117,90	+ 54,25	
109,40	+1680,0	+777,10	+ 163,6	−223,40	+522,20	− 33,39	+ 24,43	+ 96,31	+ 38,49	
110,47	+2489,1	+760,52	+ 202,0	−405,60	+698,40	− 57,18	− 4,18	+134,88	+ 81,88	Deckel-krempe
111,75	+3084,3	+674,91	+ 117,5	−554,70	+814,30	− 96,50	− 49,20	+141,70	+ 94,40	

sich kaum unterscheiden; bei den Tangentialverzerrungen ist dies hingegen unzulässig.) In die Abbildungen wurden außerdem die Meßwerte eingezeichnet, die dem Fall der Belastung durch den Innendruck allein entsprechen sowie die Kurven (gestrichelt), die sich für die statisch unbestimmten Kräfte $S_0 = +601$ kg/cm und $M_0 = +1738$ cm kg/cm ergeben. Es muß darauf hingewiesen werden, daß das Auftreten der Spitzen für $x = 109,4$ cm in Abb. 67 und 68 auf die Wandstärkenänderung zurückzuführen ist (Übergang von $s. = 4,5$ cm in der Kugelschale zu $s = 5,2$ cm in der Krempe).

Ehe wir den allgemeinen Kurvenverlauf in den Abb. 67 bis 69 besprechen, wollen wir die Größe der an der Schnittstelle 2 (zwischen Deckelkrempe und Deckelflanschteller) auftretenden Deformationen w_2 und χ_2 angeben. In Tab. 26 sind diese Deformationen in Abhängigkeit von S_0 und M_0 für die drei hier interessierenden Fälle zusammengestellt worden.

Man ersieht aus Tabelle 26, daß in den beiden ersten Zeilen sowohl die Werte von w_2 als auch die von χ_2 wesentlich voneinander verschieden sind, daß sich aber diese Verschiedenheiten so ausgleichen, daß die statisch unbestimmten Kräfte von der gleichen Größenordnung sind. Dementsprechend weichen auch die ausgezogenen und die gestrichelten Kurven in den Abb. 67 und 68 nicht sehr viel voneinander ab, woraus man mit Sicherheit schließen kann, daß auch die Dehnungskurven für die Randbedingungen $w_2 = 0$, $\chi_2 = w_1'(a')$ (3. Zeile in Tab. 26) keine größeren Abweichungen von den oben erwähnten Kurven aufweisen.

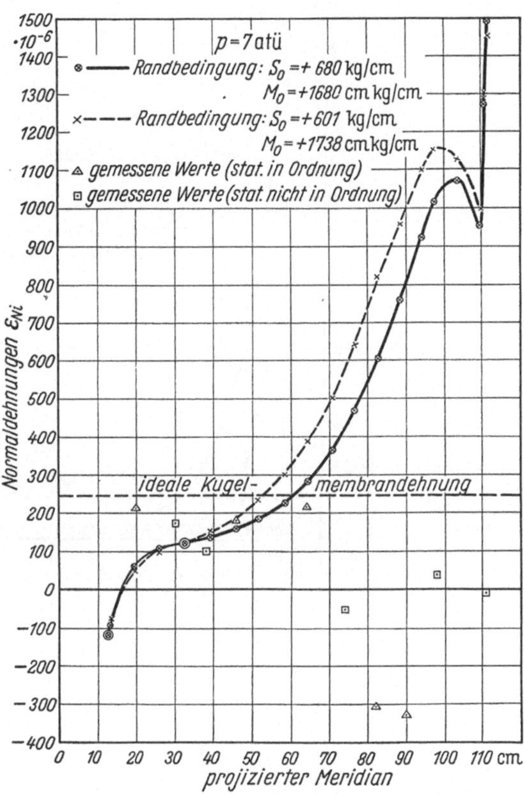

Abb. 68

Die Radial- (Normal-) Dehnungen ε_{Ni}^{*} für den Deckel

Tabelle 26. *Die Randdeformationen am Übergang zwischen Deckelkrempe und Deckelflanschteller*

S_0 in kg/cm	M_0 in cm kg/cm	w_2 in 10^{-4} cm	χ_2 in 10^{-5}
601	1738	— 204	—600
680	1680	+ 39,9	—384
671	1755	0	—432

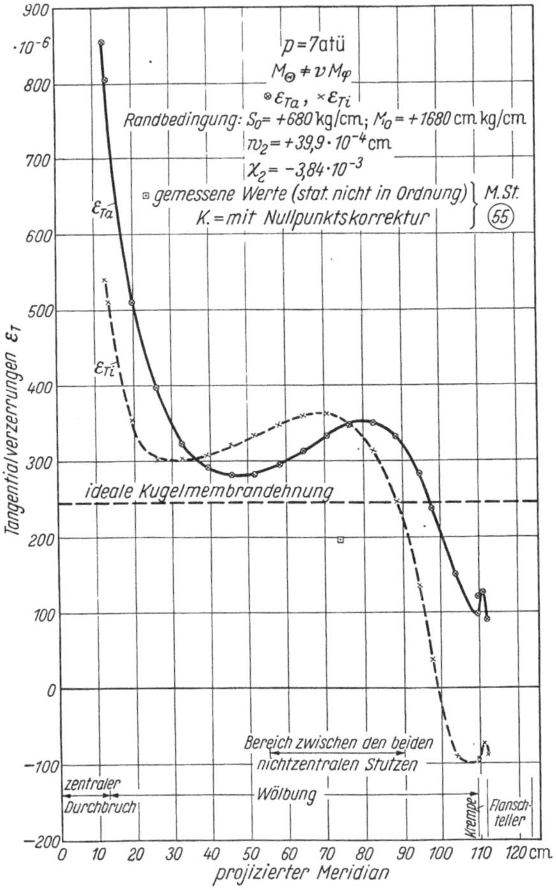

Abb. 69. Die Tangentialverzerrungen ε_T für den Deckel

Es wäre sicherlich befriedigender, die 1. Randbedingung in folgender Weise anschreiben zu können:

Radiale Aufweitung der Krempe = radiale Verschiebung der Platte an der Schnittstelle zwischen Krempe und Platte.

Nun liefert aber die Theorie der senkrecht zu ihrer Ebene belasteten Platte, wenn man die Dehnung der Mittelfaser der Platte vernachlässigt, nur die senkrechten Durchbiegungen w_1, nicht aber die *horizontalen* Verschiebungen. Zwar kann der Flanschteller des Deckels strenggenommen nicht allein als eine senkrecht zu ihrer Ebene (durch die Schraubenkraft P) belastete Platte angesehen werden, sondern als Platte, die sowohl senkrecht zu ihrer Ebene als auch in ihrer Ebene (nämlich durch die Kraft S_2) belastet ist. Da aber hierdurch die ganze Deckeltheorie noch komplizierter geworden wäre, haben wir davon Abstand genommen, eine radiale Verschiebung zu berücksichtigen.

Betrachtet man den allgemeinen Verlauf der äußeren Normalverzerrungen ε_{Na}^* (Abb. 67) und vergleicht ihn mit dem in Abb. 64, so fällt auf, daß die Dehnungsverhältnisse im Bereich der Krempe und im unmittelbar anschließenden Teil der Kugelwölbung grundlegend geändert sind. Es treten in der Krempe große Stauchungen auf, deren absolute Größe wesentlich über der der früher beobachteten Dehnungen (s. Abb. 64) liegen. Dies ist wohl in erster Linie darauf zurückzuführen, daß hier das Biegemoment M_0 wesentlich größer und von positivem Vorzeichen ist.

Aus dem Vergleich von Meß- und Rechenwerten in den Abb. 67, 68 und 69 ersieht man, daß die Übereinstimmung denkbar gering ist: Weder wird das von der Theorie für die Normalverzerrungen ε_{Na}^* vorgeschriebene Stauchungsminimum, noch das Dehnungsmaximum für ε_{Ni}^* in der Deckelkrempe durch die Versuchsergebnisse bestätigt.

Der Verlauf der äußeren Normalspannungen σ_{Na} ähnelt hingegen sehr dem von E. SCHULZ [45] gemessenen Verlauf bei *radial frei nachgiebigem* Deckelrand; auch dort tritt das kennzeichnende Minimum in der Krempe (vgl. Abb. 67) auf. Wir wollen nun noch sehen, welchen Wert man für die höchste auftretende Beanspruchung σ an der Berechnungskurve für Tellerböden (Abb. 11 der SCHULZschen Arbeit) abliest. Für den oben besprochenen 6000 l-Kessel (vgl. Aufgabe 10) ist die Nennweite des Tellerbodens $D = 2235$ mm, die Wandstärke (in der Krempe) $s = 52$ mm, so daß $D/s = 43$ wird. Mit diesem Wert erhält man aus Abb. 11 bei SCHULZ für das Verhältnis von maximaler Beanspruchung zu Innendruck σ/p den Wertebereich

$$\frac{\sigma}{p} = 100 - 170$$

oder mit $p = 7$ atü

$$\sigma = (700 - 1190)\ \text{kg/cm}^2$$

Nach Tab. 25 ist die höchste Beanspruchung nach der Theorie 814 kg/cm² (für die Innenfaser in der Krempe), was also recht gut mit dem oben ermittelten Wert übereinstimmt.

Wir kommen somit zu dem abschließenden Ergebnis, daß auch für den radial frei nachgiebigen Deckel Berechnung und Messung innerhalb der (zwangsläufig großen) Fehlergrenzen gut übereinstimmen, daß jedoch unser 6000 l-Kessel *keinen* radial frei nachgiebigen Rand aufweist.

f) Zusammenfassung und kritische Sichtung aller Rechenergebnisse für den Deckel

Da es bei der Vielfalt der für den Deckel gewonnenen Rechenergebnisse für den Leser nicht leicht sein wird, den Überblick zu behalten, wollen wir in diesem Paragraphen die wichtigsten numerischen Endwerte zusammenstellen und einer kritischen Sichtung unterwerfen: Als wichtigste numerische Endwerte sind die beiden statisch unbestimmten Kräfte S_0 und M_0 am Übergang von der Kugelschale in die Deckelkrempe anzusprechen. In der folgenden Tab. 27 sind diese inneren Kräfte angegeben, die sich nach der in § 21 b entwickelten Theorie, also bei Berücksichtigung der gegenseitigen Beeinflussung von zentralem Durchbruch und Deckelkrempe, bei verschiedenen Randbedingungen χ_2 und w_2 am Übergang von der Deckelkrempe in den Deckelflanschteller für den als Beispiel gewählten 6000 l-Kessel (vgl. 7. Aufgabe) ergeben.

Tabelle 27. *Die statisch unbestimmten Kräfte S_0 und M_0; $p = 7\ at\ddot{u}$*

Neigungs-änderung $\chi_2 \cdot 10^5$	Radiale Aufweitung $w_2 \cdot 10^4$ in cm	S_0 kg/cm	M_0 cm kg/cm	Abb.	Art der Einspannung
− 600,2	− 204,7	+ 601	+ 1738	67 und 68	Radial beweglicher Flansch
− 431,5	0	+ 671	+ 1755	—	—
− 383,5	+ 39,9	+ 680	+ 1680	67 bis 69	Radial beweglicher Flansch
− 65,9	+ 10,9	+ 461,7	− 653,8	61 bis 66	—
0	0	+ 413	− 1160	64 und 65	Radial starrer Flansch

In der Spalte *Abbildung* dieser Tabelle sind die Abbildungen aufgeführt, in denen die Spannungen und Verzerrungen dargestellt sind, die den verschiedenen Randbedingungen entsprechen. Für alle aufgeführten Fälle ist kennzeichnend, daß die Neigungsänderung (Drehwinkel der Meridiantangente) $\chi_2 \leqq 0$ ist. Wir wollen im weiteren zwei grundlegend verschiedene Arten von Spannungsverläufen unterscheiden.

1. *Schwaigererscher Spannungsverlauf:* Steiles Zugspannungsmaximum außen in dem unmittelbar an die Krempe anschließenden Teil der Deckelwölbung und Vorzeichenwechsel der Spannungen in der Deckelkrempe.

2. *E. Schulzscher Spannungsverlauf:* Sehr steiles Druckspannungsminimum außen in der Deckelkrempe, wesentlich flacheres Zugspannungsmaximum im anschließenden Teil der Deckelwölbung.

Den in den ersten 3 Zeilen der Tab. 27 aufgeführten Werten entspricht ein SCHULZscher, den Werten in den beiden letzten Zeilen ein SCHWAIGERERscher Spannungsverlauf, wie wir im Vorangegangenen bereits erwähnt hatten.

Einen besseren Überblick über die Verknüpfung der statisch unbestimmten Kräfte S_0 und M_0 mit den Deformationen χ_2 und w_2 erhält man, wenn man die inneren Kräfte S_0 und M_0 als Funktionen von w_2 und χ_2 anschreibt und graphisch darstellt. So ergibt sich durch Auflösung des Gleichungssystems für w_2 und χ_2 nach M_0 und S_0 (vgl. die Lösung der 8. Aufgabe):

$$\left. \begin{array}{l} M_0 = 5,68 \cdot 10^4\, w_2 - 6,761 \cdot 10^5\, \chi_2 - 1152,5 \\ S_0 = 8,43 \cdot 10^3\, w_2 - 5,998 \cdot 10^4\, \chi_2 + 414,0 \end{array} \right\} \tag{88}$$

In Abb. 70 ist das Biegemoment M_0 in Abhängigkeit von w_2 (in 10^{-4} cm) für 7 verschiedene Werte von χ_2 als Parameter, nämlich für $\chi_2 = 0$, ± 200, ± 400 und $\pm 600 \cdot 10^{-5}$, aufgetragen worden. Natürlich entspricht dem linearen Zusammenhang gemäß Gl. (88) ein geradliniger Verlauf in Abb. 70. In Abb. 71 ist die Abhängigkeit der Kraft S_0 in der gleichen Weise dargestellt worden. Man ersieht zunächst aus den Gln. (88), daß für $w_2 = \chi_2 = 0$ $M_0 = -1152,5$ cm kg/cm und $S_0 = +414,0$ kg/cm ist, was innerhalb der Rechengenauigkeit mit den in Tab. 27 angegebenen Werten übereinstimmt. Zweifellos ist für einen SCHWAIGERERschen Spannungsverlauf ein nicht zu kleines, negatives Biegemoment M_0 Voraussetzung; das bedeutet nach Abb. 70, das χ_2 positiv, Null oder höchstens schwach negativ sein darf. Unser Beispiel (s. Abb. 61 bis 66) mit $\chi_2 = -65,9 \cdot 10^{-5}$ leitet schon zum SCHULZschen Spannungsverlauf über, während sich für $\chi_2 = w_2 = 0$ ein ausgesprochen SCHWAIGERERscher Spannungsverlauf ergibt. Stark negative Neigungsänderungen χ_2 führen in jedem Falle zu einem SCHULZschen Spannungsverlauf, ganz gleichgültig, welches Vorzeichen oder welche Größe die radiale *Aufweitung* w_2 hat. Dies rührt von der flachen Neigung der χ_2-Geraden her, die bedingt, daß die Neigungsänderung χ_2 für die Art des Spannungsverlaufes ausschlaggebender als die radiale

Aufweitung w_2 ist. Aber auch allgemein kommt den χ-Werten eine größere Bedeutung zu, als ihnen ESSLINGER einräumt. So werden z. B. die Tangentialspannungen und -verzerrungen wesentlich von der Größe der Neigungsänderung beeinflußt [vgl. Gl. (73) und (74)]. Auch in der Nähe von Durchbrüchen und Ausschnitten spielt der Drehwinkel der Meridiantangente eine ausschlaggebende Rolle. So ist recht

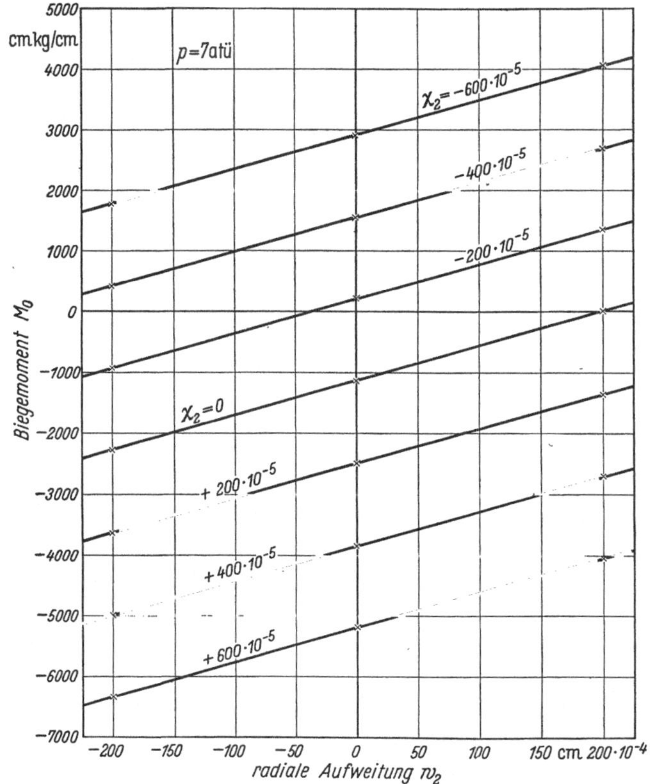

Abb. 70. Abhängigkeit des Biegemomentes M_0 von der radialen Aufweitung w_2 und der Neigungsänderung χ_2 für den Deckel

bemerkenswert, wie stark der *gesamte* Verlauf der *Tangential*spannungen durch den zentralen Durchbruch beeinflußt wird. Der Verlauf der Tangentialdehnungen in Abb. 60 ähnelt sehr dem bei SIEBEL [42] in Abb. 5 seiner oben angegebenen Arbeit dargestellten, der an einen Kessel mit Mannlochboden gemessen wurde.

Eine andere wichtige Frage ist, ob die Deformationen w_2 und χ_2 unabhängig veränderlich sind, also unabhängig voneinander frei gewählt werden *dürfen*. Es wäre z. B. gut denkbar, daß sich Neigungsänderung und Drehwinkel gegenseitig bedingen, etwa in dem Sinne, daß in bestimmten Bereichen die Vorzeichen der beiden Deformationen gleich, in anderen verschieden sein müssen. Eine vollständige Diskussion dieser Frage würde indessen den Rahmen dieser Darstellung sprengen.

Wir kommen nach allen bisherigen Untersuchungen zu dem Schluß, daß die Randbedingung $\chi_2 = -65{,}9 \cdot 10^{-5}$ und $w_2 = +10{,}9 \cdot 10^{-4}$

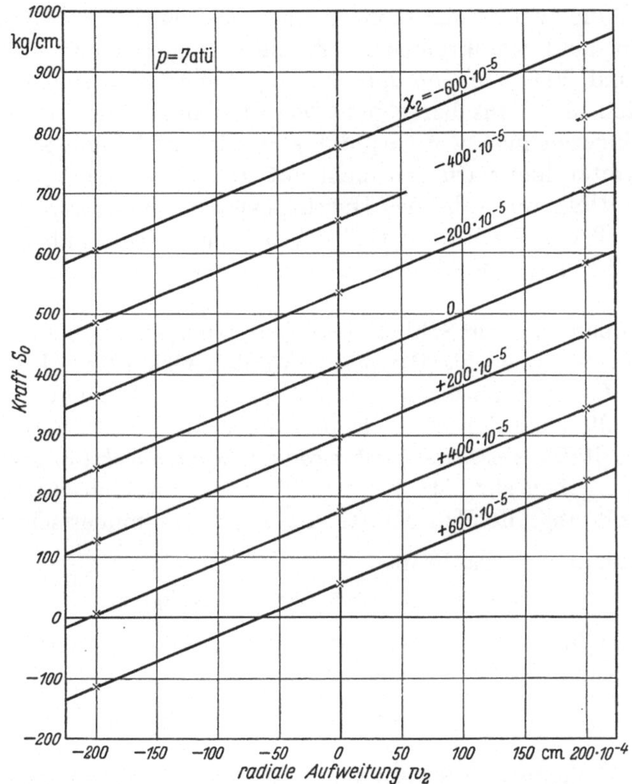

Abb. 71. Abhängigkeit der Kraft senkrecht zur Rotationsachse, S_0, von der radialen Aufweitung w_2 und der Neigungsänderung χ_2 für den Deckel

für den oben behandelten Deckel (vgl. 7. Aufgabe) noch zur besten Übereinstimmung zwischen Theorie und Messung führt. Sicher wäre es möglich, durch geeignetes Probieren eine noch genauere Übereinstimmung zwischen Rechnung und Messung zu erreichen, so könnte man z. B. versuchen, den rechnerischen Verlauf der Radialverzerrungen ε_{Ni} in Abb. 65 mehr dem gemessenen anzupassen, *aber das widerspräche unserem Grundsatz, die Theorie zunächst ohne Kenntnis und Berücksichtigung der Meßwerte zu entwickeln.* Zudem bleibt insbesondere

9*

bei den inneren Verzerrungen der Gußeisenfaser die Unsicherheit, ob die Verzerrungen der äußeren Emailfaser genau den gleichen Wert annehmen müssen wie diese. Ferner stimmen Theorie und Versuch gerade in *dem* Bereich nicht überein, der rechnerisch nicht erfaßt werden konnte, nämlich im Einflußbereich der beiden nichtzentralen Stutzen, wenn auch bei den Tangentialverzerrungen gerade in diesem Bereich die Übereinstimmung relativ gut ist (vgl. Abb. 66). In einer weiteren Untersuchung wurde nur dem Einfluß des zentralen Durchbruches, nicht dem der Deckelkrempe Rechnung getragen; hier wurden Spannungen und Verzerrungen nur bis zur Länge $x = 70,5$ cm des abgewickelten Meridians berechnet. Die Ergebnisse sind in die Abb. 58 bis 60 eingezeichnet worden; die statisch unbestimmten Kräfte S_0 und M_0 treten hier natürlich nicht auf. Die Untersuchung ergab, daß es in unmittelbarer Nähe des Durchbruches nichts ausmacht, ob man den Einfluß der Krempe berücksichtigt oder nicht, daß die Abweichungen aber um so merklicher werden, je mehr man sich der Krempe nähert.

Wir wollen nun zum Schluß dieser Untersuchungen über den Deckelflansch für den oben als Beispiel gewählten 6000 l-Kessel das äußere Moment M_a am Flanschring, dem ja das innere Moment das Gleichgewicht hält, nach der Methode berechnen, die SCHWAIGERER [44] in seiner Arbeit *Die Festigkeit flachgewölbter Behälterdeckel* angegeben hat. Zunächst ergeben sich für die verschiedenen am Flanschring je Umfangseinheit angreifenden Kräfte die folgenden numerischen Werte:

Bodenkraft = Membrankraft

$$P_B = p\,R/2 = 3{,}5 \cdot 200 = 700 \text{ kg/cm}$$

(R wird hierbei nicht bis zur Wandungsmitte gerechnet)
Vertikalkomponente der Bodenkraft

$$P_v = \frac{p}{4}\,d_2 = 3{,}5 \cdot 112{,}2 = 392{,}9 \text{ kg/cm.}$$

Hierbei ist d_2 der Kesseldurchmesser bis zur Wandungsmitte am Übergang zum Flanschring $= 224{,}4$ cm.

Horizontalkomponente der Bodenkraft

$$P_H = \frac{p}{2}\,\sqrt{R^2 - \frac{d_2^2}{4}} = 579{,}2 \text{ kg/cm.}$$

Horizontalkraft auf der Innenfläche des Flansches $= P_J = p\,h_F$

$$P_J = 7 \cdot 5{,}17 = 36{,}19 \text{ kg/cm}$$

h_F = Flanschhöhe in cm

P_{D_1} = Betriebsdichtungskraft $= p\,k_1 = 7 \cdot 9{,}049 = 63{,}34$ kg/cm
    k_1 nach Gl. (47)

P_{s_1} = Schraubenkraft im Betriebszustand $= P_v + P_{D_1} = 456{,}24$ kg/cm

Multipliziert man diese auf die Umfangseinheit bezogene Schraubenkraft mit dem Umfang des Lochkreises, so erhält man:

$$P_{s_1} \, \pi \, d = 456{,}24 \cdot 3{,}14 \cdot 237 = 340\,000 \text{ kg}$$

Wir haben, wie beim Kesselflansch, mit 326 550 kg gerechnet (vgl. 10. Aufgabe). Die Abweichung gegenüber dem oben gefundenen Wert beträgt etwa 4 %. Genauer sind aber alle hier durchgeführten Rechnungen oder Messungen nicht.

Der Zeichnung des als Beispiel gewählten 6000 l-Kessels entnimmt man die folgenden Werte für die Hebelarme der oben aufgeführten Kräfte (bis zum Schwerpunkt des Flanschquerschnittes gerechnet)

$$
\begin{aligned}
\text{Hebelarm der Schraubenkraft} \;&= a_s = 0{,}75 \text{ cm} \\
\text{Hebelarm der Dichtungskraft} \;&= a_D = 5{,}5 \;\; \text{cm} \\
\text{Hebelarm der Kraft } P_v = a_v \;&= a_D = 5{,}5 \;\; \text{cm} \\
\text{Hebelarm der Kraft } P_H \;&= a_H = 2{,}59 \text{ cm} \\
\text{Hebelarm der Kraft } P_J \;&= a_J = 0 \text{ (geschätzt)}
\end{aligned}
$$

Werden die im Uhrzeigersinn drehenden Momente negativ, die anderen positiv gerechnet, so bekommt man:

$$M_a = \text{äußeres Moment} = P_s \, a_s + P_D \, a_D + P_v \, a_v - P_H \, a_H - P_J \, a_J$$

$$\underline{\underline{M_a = 342{,}2 + 348{,}8 + 2160{,}0 - 1496{,}0 = \underline{\underline{+ 1355 \text{ cm kg/cm}}}}}$$

Dieses äußere Moment liegt *in der Größenordnung* des nach unserer Theorie berechneten statisch unbestimmten, inneren Momentes M_0 (vgl. dazu die Lösung der 9. Aufgabe). SCHWAIGERER hat bei seinen Deckelmessungen die Formzahl α eingeführt; und zwar gilt die Beziehung

$$\alpha = \frac{\sigma_{\text{Max}}}{\sigma_{\text{Membran}}} = \frac{\text{größte (äußere) Spannung}}{\text{Membranspannung}}$$

Für die Randbedingungen $w_2 = \chi_2 = 0$ ergibt sich etwa (vgl. Abb. 61) $\sigma_{\text{Max}} = 380 \text{ kg/cm}^2$, während $\sigma_{\text{Membran}} = 157{,}4 \text{ kg/cm}^2$ ist. Somit erhält man:

$$\alpha = \frac{380}{157{,}4} = 2{,}415$$

Für die Randbedingungen $w_2 = 0$, $\chi_2 = w_1'(a')$ ergibt sich (vgl. Tab. 25) $\sigma_{\text{Max}} = -554{,}7 \text{ kg/cm}^2$. (Es wird nur die Außenfaser betrachtet.) Damit bekommt man

$$\alpha = \frac{-554{,}7}{157{,}4} = -3{,}525$$

Da der von SCHWAIGERER gemessene Spannungsverlauf dem entspricht, den wir für die Randbedingungen $w_2 = \chi_2 = 0$ erhalten haben,

ist der erste α-Wert mit den α-Werten bei SCHWAIGERER vergleichbar.
Für unseren 6000 l-Kessel beträgt das Verhältnis

$$\frac{R}{d_0} = \frac{\text{Krümmungsradius der Kugelschale}}{\text{Nenndurchmesser}} = \frac{200}{223,5} = 0,895$$

Für $R = 0,8\, d_0$ hat SCHWAIGERER einen α-Wert von 2,46 und für
$R = d_0$ einen α-Wert von 2,5 bestimmt. Der oben berechnete α-Wert ist
also von der Größenordnung, die SCHWAIGERER angibt. Wir haben
beim Deckel durchweg mit den beiden elastischen Materialkonstanten
$E = 0,53 \cdot 10^6$ kg/cm² und $\nu = 0,174$ gerechnet, wie sie sich aus den
Zugstabversuchen (vgl. § 9) ergaben. Die Inhomogenität des Gußeisens
wurde also hier nicht berücksichtigt. Der Leser wird sich jedoch nach
den Ausführungen beim Kesselflansch (vgl. § 20) und beim Vergleich
der ausgezogenen und gestrichelten Kurven in den Abb. 50 bis 52,
55 und 56 für die Verzerrungen am Übergangsteil zum Kesselflansch
selbst ein Bild machen können, welche Veränderungen der Spannungen
und Verzerrungen größenordnungsmäßig zu erwarten sind, wenn man
mit den Materialkonstanten $E = 0,905 \cdot 10^6$ kg/cm² und $\nu = 0,25$
rechnet.

Wir haben nun die *äußeren* Randbedingungen (an der Schnittstelle 2 zwischen Deckelkrempe und Deckelflanschteller) geändert, wir
konnten aber *allgemein* nichts darüber aussagen, welchem Zustand des
Kessels diese Randbedingungen zugeordnet werden müssen. Wohl ist
klar, daß sich alle Berechnungen auf einen Innendruck von $p = 7$ atü
beziehen, ferner erkennt man aus dem Gang der Berechnung für die
Randbedingungen $w_2 = 0$ und $\chi_2 = w_1'(a')$, daß *dabei* der Betriebszustand zugrunde gelegt wurde, aber in welcher Weise dem Montagezustand Rechnung getragen werden kann, ist nicht ersichtlich. Dies
wird sich jedoch sogleich ergeben, wenn wir die von G. HEIN [46]
vorgeschlagenen Berechnungsverfahren für Tellerböden durchsprechen.

HEIN zieht die von TIMOSHENKO [47] beschriebene Näherungstheorie (nach GECKELER) einer auf Biegung beanspruchten Kugelschale ohne Flansch zur Berechnung der Spannungen heran. Nach
dieser Theorie genügt die Querkraft Q der folgenden Differentialgleichung (falls der Winkel φ nicht *zu klein* ist)

$$\frac{d^4 Q}{d \varphi^4} + 4 K^4 Q = 0 \tag{89}$$

wohingegen nach der von uns benutzten Theorie der Kugelschalen
konstanter Wandstärke, die nur am Schalenrand belastet sind (vgl.
§ 21 b), die Querkraft die Differentialgleichung

$$\frac{d^2 Q}{d \varphi^2} + \frac{1}{\varphi} \frac{d Q}{d \varphi} - \frac{1}{\varphi^2} Q \pm 2 i K^2 Q = 0 \tag{90}$$

erfüllt.

Gl. (89) hat die allgemeine Lösung

$$Q = C_1 e^{K\varphi} \cos K\varphi + C_2 e^{K\varphi} \sin K\varphi + C_3 e^{-K\varphi} \cos K\varphi + C_4 e^{-K\varphi} \sin K\varphi$$

während als allgemeine Lösung für Gl. (90) die Summe der jeweils mit einer Integrationskonstanten multiplizierten Ableitungen der vier SCHLEICHERschen Z-Funktionen für das Argument $K\sqrt{2}\,\varphi$ auftritt. Diese Ableitungen lassen sich nur für großes Argument, nämlich $K\sqrt{2}\,\varphi > 6$ oder $x =$ Länge des projizierten Meridians unseres Kessels $> 94{,}2$ cm, also nur unmittelbar am Ende der Kugelschale durch exponentiell gedämpfte trigonometrische Funktionen ausdrücken. Gibt man nach HEIN für den Montagezustand, also die Beanspruchung durch die Schraubenkraft allein, am Schalenrand ($\varphi = \varphi_0$) die beiden Randbedingungen

$$M_0 = -M_\alpha \qquad N_0 = 0 \quad \text{für} \quad \varphi = \varphi_0 \tag{91}$$

vor, so erhält man für die inneren Kräfte folgende Werte:

$$\left.\begin{aligned}
M &= M_\varphi = -M_\alpha e^{-K\psi}(\sin K\psi + \cos K\psi) = -M_\alpha m_m \\[4pt]
M_\Theta &= \nu M_\varphi \\[4pt]
N &= N_\varphi = \frac{2K}{R} M_\alpha e^{-K\psi} \operatorname{ctg}(\varphi_0 - \psi)\sin K\psi \\[4pt]
&= \frac{2K}{R} M_\alpha m_q \operatorname{ctg}(\varphi_0 - \psi) \\[4pt]
T &= N_\Theta = \frac{2\sqrt{2}}{s}\sqrt{3(1-\nu^2)}\,M_\alpha e^{-K\psi}\sin\left(K\psi - \frac{\pi}{4}\right) \\[4pt]
&= \frac{2}{s}\sqrt{3(1-\nu^2)}\,M_\alpha(2m_q - m_m)
\end{aligned}\right\} \tag{92}$$

Hierbei bedeuten

$\psi = \varphi_0 - \varphi$
M_α äußeres, durch die Schraubenkraft hervorgerufenes Moment
$K^4 = 3(1-\nu^2)(R/s)^2$
m_m und m_q sind auf S. 100 des ESSLINGERschen Buches tabuliert

Nach HEIN sind das äußere Moment M_α am Rand der Kugelschale und die Schraubenkraft P_s, wenn man annimmt, daß die durch die Schraubenkraft hervorgerufenen Spannungen über den Flanschquerschnitt und am Übergang zur Schale über den Schalenquerschnitt gleichmäßig verteilt sind, durch folgende Beziehung miteinander verknüpft

$$M_\alpha = 2\,\frac{P_s\,l\,s^2}{2\,b\,h^2 + D_i\,s^2} \tag{93}$$

Hierbei sind

b die Flanschbreite in cm
h die Flanschhöhe in cm
l der Abstand Mitte Lochkreis — Mitte Dichtung in cm
s die Wandstärke der Kugelschale in cm
D_i der Durchmesser des Tellerbodens bis zur Übergangsstelle zwischen Flansch und Kugelschale in cm
P_s die Schraubenkraft in kg

Für die Schraubenkraft im Montagezustand erhält man nach SCHWAIGERER [vgl. eigene Gl. (54)]

$$P = P_{D\,0} = \pi\, d_D\, k_0\, K_D \tag{54}$$

Für unseren Kessel ergibt sich $P_{D\,0} = P_s = 6{,}61 \cdot 10^4$ kg

$$
\begin{aligned}
b &= 11{,}50 \text{ cm}\\
h &= 5{,}2 \text{ cm}\\
l &= 5{,}30 \text{ cm nach Zeichnung}\\
s &= 4{,}5 \text{ cm}\\
D_i &= 223{,}5 \text{ cm}
\end{aligned}
$$

Somit bekommt man

$$\underline{\underline{M_\alpha}} = \frac{2 \cdot 6{,}61 \cdot 5{,}3 \cdot 20{,}25}{5{,}15 \cdot 10^3}\, 10^4 = \underline{\underline{2755\,\text{cm kg/cm}}}$$

Dieser Wert ist ungewöhnlich hoch, liegt er doch oberhalb der meisten für den Betriebszustand errechneten Momente. Nach dem Verfahren SCHWAIGERERS ergab sich für den *Betriebszustand* ein äußeres Moment $M_a = \mathbf{1355}$ cm kg/cm. Wir wollen daher nach der sehr sorgfältigen Methode SCHWAIGERERS das äußere Moment auch für den Montagezustand berechnen. Für den Montagezustand sind die Kräfte $P_v = P_H = P_J = 0$, und es ist ferner

$$P_{s_0} = P_{D0} = k_0\, K_D = 11{,}62 \cdot 0{,}8 = 9{,}296\,\text{kg/mm} = 92{,}96\,\text{kg/cm}$$

(Die Kräfte werden hierbei auf die Umfangseinheit bezogen.)

Also erhält man

$$M_a = \text{Äußeres Moment} = P_{s_0}\, a_s + P_{D_0}\, a_D = P_{s_0}(a_s + a_D)$$

$$\underline{\underline{M_a}} = 92{,}96\,(0{,}75 + 5{,}5) = \underline{\underline{580{,}5\,\text{cm kg/cm}}}$$

Wir werden später sehen, daß dieser Wert von der Größenordnung ist, die den wahren Verhältnissen entspricht. Wir setzen nun $M_a = M_\alpha$ und alle anderen numerischen Werte in die Gln. (92) ein und bekommen die inneren Kräfte M, N und T als Funktion der Länge x des auf den Kesseldurchmesser projizierten Meridians allein. Diese Kräfte und die sich in bekannter Weise daraus ergebenden Spannungen sind in Tab. 28 zusammengestellt worden.

Tabelle 28. *Innere Kräfte und Spannungen für den nicht durchbrochenen Deckel, Montagezustand*

(nach der Theorie von TIMOSHENKO-HEIN, Moment $M_\alpha = -580{,}5$ cm kg/cm nach dem Verfahren SCHWAIGERERS).

Konstante Wandstärke $s = 4{,}5$ cm
konstanter Wölbungshalbmesser $R = 202{,}3$ cm bis zu $x = 99{,}4$ cm
für $x = 104{,}3$ cm ist $s = 4{,}7$ cm, für $x = 109{,}3$ cm ist $s = 5{,}2$ cm

$x = R \sin\varphi$ cm	M cm kg/cm	N kg/cm	T kg/cm	σ_{Na} kg/cm²	σ_{Ni} kg/cm²	$\sigma_{Ta} = \sigma_{Ta}^*$ kg/cm²	$\sigma_{Ti} = \sigma_{Ti}^*$ kg/cm²
5,60	+ 4,83	− 15,72	− 3,95	− 4,92	− 2,06	− 1,13	− 0,63
11,37	+ 7,66	− 9,70	− 3,75	− 4,43	+ 0,12	− 1,23	− 0,44
17,14	+ 11,11	− 7,53	− 2,82	− 4,97	+ 1,62	− 1,20	− 0,05
22,91	+ 15,00	− 6,11	− 0,83	− 5,81	+ 3,09	− 0,96	+ 0,59
28,69	+ 19,01	− 4,52	+ 2,58	− 6,64	+ 4,63	− 0,41	+ 1,55
34,35	+ 22,58	− 3,09	+ 7,78	− 7,38	+ 6,00	+ 0,57	+ 2,89
40,00	+ 24,80	− 1,07	+ 15,11	− 7,59	+ 7,11	+ 2,08	+ 4,64
45,70	+ 24,52	+ 1,52	+ 24,78	− 6,93	+ 7,61	+ 4,24	+ 6,77
51,30	+ 20,13	+ 4,68	+ 36,75	− 4,93	+ 7,00	+ 7,12	+ 9,20
56,80	+ 9,66	+ 8,44	+ 50,57	− 0,99	+ 4,74	+ 10,73	+ 11,73
62,40	− 9,17	+ 12,71	+ 65,20	+ 5,54	+ 0,11	+ 14,96	+ 14,02
67,85	− 38,73	+ 17,38	+ 78,95	+ 15,33	− 7,61	+ 19,54	+ 15,54
73,25	− 81,30	+ 22,10	+ 88,80	+ 29,01	− 19,19	+ 23,93	+ 15,55
78,60	− 138,5	+ 26,53	+ 91,00	+ 46,93	− 35,13	+ 27,36	+ 13,08
83,80	− 210,2	+ 29,98	+ 79,80	+ 68,96	− 55,64	+ 28,59	+ 6,89
89,10	− 295,3	+ 31,73	+ 48,75	+ 94,55	− 80,45	+ 26,06	− 4,40
94,30	− 387,3	+ 30,72	− 10,40	+ 121,63	− 107,97	+ 17,67	− 22,29
99,40	− 478,0	+ 25,90	− 106,30	+ 147,36	− 135,84	+ 1,05	− 48,25
104,30	− 550,0	+ 16,05	− 247,0	+ 152,92	− 146,09	− 26,57	− 78,57
109,30	− 580,5	+ 0	− 440,0	+ 157,70	− 157,70	− 66,18	− 121,02

Es ist nicht schwer, die Beanspruchungen im Montagezustand nach der von uns in § 21 b entwickelten Theorie zu berechnen, wenn man die Randbedingungen (91) beibehält. Im einzelnen verläuft die Rechnung folgendermaßen: Überall, wo in den in § 21 b abgeleiteten Gleichungen ein dem Innendruck p proportionales Glied auftritt, ist dieses wegzulassen (Montagezustand: $p = 0$). So ist nach Gl. (62)

$$E_0 = -S_0\,\varphi_0\cos\varphi_0 = -0{,}480\,S_0$$

und nach Gl. (63) $E_1 = 0$.

In den Gln. (64) für die Integrationskonstanten der Kugelschale rührt das absolute Glied vom Druck her und entfällt somit. Gemäß Gl. (70) und (68) ergibt sich

$$N_2 = S_2 = 1{,}166\,S_0 - 0{,}080\,\frac{M_0}{r} = 0 \tag{94}$$

diese Gleichung ist gleich Null zu setzen, da N_2 der Normalkraft N_0 bei HEIN-TIMOSHENKO in Gl. (91) entsprechen soll. *Wir rechnen also so, daß die Normalkraft am Übergang von der Deckelkrempe in den Deckel-flanschteller verschwindet, während bei Timoshenko-Hein diese Bedingung für die Schnittstelle zwischen Kugelschale und Deckelkrempe gilt.* Ferner entnehmen wir den Gln. (68) folgende Beziehung

$$\frac{M_2}{r} = 0{,}1534\, S_0 + 0{,}9787\, \frac{M_0}{r} = \frac{-M_\alpha}{r} = -\frac{580{,}5}{r} \qquad (95)$$

Aus den beiden Gln. (94) und (95) lassen sich die beiden statisch unbestimmten Größen S_0 und M_0 bestimmen. Dabei erhält man:

$$\left.\begin{array}{l} S_0 = -\ \ \ 8{,}71\ \text{kg/cm} \\ M_0 = -587{,}0\ \text{cm kg/cm} \end{array}\right\} \qquad (96)$$

Aus den Gln. (64) berechnet man sodann unter Weglassung des absoluten Gliedes folgende Werte für die Integrationskonstanten:

$$\left.\begin{array}{ll} A = -\,2{,}5742 & B = +\,1{,}2362 \\ C = +\,1{,}8011 & D = +\,1{,}2104 \end{array}\right\} \qquad (97)$$

Nunmehr können nach den Gln. (72) unter Berücksichtigung der Bedingung $p = 0$ in bekannter Weise die inneren Kräfte M, N und T und daraus dann die Spannungen und Verzerrungen der Kugelschale be-rechnet werden. Für die Berechnung der inneren Kräfte der Krempe stehen die Gln. (70) und (71) in Verbindung mit den Gln. (65), (68) und (73) zur Verfügung, wobei wiederum die absoluten und die mit p multi-plizierten Glieder fort-zulassen sind. Die Zahlen-werte, die man auf diese Weise bekommt, sind in den Tab. 29 und 30 zu-sammengestellt worden.

In den Abb. 72, 73 und 74 sind die Normal-spannungen σ_{Na}, σ_{Ni} und die Tangentialspannun-

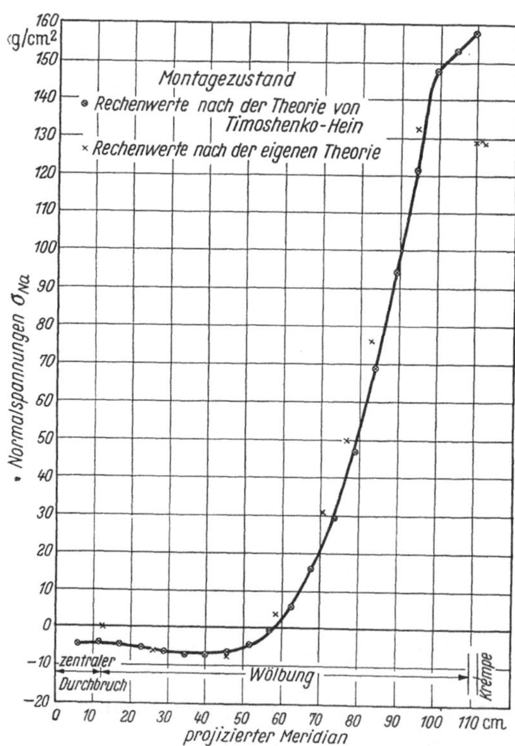

Abb. 72
Die Normalspannungen σ_{Na} für den Deckel nach der Theorie von TIMOSHENKO-HEIN

gen σ_{Ta}, σ_{Ti} nach TIMOSHENKO-HEIN in Abhängigkeit von der Länge des auf den Kessel- bzw. Deckeldurchmesser projizierten Meridians ($x = 0$ Deckelmitte; $x = 109{,}4$ cm Übergang zwischen Kugelschale und Krempe, $x = 111{,}75$ cm Übergang zwischen Krempe und Flanschteller) graphisch dargestellt worden. Die Punkte, die sich nach unserer Theorie ergeben, sind ebenfalls eingezeichnet bzw. durch einen Kurvenzug verbunden worden. Bevor wir die Ergebnisse erörtern, wollen wir noch einmal die Unterschiede herausarbeiten, die zwischen unserer Theorie und der von TIMOSHENKO-HEIN bestehen.

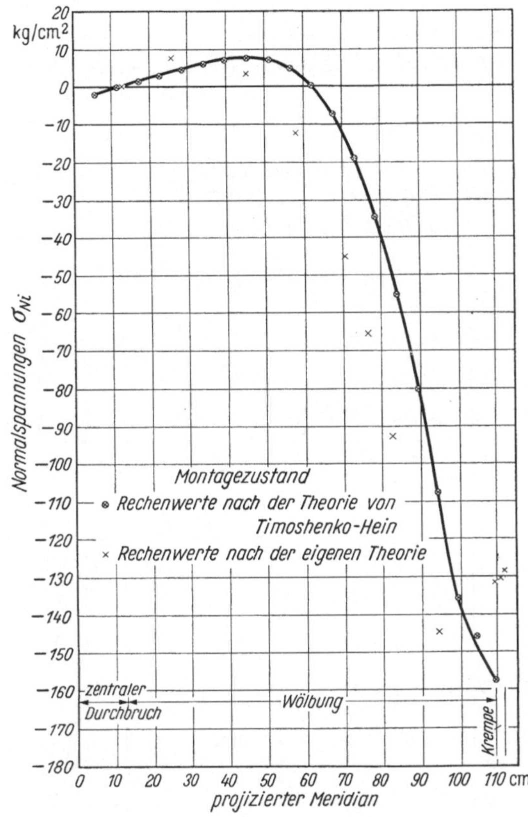

Abb. 73. Die Normalspannungen σ_{Ni} für den Deckel nach der Theorie von TIMOSHENKO-HEIN

Theorie nach TIMOSHENKO-HEIN	Eigene Theorie
Moment M_0 am Übergang zwischen Kugelschale und Krempe $= -580{,}5$ cm kg/cm	Moment M_2 am Übergang zwischen Krempe und Flanschteller $= -580{,}5$ cm kg/cm
Normalkraft N_0 am Übergang zwischen Kugelschale und Krempe $= 0$	Normalkraft N_2 zwischen Krempe und Flanschteller $= 0$
Nichtdurchbrochener Deckel	Deckel mit zentralem Durchbruch

Wie die Abb. 72 und 73 zeigen, unterscheiden sich die äußeren und inneren *Normal*spannungen nach beiden Theorien nicht sehr stark voneinander. Am zentralen Durchbruch sind nach unserer Theorie die Normalspannungen gleich Null, aber an dieser Stelle sind auch die Spannungen nach der Theorie von TIMOSHENKO-HEIN unerheblich.

Gänzlich anders ist indessen der Verlauf der Tangentialspannungen für die beiden Theorien. Nach unserer Theorie ergeben sich im Einfluß-bereich der Krempe relativ große tangentiale *Zug*spannungen, innen wie außen, wohingegen nach Timoshenko-Hein in diesem Bereich *Druck*spannungen von etwa gleicher Größe auftreten. Daß sich gemäß unserer Theorie im Bereich der Krempe starke tangentiale Zugspannungen ergeben, überrascht nach allem bisher Gesagten nicht. Ganz ähnlich wie beim zentralen Durchbruch bedingt das Abklingen der Normalkraft zum Schalensand hin nach außen gerichtete radiale Kräfte, die ihrerseits große tangentiale Kräfte auslösen. So erhält man auch für die radialen Aufweitungen am Übergang zwischen Kugelschale und Krempe, w_0, und am Übergang zwischen Krempe und Flanschteller, w_2, positive Werte (0,01441 bzw. 0,01279 cm). *Die Krempe wandert also, wenn man den Montagezustand für sich allein betrachtet und die oben genannten Randbedingungen vorgibt, nach außen.*

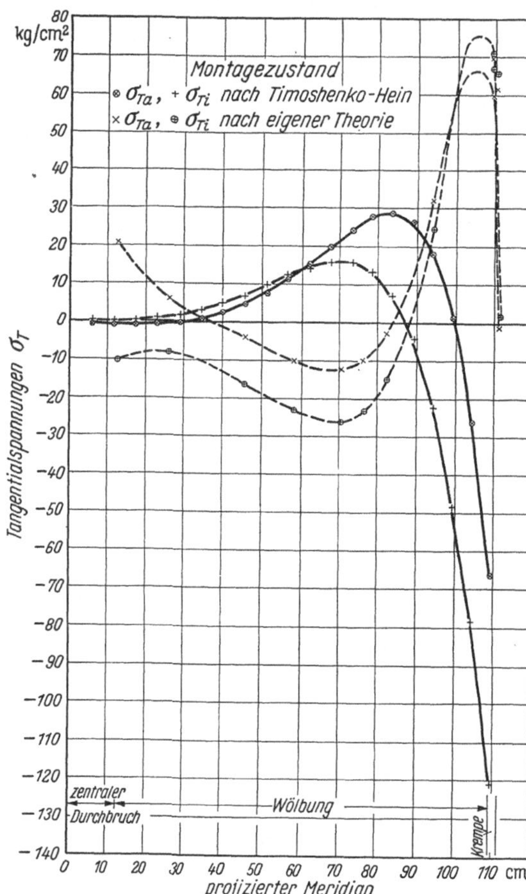

Abb. 74. Die Tangentialspannungen σ_T für den Deckel nach der Theorie von Timoshenko u. Hein und nach der eigenen Theorie

In den Abb. 75, 76 und 77 ist der Verlauf der Normalverzerrungen ε_{Na}, ε_{Ni} und der Tangentialverzerrungen ε_{Ta}, ε_{Ti}, wie er sich nach unserer Theorie ergibt, gezeichnet worden; auch die Meßpunkte sind in die Zeichnung eingetragen worden. Man erkennt, daß die Übereinstimmung zwischen Rechnung und Messung am schlechtesten bei den Normalverzerrungen ε_{Na} ist, während die berechneten Normalverzer-

Tabelle 29. *Innere Kräfte und Spannungen für den durchbrochenen Deckel, Montage-*
zustand

(nach der eigenen Theorie; Moment M_2 am Übergang zwischen Krempe und Flanschteller $= -M_a = -M_\alpha = -580{,}5$ cm kg/cm nach dem Verfahren Schwaigerers).
Konstante Wandstärke $s = 4{,}5$ cm bis $x = 94{,}2$ cm; konstanter Wölbungshalbmesser $R = 202{,}3$ cm. Von $x = 109{,}4$ cm ab Wandstärke $s = 5{,}2$ cm

$x = R \sin\varphi$ cm	M cm kg/cm	N kg/cm	T kg/cm	σ_{Na} kg/cm²	Deckelteil
12,50	− 0,064	− 0,02	+ 23,04	+ 0,014	Wölbung
26,06	+ 23,78	+ 3,55	− 6,72	− 6,26	
45,42	+ 17,72	− 8,94	− 46,24	− 7,26	
58,15	− 27,00	− 20,55	− 76,00	+ 3,44	
70,45	− 128,0	− 32,30	− 87,90	+ 30,77	
76,40	− 195,0	− 36,55	− 75,45	+ 49,68	
82,60	− 285,0	− 38,40	− 40,95	+ 75,97	
94,20	− 467,0	− 28,10	+ 126,30	+ 132,26	
109,4	− 587,0	− 7,31	+ 327,49	+ 128,84	
109,4	− 587,0	− 7,33	+ 362,23	+ 128,84	Krempe
110,47	− 586,6	− 3,82	+ 328,44	+ 129,37	
111,75	− 580,4	− 0,04	− 0,007	+ 128,79	

$x = R \sin\varphi$ cm	σ_{Ni} kg/cm²	σ_{Ta}^{*} kg/cm²	σ_{Ta} kg/cm²	σ_{Ti}^{*} kg/cm²	σ_{Ti} kg/cm²	Deckel-teil
12,50	− 0,024	+ 5,12	+ 20,42	+ 5,12	− 10,18	Wölbung
26,06	+ 7,84	− 2,72	+ 5,49	− 0,268	− 8,48	
45,42	+ 3,28	− 11,19	− 4,26	− 9,35	− 16,28	
58,15	− 12,57	− 15,50	− 10,53	− 18,28	− 23,25	
70,45	− 45,13	− 12,94	− 12,76	− 26,14	− 26,32	
76,40	− 65,92	− 6,70	− 10,42	− 26,82	− 23,10	
82,60	− 93,03	+ 5,60	− 3,11	− 23,80	− 15,09	
94,20	− 144,74	+ 52,18	+ 31,63	+ 3,98	+ 24,53	
109,40	− 131,66	+ 85,67	+ 59,57	+ 40,33	+ 66,43	
109,40	− 131,66	+ 92,33	+ 69,12	+ 46,97	+ 70,18	Krempe
110,47	− 130,83	+ 85,79	+ 61,00	+ 40,51	+ 65,30	
111,75	− 128,81	+ 22,41	− 1,52	− 22,41	+ 1,52	

rungen der Innenfaser des Gußeisens gerade in dem Bereich gut mit
den gemessenen Normalverzerrungen der Emailfaser übereinstimmen,
in dem man es nicht erwarten sollte, nämlich im Einflußbereich der
beiden nichtzentralen Stutzen. Der Verlauf der Tangentialverzerrungen
ε_T in Abb. 77 weist darauf hin, daß auch durch die Messungen das
Auftreten von tangentialen Zugspannungen bzw. Dehnungen in Krem-
pennähe eher bestätigt als zurückgewiesen wird — von insgesamt
7 Meßpunkten liegen fünf in unmittelbarer Nähe der *positiven Kurve*,
die sich nach unserer Theorie ergibt.

Tabelle 30. *Verzerrungen für den durchbrochenen Deckel, Montagezustand*
(nach der eigenen Theorie; Moment M_2 am Übergang zwischen Krempe und Flanschteller $= -M_a = -M_\alpha = -580{,}5$ cm kg/cm nach dem Verfahren Schwaigerers).
Konstante Wandstärke $s = 4{,}5$ cm bis $x = 94{,}2$ cm; konstanter Wölbungshalbmesser $R = 202{,}3$ cm. Von $x = 109{,}4$ cm ab Wandstärke $s = 5{,}2$ cm

$x = R\sin\varphi$ cm	$\varepsilon_{Na}\cdot 10^6$	$\varepsilon_{Ni}\cdot 10^6$	$\varepsilon_{Ta}\cdot 10^6$	$\varepsilon_{Ti}\cdot 10^6$	$\bar\varepsilon_T\cdot 10^6$	Deckelteil
12,50	$-$ 6,68	3,30	38,55	$-$19,20	9,68	
26,06	$-$13,61	17,58	12,41	$-$18,58	$-$ 3,09	
45,42	$-$12,30	11,54	$-$ 5,65	$-$31,80	$-$18,73	
58,15	9,95	$-$ 16,09	$-$21,00	$-$39,73	$-$30,37	Wölbung
70,45	62,20	$-$ 76,50	$-$34,20	$-$34,85	$-$34,53	
76,40	97,20	$-$116,80	$-$35,98	$-$21,97	$-$28,98	
82,60	144,40	$-$170,60	$-$30,80	2,08	$-$14,36	
94,20	239,00	$-$281,0	16,29	93,80	55,05	
109,40	223,0	$-$270,2	70,10	168,50	119,30	
109,40	220,4	$-$271,5	88,10	175,60	131,85	
110,47	224,0	$-$268,2	72,60	166,20	119,40	Krempe
111,75	243,5	$-$243,3	$-$45,15	45,18	0,02	

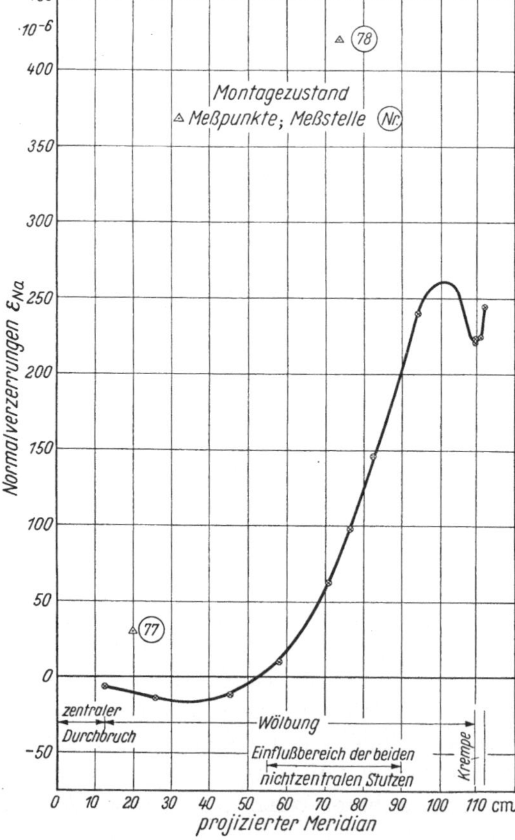

Abb. 75. Die Radial- (Normal-)
Verzerrungen ε_{Na} für den Deckel
(eigene Theorie)

Danach kann man wohl mit einiger Berechtigung sagen, daß die von uns entwickelte Theorie, insbesondere aber die Ermittlung des Momentes M_2 an der Schnittstelle zwischen Krempe und Flanschteller nach der Methode von Schwaigerer und die Randbedingung $N_2 = 0$ *für den Montagezustand* gerechtfertigt ist und den Verlauf der Spannungen und Verzerrungen zumindest größenordnungsmäßig richtig wiedergibt. Das gleiche läßt sich für die Ermittlung der *Normalspannungen und -ver*

zerrungen nach der Theorie von TIMOSHENKO-HEIN für den Montagezustand feststellen. Hingegen kommen die *Tangential*spannungen

und -verzerrungen nach
dieser Theorie nicht
richtig heraus, wie auch
HEIN selbst bemerkt.
Man sieht also, daß es
nicht korrekt ist, nur
eine Kugelschale allein
zu betrachten, sondern es
muß mindestens noch der
krempenartige Übergang
zum Flanschteller mit-
berücksichtigt werden. Es
scheint aber durchaus
zulässig zu sein und
nicht im Widerspruch
zu den Messungen zu
stehen, wenn man sich
den Deckel an der Über-
gangsstelle zwischen
Krempe und Flansch-
teller abgeschnitten
denkt und dort die
obigen Randbedingun-
gen vorgibt. Dies gilt
in noch stärkerem Maße
für den Betriebszustand,
dessen Behandlung nach

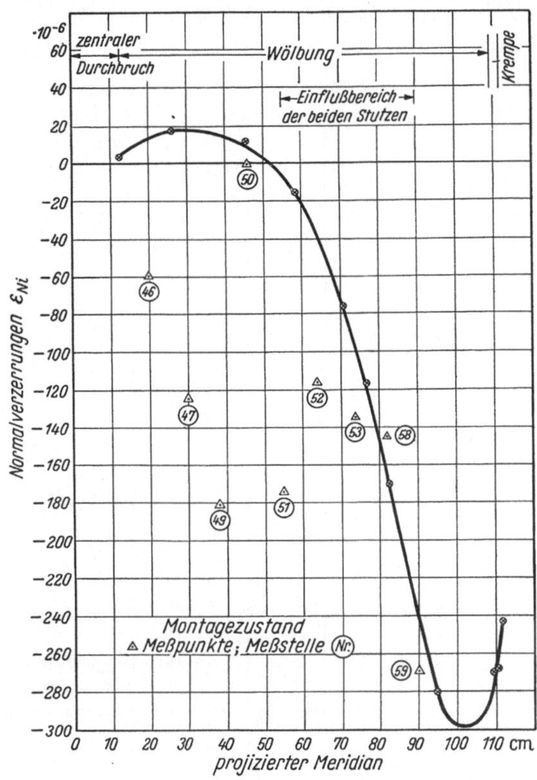

Abb. 76. Die Radial- (Normal-) Verzerrungen ε_{Ni} für den Deckel (eigene Theorie)

der Theorie von TIMOSHENKO-HEIN wir uns jetzt zuwenden.

HEIN gibt am Rand der Kugelschale ($\varphi = \varphi_0$) die folgenden beiden
Randbedingungen für den Betriebszustand vor:

$$N_g = \text{Gesamt-Normalkraft} = \frac{pR}{2}\sin^2\varphi_0 = N_0$$
$$M_0 = 0 \tag{98}$$

Setzt man die numerischen Werte für unseren Kessel ein (vgl.
auch § 21 c), so ergibt sich:

$$N_0 = 3{,}5 \cdot 202{,}3 \cdot (0{,}5401)^2 = 206{,}6 \text{ kg/cm}$$
$$M_0 = 0$$

Diese Randbedingungen werden dem tatsächlichen Sachverhalt
nicht gerecht. Wenn wir die Tabellen, in denen die Ergebnisse für den

Deckel zusammengestellt sind, durchmustern, so stellen wir fest, daß die Normalkraft, je nach den gewählten Randbedingungen, von der Größenordnung 580 bis 780 kg/cm ist. Auch wenn wir nicht die Normalkraft N_0 am Übergang zwischen Kugelschale und Krempe, sondern die

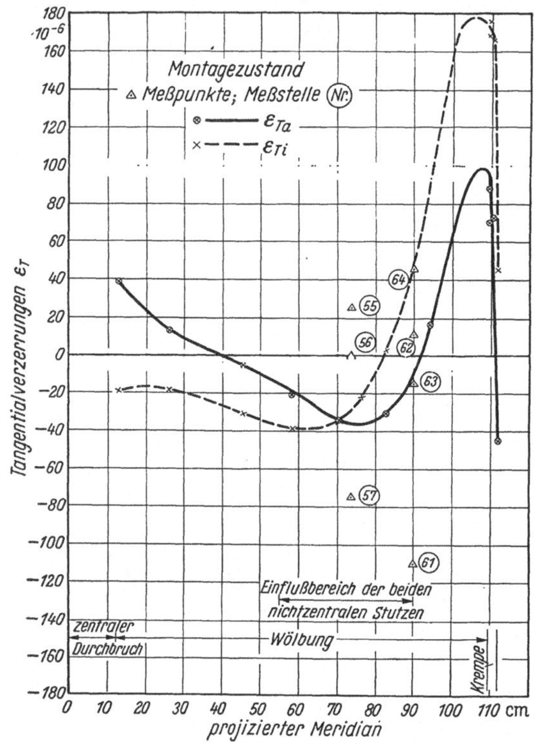

Abb. 77. Die Tangentialverzerrungen ε_T für den Deckel (eigene Theorie)

Normalkraft $N_2 = S_2$ an der Schnittstelle zwischen Krempe und Flanschteller heranziehen, kommen wir nur auf Werte von der Größenordnung 460 bis 660 kg/cm herunter. Berechnet man schließlich die Querkraft Q nach der Methode von SCHWAIGERER, so erhält man mit den schon oben in gleichem Zusammenhang mehrfach gebrauchten Bezeichnungen

$$Q = P_H - P_J = 579{,}2 - 36{,}19 \approx 543 \text{ kg/cm} \qquad (99)$$

was recht gut mit unseren Werten übereinstimmt. Auch die 2. Randbedingung (98) entspricht nicht der Wirklichkeit. An der Schnittstelle $\varphi = \varphi_0$ treten erhebliche Momente auf, wie alle Tabellen ausweisen, und die Methode von SCHWAIGERER besteht ja, und zwar sehr zu Recht, darin, das Schnittmoment als erstes zu ermitteln. Wohl ist

klar, daß die Randbedingungen (98) für eine abgeschnittene Kugelschale richtig und sinnvoll sind, *aber eine abgeschnittene Kugelschale
ist kein Tellerboden; mindestens muß eine, wenn auch kurze Krempe,
die die sonst sehr hohen Spannungsspitzen aufnimmt, in Rechnung
gestellt werden.* Mit den Randbedingungen (98) ergeben sich die inneren
Kräfte nach der Näherungstheorie von TIMOSHENKO folgendermaßen:

$$M = - \frac{p\,R^2}{2\,K}\,e^{-K\psi}\sin\varphi_0\cos\varphi_0\sin K\psi = -\frac{p\,R^2}{2\,K}\,m_q\sin\varphi_0\cos\varphi_0$$

$$N = \frac{p\,R}{2}\,e^{-K\psi}\sin\varphi_0\cos\varphi_0\,\mathrm{ctg}(\varphi_0-\psi)(\sin K\psi - \cos K\psi) + \frac{p\,R}{2}$$

$$N = \frac{p\,R}{2}\sin\varphi_0\cos\varphi_0\,\mathrm{ctg}(\varphi_0-\psi)(2m_q - m_m) + \frac{p\,R}{2} \qquad\qquad (100)$$

$$T = -p\,R\,K\,e^{-K\psi}\sin\varphi_0\cos\varphi_0\cos K\psi + \frac{p\,R}{2}$$

$$= p\,R\,K\,(m_q - m_m)\sin\varphi_0\cos\varphi_0 + \frac{p\,R}{2}$$

$$\psi = \varphi_0 - \varphi \qquad K^4 = 3(1 - \nu^2)\cdot\left(\frac{R}{s}\right)^2$$

Wir setzen nun, wie üblich, die numerischen Werte ein und erhalten
die inneren Kräfte und daraus die Spannungen für den Betriebszustand
in Abhängigkeit von der Länge x des auf den Kesseldurchmesser projizierten Meridians. Alle diese Werte sind in Tab. 31 zusammengestellt
worden; die Abb. 78 bis 80 zeigen den Verlauf der Normalspannungen
σ_{Na} und σ_{Ni} und der Tangentialspannungen σ_{Ta} und σ_{Ti}. Es wurde hier mit
einer konstanten Wand-

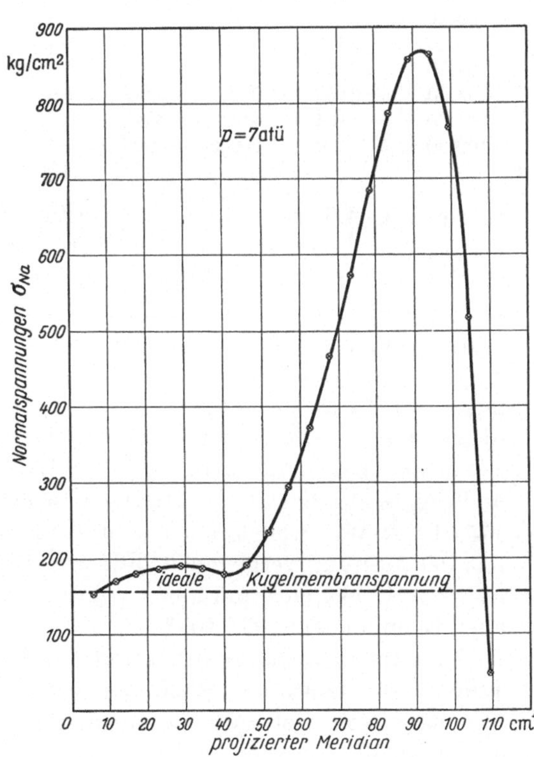

Abb. 78
Die Normalspannungen σ_{Na} für den Deckel nach der Theorie von TIMOSHENKO-HEIN

Tabelle 31. *Innere Kräfte und Spannungen für den nichtdurchbrochenen Deckel,*
Betriebszustand $p = 7$ atü

(nach der Theorie von TIMOSHENKO-HEIN). Konstante Wandstärke $s = 4{,}5$ cm; konstanter Wölbungshalbmesser $R = 202{,}3$ cm. Ideale Kugelmembrankraft $N = T = 708$ kg/cm

$x = R \sin \varphi$ cm	M cm kg/cm	N kg/cm	T kg/cm	σ_{Na} kg/cm²	σ_{Ni} kg/cm²	$\sigma_{Ta}^* = \sigma_{Ta}$ kg/cm²	$\sigma_{Ti}^* = \sigma_{Ti}$ kg/cm²
5,60	− 64,4	603,6	706,2	153,19	115,01	160,32	153,68
11,37	− 80,8	659,3	721,2	170,45	122,55	164,47	156,13
17,14	− 95,0	683,8	743,9	180,06	123,74	170,10	160,30
22,91	− 103,10	702,7	775,4	186,65	125,55	177,62	166,99
28,69	− 100,00	721,2	816,7	189,93	130,67	186,66	176,35
34,35	− 78,80	741,0	867,4	187,95	141,25	196,76	188,64
40,00	− 31,25	762,9	925,1	178,76	160,24	207,21	203,99
45,70	− 52,3	786,1	985,7	190,20	159,20	221,70	216,30
51,30	− 181,5	810,5	1041,0	233,90	126,30	240,56	221,84
56,80	− 365,5	834,4	1078,3	293,90	77,30	258,54	220,86
62,40	− 610	855,1	1081,0	370,70	9,30	271,52	208,68
67,85	− 916	870,2	1025,1	464,70	− 77,90	275,10	180,70
73,25	−1272	875,4	882,5	571,50	−182,50	261,70	130,50
78,60	−1656	865,6	619,0	683,80	−298,70	222,90	52,10
83,80	−2021	836,0	198,5	784,80	−413,20	148,30	− 60,10
89,10	−2302	780,7	− 412,0	855,50	−508,50	27,10	− 210,30
94,30	−2395	693,6	−1238,0	864,00	−556,00	− 151,70	− 398,70
99,40	−2162	570,4	−2292,0	767,30	−513,70	− 398,00	− 621,0
104,30	−1434	408,5	−3542,0	515,78	−334,22	− 713,10	− 860,9
109,30	0	207,5	−4927,0	46,10	+ 46,10	−1094,0	−1094,0

stärke von 4,5 cm und einem konstanten Wölbungshalbmesser der Kugelschale von 202,3 cm gerechnet. Aus den Abb. 78 bis 80 ersieht man, daß am Schalenrand, aber auch noch in einiger Entfernung davon sehr hohe Spannungen auftreten, die Verzerrungen ebenso hoher Größenordnung verursachen; z. B. ergibt sich für $x = 74$ cm nach Abb. 78 $\sigma_{Na} = + 583$ kg/cm² und nach Abb. 80 $\sigma_{Ta} = + 258$ kg/cm², woraus man mit $\nu = 0{,}174$ und $E = 0{,}53 \cdot 10^6$ kg/cm² $\varepsilon_{Na} = + 1015 \cdot 10^{-6}$ erhält. An dieser Stelle wurde jedoch eine Dehnung von $344 \cdot 10^{-6}$ gemessen. Für $x = 30$ cm bekommt man $\sigma_{Ni} = + 133$ kg/cm², $\sigma_{Ti} = + 186$ kg/cm² und $\varepsilon_{Ni} = + 189 \cdot 10^{-6}$; gemessen wurde hier eine Dehnung von $175 \cdot 10^{-6}$. Wir wollen noch eine Tangentialdehnung berechnen und mit der Messung vergleichen. Für $x = 74$ cm ist $\sigma_{Ni} = − 190$ kg/cm², $\sigma_{Ti} = + 120$ kg/cm² und $\varepsilon_{Ti} = \varepsilon_{Ta} = + 288{,}9 \cdot 10^{-6}$; gemessen wurde eine Dehnung von $97 \cdot 10^{-6}$.

Zusammenfassend kann man sagen, daß die Näherungstheorie von TIMOSHENKO-HEIN am Rand der Kugelschale und in einiger Entfernung davon viel zu hohe Spannungen und Verzerrungen liefert, die durch die Messung nicht einmal größenordnungsmäßig bestätigt werden. In den Bereichen, in denen die Randstörungen abgeklungen sind, also zur Bodenmitte hin, sind die Abweichungen zwischen

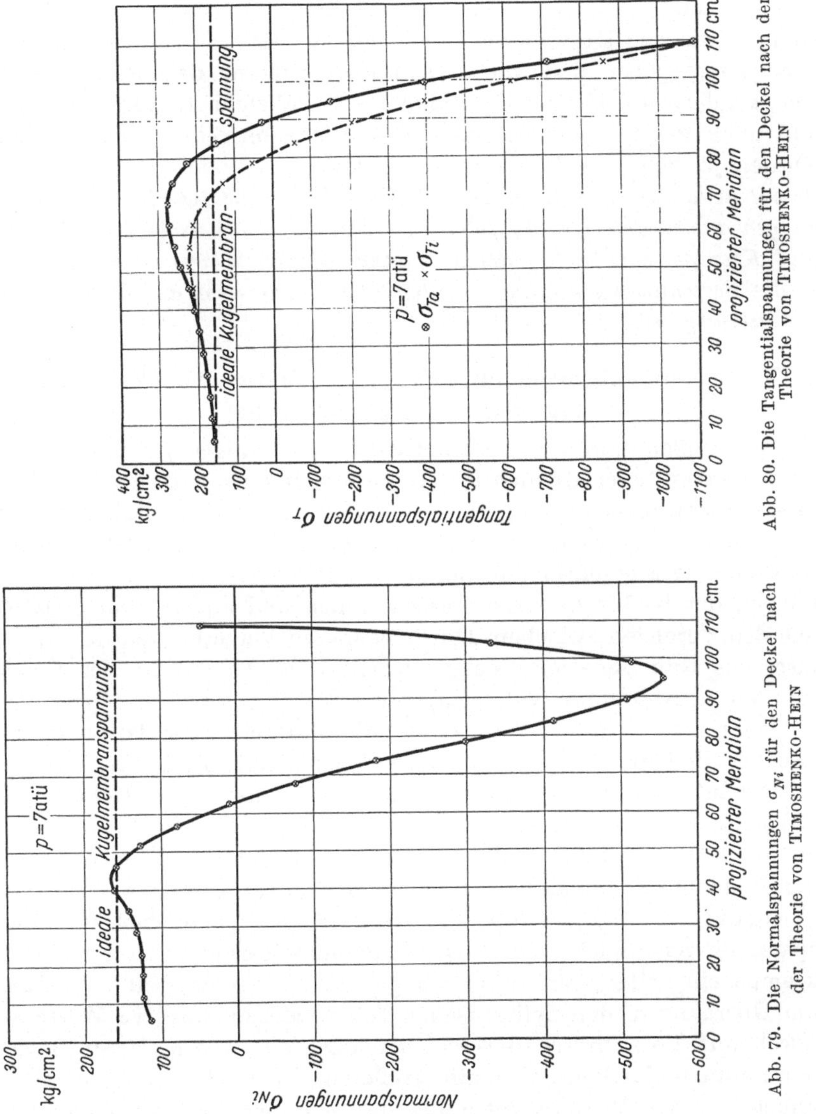

Abb. 80. Die Tangentialspannungen für den Deckel nach der Theorie von Timoshenko-Hein

Abb. 79. Die Normalspannungen σ_{Ni} für den Deckel nach der Theorie von Timoshenko-Hein

Theorie und Experiment wesentlich geringer. Dieser Befund ist nicht überraschend. *Es ist klar, daß große Spannungsspitzen entstehen müssen, wenn nur eine abgeschnittene Kugelschale betrachtet wird. Die Krempe nimmt die Spannungsspitzen auf und baut sie ab. Die Randbedingungen* (98) *entsprechen nicht dem Betriebszustand eines Tellerbodens.*

Die vorangegangenen Überlegungen, die sich auf unsere Theorie bezogen, sollten zeigen, wie man zu verfahren hat, wenn an der Schnittstelle 2 zwischen Krempe und Flanschteller *nicht die Deformationen* w_2 und χ_2 vorgegeben sind, wie dies in allen früheren Beispielen der Fall war, sondern *die Kräfte* M_2 *und* $N_2 = S_2$. Welche Randbedingungen nun auch gewählt werden mögen — die zahlreichen Möglichkeiten wurden ja weitgehend erfaßt und diskutiert — eines ist sicher: *Die Schnittstelle zwischen Krempe und Flanschteller ist für die Randbedingungen auszuwählen, nicht jedoch die Schnittstelle zwischen Kugelschale und Krempe, oder mit anderen Worten, die Deckelkrempe muß ebenso in die Berechnung einbezogen werden, wie uns dies von der Bodenkrempe her geläufig ist.*

§ 22. Zusammenfassung aller Rechenergebnisse des IV. Abschnitts
(vgl. dazu die Abb. 82 bis 84)

Wir wollen nun für den mathematisch weniger geschulten und interessierten Leser, der den IV. Abschnitt ohne Einbuße des Verständnisses überspringen kann, die Ergebnisse dieser Berechnungen kurz zusammenfassen, ohne uns mit dem Ballast der Herleitung zu beschweren. Wir beschränken uns dabei auf die Betrachtung der Spannungen der beiden *Gußeisen*-Fasern (innen und außen) und behalten uns den Vergleich zwischen den berechneten Verzerrungen der Innenfaser des Gußeisens mit den gemessenen der Außenfaser des Emails für den V. Abschnitt (vgl. § 23) vor.

Folgt man dem Verlauf der Meridianlinie des Kessels, ausgehend von der Bodenmitte, so ergibt sich das folgende Bild:

Die äußere Normalspannung (in der Meridianebene in Richtung der Tangente an die Meridianlinie) hat in Bodenmitte einen wesentlich größeren Wert als die Membranspannung, steigt bei Entfernung von der Bodenmitte allmählich zu einem flachen Maximum an, fällt am Übergang zur Bodenkrempe ab, wechselt das Vorzeichen (die Zugspannung verwandelt sich in Druckspannung), erreicht in der Bodenkrempe ein spitzes Minimum, steigt sodann wieder steil an, nimmt am Übergang in den zylindrischen Teil wiederum positive Werte an, durchläuft kurz hinter dieser Übergangsstelle abermals ein flaches Maximum und nähert sich mit größerem Abstand von dieser Stelle allmählich der Membranspannung des Zylinders. Kennzeichnend ist für den hier untersuchten Kessel, daß die von der Bodenkrempe ausgehenden Störungen in Bodenmitte noch nicht völlig abgeklungen sind, so daß der Wert der Membranspannung für die Kugel dort nicht erreicht wird.

Aus dem Verlauf der Normalspannung der *Außen*faser läßt sich leicht auf den der *Innen*faser schließen. Den Maxima der äußeren Normalspannungen entsprechen Minima der inneren und umgekehrt. So wechselt die innere Normalspannung noch im Bereich der Kugelwölbung vor der Übergangsstelle zur Krempe ihr Vorzeichen zweimal — die anfängliche Zugspannung geht in geringe Druck- und dann wieder in Zugspannung über — und erreicht im Bereich der Bodenkrempe einen Maximalwert der Zugspannung. *Dies ist die zahlenmäßig größte Spannung, die im Bereich von Bodenwölbung und -krempe überhaupt auftritt.* Auch diese große Zugspannung wird beim Übergang in den zylindrischen Teil rasch abgebaut. Kurz hinter dieser Übergangsstelle wird ein Minimum der *Zug*spannungen durchlaufen, sodann nähert sich die innere Normalspannung allmählich der Membranspannung des Zylinders.

Auch die Tangentialspannungen (senkrecht zur Meridianebene) nehmen in Bodenmitte nicht den Wert der Kugelmembranspannung an, und zwar ist die Tangentialspannung der Außenfaser des Gußeisens größer, die der Innenfaser kleiner als diese Membranspannung. Die äußere Tangentialspannung nimmt im Bereich der Bodenkrempe ein Minimum der Druckspannungen an (Vorzeichenwechsel der Spannung unmittelbar vor dem Übergang von der Bodenwölbung zur Bodenkrempe), das absolut größer und spitzer ist als das Druckspannungsminimum der inneren Tangentialspannungen. Beide Tangentialspannungen steigen bei Annäherung an den zylindrischen Teil rasch an, wechseln wiederum ihr Vorzeichen und nähern sich im unteren zylindrischen Teil der Membranspannung des Zylinders.

Wir wollen jetzt die Spannungsverhältnisse in der Nähe des Kesselflansches betrachten, die man feststellt, wenn man von der Unterkante dieses Flansches zur Mitte des zylindrischen Teiles fortschreitet. Hierbei ist es zwar zweckmäßig, Montagezustand (Wirken der Schraubenkräfte allein) und Betriebszustand (Wirken von Schraubenkräften und Innendruck) zu unterscheiden, was jedoch nichts an der Tatsache ändert, daß der Spannungs*verlauf* in beiden Fällen der gleiche ist und sich nur die absoluten Werte der entsprechenden Spannungen voneinander unterscheiden. Unter dem Einfluß der äußeren Kräfte und Momente erfährt das Flanschprofil eine solche Drehung um den Auflage*punkt* in der Mitte der Dichtung, daß der Flanschteller nach innen *gekippt* wird und sich der obere Teil der Zylinderschale aufweitet.

Bei unserem 6000 l-Kessel hat die äußere Normalspannung an der Flanschunterkante ihren größten Wert. Diese Spannung ist mit etwa 600 kg/cm² die größte der am Kessel unter 7 atü Innendruck überhaupt auftretenden Spannungen. Von diesem größten Wert der Zugspannung aus nimmt die äußere Normalspannung beim Fortschreiten zur Mitte des zylindrischen Teiles hin ab und unterschreitet schon etwa 28 cm unterhalb der Flanschunterkante die Membranspannung des Zylinders (für den Fall des Betriebszustandes). Die Innenfaser des Gußeisens steht in der Nähe der Flanschunterkante unter Druckspannung; die größte Druckspannung herrscht unmittelbar an der Flanschunterkante. Etwa 28 cm unterhalb der Flanschunterkante überschreitet die innere Normalspannung die Membranspannung des Zylinders (für den Fall des Betriebszustandes). Daß die Normalspannungen an der Flanschunterkante absolut genommen ihren Größtwert annehmen, ist ein Kennzeichen der geometrischen Verhältnisse des vorliegenden Kesselflansches. Bei kürzerem konischen Übergangsteil wandert diese Stelle maximaler Spannung an den Übergang vom konischen zum zylindrischen Teil. An der Flanschunterkante steht die Außenfaser des Gußeisens tangential unter Zug, die Innenfaser unter Druck. Beide Tangentialspannungen nehmen beim Fortschreiten zur Zylindermitte hin zu (die innere Tangentialspannung wechselt schon etwa 4 cm unterhalb der Flanschunterkante ihr Vorzeichen), durchschreiten ein flaches Maximum und nähern sich allmählich der Membranspannung des Zylinders.

Für den Montagezustand (Beanspruchung durch die Schraubenkräfte allein) ist der *Verlauf* sämtlicher Spannungen, wie oben schon erwähnt, der gleiche. Die Spannungen an der Flanschunterkante sind etwa 5 mal kleiner als im Betriebszustand.

Für die obere Faser des Flanschtellers wurden Radial- und Tangentialspannung von Mitte Dichtung bis Mitte Lochkreis berechnet. Die obere Faser des Kesselflanschtellers steht radial und tangential unter Druckspannung, und zwar nimmt die Radialspannung von ihrem kleinsten Wert (der größten Druckspannung entsprechend) in der Mitte der Dichtung beim radialen Fortschreiten zur Mitte des Lochkreises hin linear stark zu und wechselt beinahe unmittelbar vor der Lochkreismitte ihr Vorzeichen. Gegenüber dieser starken Zunahme der Radialspannung zeigt die Tangentialspannung bei Annäherung an die Lochkreismitte nur eine mäßige lineare Zunahme, so daß der ganze Ring zwischen Dichtungs- und Lochkreismitte tangential unter nicht allzu verschiedenen Druckspannungen steht.

Bei der Erörterung der im Deckel auftretenden Spannungen ist es zweckmäßig, den Bereich in der unmittelbaren Nähe des zentralen Durchbruches gesondert zu betrachten. Die Spannungen in diesem Bereich werden nicht von den Randbedingungen an der Deckelkrempe beeinflußt, weil die durch die Krempe hervorgerufenen Störungen zwar bis etwa zur Mitte der Deckelwölbung ausstrahlen, aber nicht das Gebiet um den zentralen Durchbruch erreichen. Innere und äußere Normalspannung sind unmittelbar am Rande des zentralen

Durchbruches vernachlässigbar klein, was daher kommt, daß hier sowohl das Biegemoment in der Meridianebene als auch die Kraft senkrecht zur Rotationsachse verschwinden. Beide Normalspannungen steigen, sobald man vom Rande des zentralen Durchbruches radial nach außen fortschreitet, stark an und werden aber nun in ihrem *weiteren* Verlauf durch die Störungen, die von der Deckelkrempe ausgehen, beeinflußt. Tangential steht der Rand des zentralen Durchbruches innen und außen unter großer Zugspannung. Die äußere Tangentialspannung ist dort nicht gleich der inneren Tangentialspannung, sondern wesentlich größer (fast doppelt so groß). Mit etwa 500 kg/cm^2 ist dies die größte am gesamten Kessel überhaupt auftretende Tangentialspannung. Beim Fortschreiten radial nach außen fallen die Tangentialspannungen in ähnlicher Weise steil ab wie die Normalspannungen ansteigen.

Der Spannungsverlauf in der Deckelkrempe und ihrer Nähe bis zur Deckelmitte hin ist in erster Linie von den Randbedingungen abhängig, die am Übergang von der Krempe in den Deckelflanschteller vorgegeben sind. Insbesondere kommt es hier auf die Neigungsänderung, also den Drehwinkel der Meridiantangente, und die radiale Verschiebung an. Je nach den vorgegebenen Randbedingungen kann man für die Normalspannungen zwei grundlegend verschiedene Arten von Spannungsverläufen unterscheiden:

1. Den SCHWAIGERERschen Spannungsverlauf beim radial starren Flansch: Steiles Zugspannungsmaximum außen in dem unmittelbar an die Krempe anschließenden Teil der Deckelwölbung (entsprechend steiles Druckspannungsminimum innen) und Vorzeichenwechsel der Spannungen in der Deckelkrempe.

2. Den SCHULZschen Spannungsverlauf beim radial nachgiebigen Flansch: Sehr steiles Druckspannungsminimum außen in der Deckelkrempe (entsprechend sehr steiles Zugspannungsmaximum innen), wesentlich flacheres Zugspannungsmaximum im anschließenden Teil der Deckelwölbung.

Es scheint, daß der Deckel des vorliegenden 6000 l-Kessels mehr einen SCHWAIGERERschen Spannungsverlauf zeigt.

Beim SCHWAIGERERschen Spannungsverlauf *pendeln* die äußeren Normalspannungen im mittleren Bereich der Deckelwölbung zwischen Krempe und zentralem Durchbruch um den Wert der Kugelmembranspannung, die inneren Normalspannungen überschreiten diesen Wert nur einmal und nehmen dann zum zentralen Durchbruch hin stark ab.

Beim SCHULZschen Spannungsverlauf erreichen die äußeren Normalspannungen in diesem mittleren Bereich ein Maximum, dessen Wert über dem der Kugelmembranspannung liegt, während die inneren Normalspannungen bis zum zentralen Durchbruch monoton abnehmen.

V. Vergleich zwischen Messung und Berechnung
(Zusammenfassung aller Ergebnisse und Schlußfolgerungen)

Hatten wir im III. Abschnitt die Messungen ohne Kenntnis oder Berücksichtigung der Theorie ausgewertet und im IV. Abschnitt die Theorie nach den Gesetzmäßigkeiten der Festigkeitslehre ohne Ansehen der Messungen entwickelt oder dargelegt, so soll in diesem Abschnitt aus alledem die Nutzanwendung gezogen werden, hier sollen nämlich Messung und Berechnung verglichen werden, hier soll die im Vordergrund der Betrachtung stehende Frage beantwortet werden, wie sich die Dehnung der Innenfaser des Trägerwerkstoffes (Gußeisen) zur Dehnung der Faser des Schutzwerkstoffes (Email) verhält, hier soll versucht werden, einige Ratschläge für die geeignetere Formgebung von emaillierten Kesseln zu geben, hier sollen endlich auch die Vorspannungen, unter denen das Email stehen muß, berechnet werden. Oft wird man gefragt, ob die Spannungen, die man auf der Außenhaut des Emails festgestellt hat, gleich den Spannungen auf der Innenhaut des *Emails* sind. Ist die Wandstärke des Emails klein gegenüber der Wandstärke des Trägerwerkstoffes, so ist das für biegebeanspruchte Schalen der Fall. Das folgt leicht aus der Festigkeitslehre, soll aber hier der Vollständigkeit halber noch einmal bewiesen werden.

§ 23. Vergleich der gemessenen Verzerrungen der Außenfaser des Emails mit den berechneten der Innenfaser des Gußeisens

Da in den einzelnen Paragraphen des IV. Abschnittes, insbesondere bei der Betrachtung des Überganges zum Kesselflansch und des Deckels, verschiedene Theorien zum Vergleich einander gegenübergestellt wurden, bedarf es hier der Erläuterung, welche Theorien zur Berechnung der Verzerrungen der Gußeisenfaser herangezogen wurden.

Alle Angaben beziehen sich zunächst auf den Betriebszustand, Innendruck $p = 7$ atü.

Für den Übergang zum Kesselflansch wurde die Theorie von W. Müller herangezogen (vgl. Abschn. IV, § 20 und Tab. 16).

Für den Deckel wurde die eigene Theorie zugrunde gelegt mit den Randbedingungen:

Zentraler Durchbruch; $S_0 = +461{,}7$ kg/cm, $M_0 = -653{,}8$ cm kg/cm (vgl. Abschn. IV, § 21 und Lösung der 9. Aufgabe). Als elastische Materialkonstanten wurden gewählt:

$$E \text{ (Gußeisen)} = 0{,}53 \cdot 10^6 \text{ kg/cm}^2$$
$$\nu \text{ (Gußeisen)} = 0{,}174$$

Wir wollen im folgenden annehmen, daß die Auswertung der Messungen völlig eindeutig ist, und daß die *gewählten* Theorien exakte

Berechnungsgrundlagen darstellen. Es ist im III. Abschnitt genügend klargelegt worden, welche *Schwierigkeiten* bei der Auswertung der Messungen bestehen und welche *Ungewißheiten* bei der Wahl der elastischen Materialkonstanten infolge der Inhomogenität des Gußeisens obwalten, ferner sind im IV. Abschnitt die mannigfachen Möglichkeiten der Spannungsberechnung erörtert worden. Der Leser, der sich für eine solche, *sehr kritische* Sichtung interessiert, sei auf diese Abschnitte verwiesen. Hier müssen wir aber nun sowohl einen festen experimentellen als auch theoretischen Standpunkt beziehen, um für den Vergleich eine sichere Grundlage zu haben. Die oben genannten Voraussetzungen erfüllen diese Bedingung.

Der Vergleich der oben angegebenen Verzerrungen läßt sich am einfachsten an Hand der Abb. 81 bis 84 durchführen.

In allen diesen Abbildungen ist auf der Abszissenachse die Länge des abgewickelten Meridians (in cm) abgetragen worden. Hatten wir früher die Länge des auf den Kesseldurchmesser projizierten Meridians auf der Abszissenachse abgetragen, so ist hier demgegenüber die Länge des abgewickelten Meridians herangezogen worden, um die starken Verkürzungen in den Krempen zu vermeiden. Zunächst wurde der Kessel in der Reihenfolge:

Boden– Bodenkrempe – Zylindrischer Teil – Übergang zum Kesselflansch – Flanschunterkante – Flanschaußenkante abgewickelt.

Beim Deckel erfolgte die Abwicklung ebenfalls vom Flansch her in der Reihenfolge:

Flanschaußenkante – Wölbung – Mitteldurchbruch.

Da die Wandstärken des als Beispiel gewählten Kessels und Deckels sehr unterschiedlich sind, wurden diese Maße in Abb. 81 eingezeichnet. Abb. 82 zeigt die gesamten axialen Verzerrungen der Innenfaser des Gußeisens ε_{Ni}^{*} (ausgezogene Kurve) und der Emailfaser (gestrichelte Kurve). In Abb. 83 sind die gesamten axialen Verzerrungen der Außenfaser des Gußeisens ε_{Na}^{*} dargestellt und in Abb. 84 die gesamten tangentialen Verzerrungen ε_{Ta}, ε_{Ti} und $\bar{\varepsilon}_{T}$. Da sich die exakten Normalverzerrungen ε_{N} nicht sehr viel von den Normalverzerrungen ε_{N}^{*} unterscheiden, konnten wir uns mit der Auftragung dieser Werte begnügen. Abb. 82 zeigt, daß die axialen Verzerrungen der Innenfaser des Gußeisens beim *Kessel* nur in der Krempe stark von den axialen Verzerrungen des Emails abweichen, an allen anderen Stellen ist die Übereinstimmung einigermaßen befriedigend. *In der Kesselkrempe ist die Emailfaser der großen Dehnung der Gußeiseninnenfaser nicht gefolgt.* Man könnte wiederum versuchen, die Theorie für diese fehlende Übereinstimmung verantwortlich zu machen, allein ein Blick auf Abb. 83 (äußere axiale Verzerrungen) lehrt, daß gerade im Bereich der Krempe *außen* Messung und Rechnung sehr gut übereinstimmen. Der Schluß, daß die nach der Theorie errechneten Spannungsspitzen in Wirklichkeit abgebaut werden, also nicht auftreten, trifft daher nicht zu.

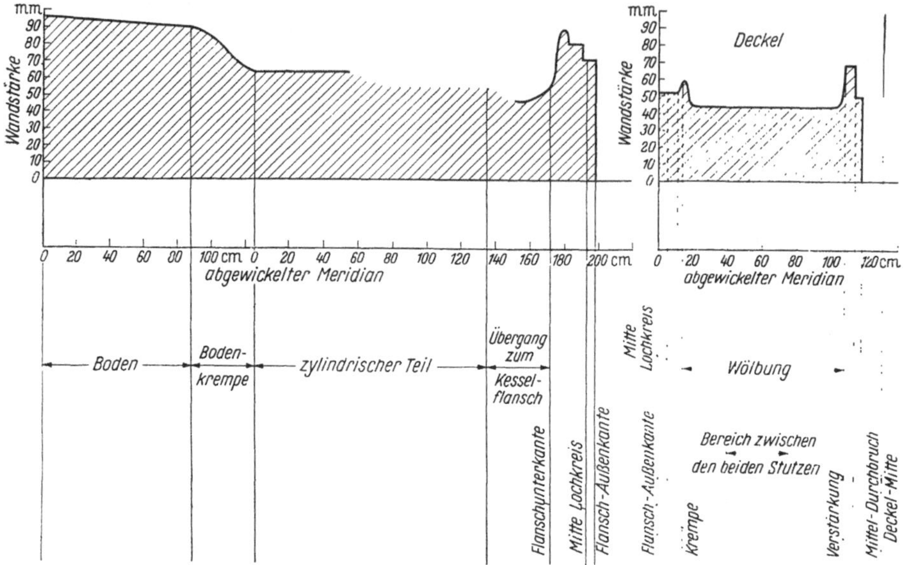

Abb. 81. Die Wandstärken von Kessel und Deckel

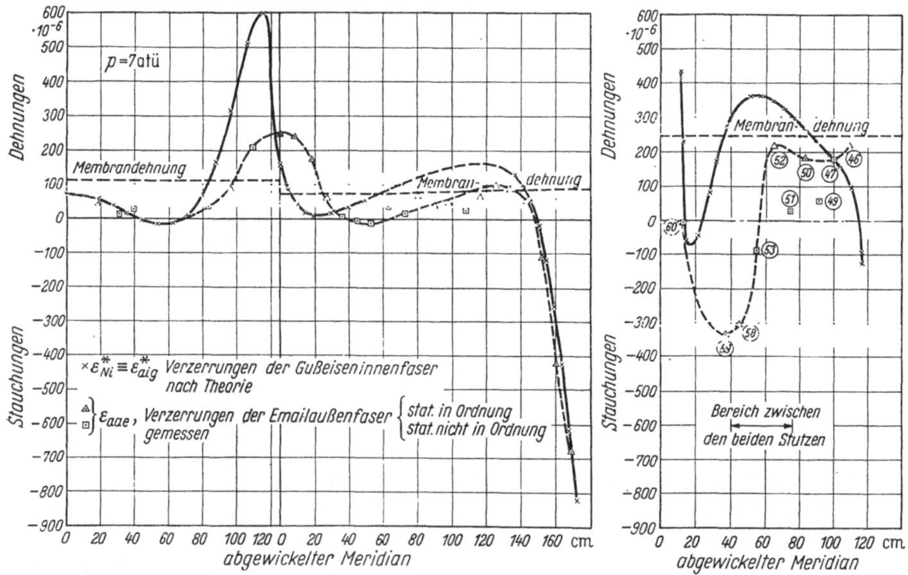

Abb. 82. Die gesamten axialen Verzerrungen (Innen) Vergleich zwischen gemessenen Email- und berechneten Gußeisenverzerrungen. Innendruck $p = 7$ atü

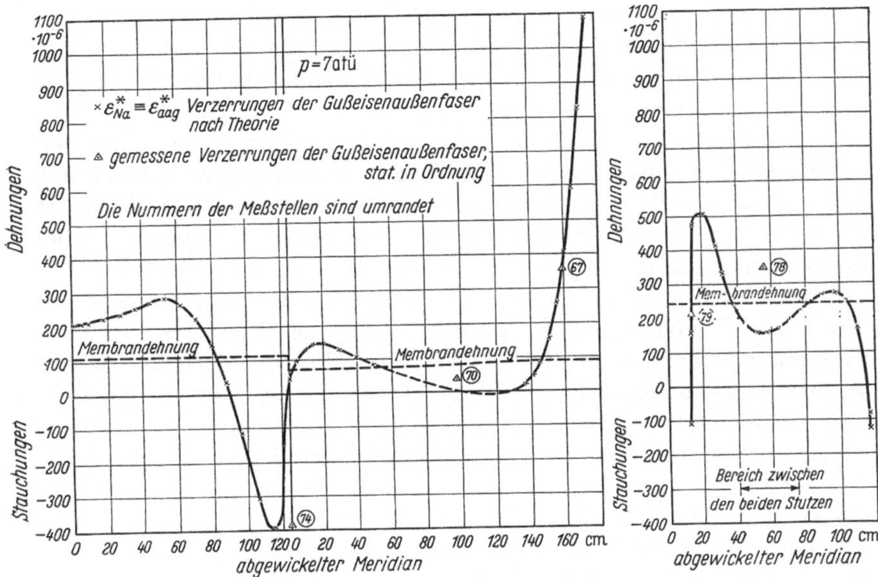

Abb. 83. Die gesamten äußeren axialen Verzerrungen (Innendruck)

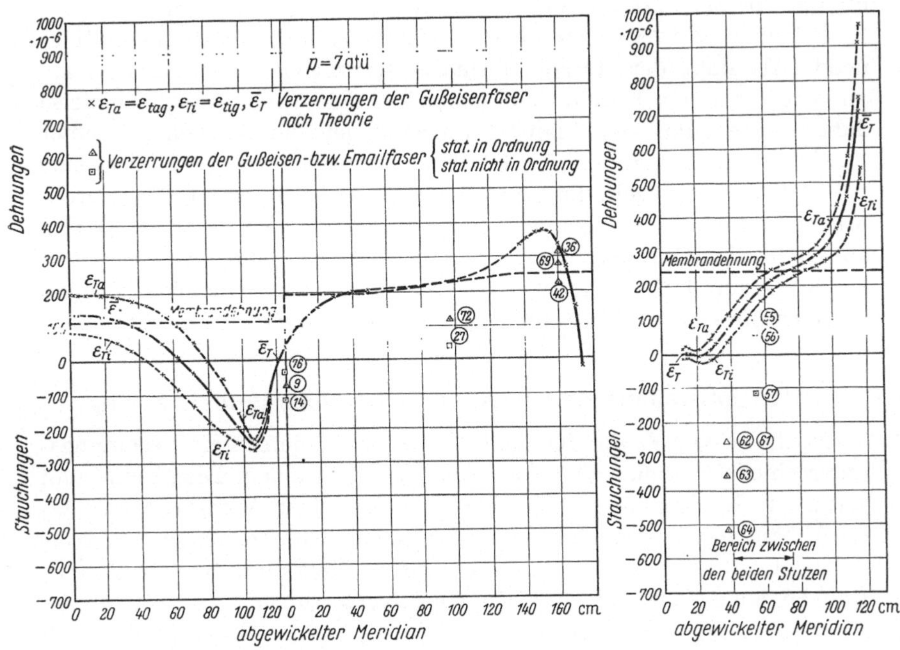

Abb. 84. Die gesamten tangentialen Verzerrungen (Innendruck)

Der *allgemeine* Verlauf der axialen Verzerrungen der Innenfaser des Gußeisens ist beim Deckel dem der axialen Verzerrungen der Emailfaser ähnlich. Die absoluten Werte beider Verzerrungen sind aber, insbesondere im Bereich der nichtzentralen Stutzen, recht verschieden. Es fällt vor allem auf, daß an den gleichen Stellen, an denen die Gußeiseninnenfaser unter Zug steht, die Emailfaser beträchtlich gedrückt wird. Die gemessenen und die berechneten äußeren axialen Verzerrungen stimmen nach Abb. 83 gut miteinander überein, außer im Bereich zwischen den beiden nichtzentralen Stutzen des Deckels. Die *tangentialen Verzerrungen* sind am Deckel im Bereich zwischen Krempe und nichtzentralen Stutzen je nach der Lage des Meridians sehr unterschiedlich, wie die Meßwerte in Abb. 84 zeigen, am Kessel weichen Meß- und Rechenwerte im Bereich der Krempe und des Flanschüberganges kaum voneinander ab.

Zusammenfassend kann man sagen, daß sich die Verzerrungen der Innenfaser des Gußeisens hauptsächlich in der Kesselkrempe und am Deckel zwischen Krempe und nichtzentralen Stutzen von den Verzerrungen der Emailfaser unterscheiden. Die Abweichungen zwischen Messung und Rechnung beim Deckel lassen die Vermutung aufkommen, daß zumindest für unseren hier untersuchten 6000 l-Kessel die gegenseitige Beeinflussung von zentralem Durchbruch und Deckelkrempe im *mittleren* Bereich nicht unbedingt gegeben sein braucht. Es fällt in Abb. 82 wie auch früher in Abb. 65 auf, daß die kennzeichnende Abnahme der inneren Normalverzerrungen ε_{Ni}^{*} bei Annäherung an den zentralen Durchbruch ausbleibt. Dies kann möglicherweise daher rühren, daß der Flansch am zentralen Durchbruch mit einer Stärke von 67 mm zu einer wesentlichen Verstärkung der Kugelschale beiträgt und dadurch die Ausstrahlung der vom Rand des Durchbruches ausgehenden Störungen derart vermindert wird, daß der Deckel außerhalb des Durchbruchflansches als nicht durchbrochen angesehen werden kann. Dafür spricht z. B. die relativ gute Übereinstimmung zwischen Messung und Rechnung bei Außerachtlassen des Durchbruches.

§ 24. Aufstellung und Diskussion des Diagramms $\Delta\varepsilon - \varepsilon_{ig}$

Noch besser als in den Abb. 82 bis 84 kommen die Dehnungsunterschiede zwischen Gußeisen und Email in einem Diagramm zum Ausdruck, in dem der Unterschied der jeweiligen Verzerrungen, $\Delta\varepsilon$, in Abhängigkeit von der entsprechenden Gußeisenverzerrung aufgetragen wird. Abb. 85 zeigt ein solches Diagramm für die Axial-, Abb. 86 ein solches für die Tangentialverzerrungen. In Abb. 85 ist $\Delta\varepsilon = \varepsilon_{aig}^{*} - \varepsilon_{aae}$, in Abb. 86 ist $\Delta\varepsilon = \varepsilon_{tig} - \varepsilon_{tae}$. Es empfiehlt sich zunächst eine allgemeine Diskussion des Diagramms. Die Abszissenachse ist die Linie, für die Email- und Gußeisenverzerrung übereinstimmen ($\varepsilon^*_{aig} = \varepsilon_{aae}$). Die Winkelhalbierende des 1. und 3. Quadranten bezeichnet die Linie, für die die Emailverzerrungen Null sind

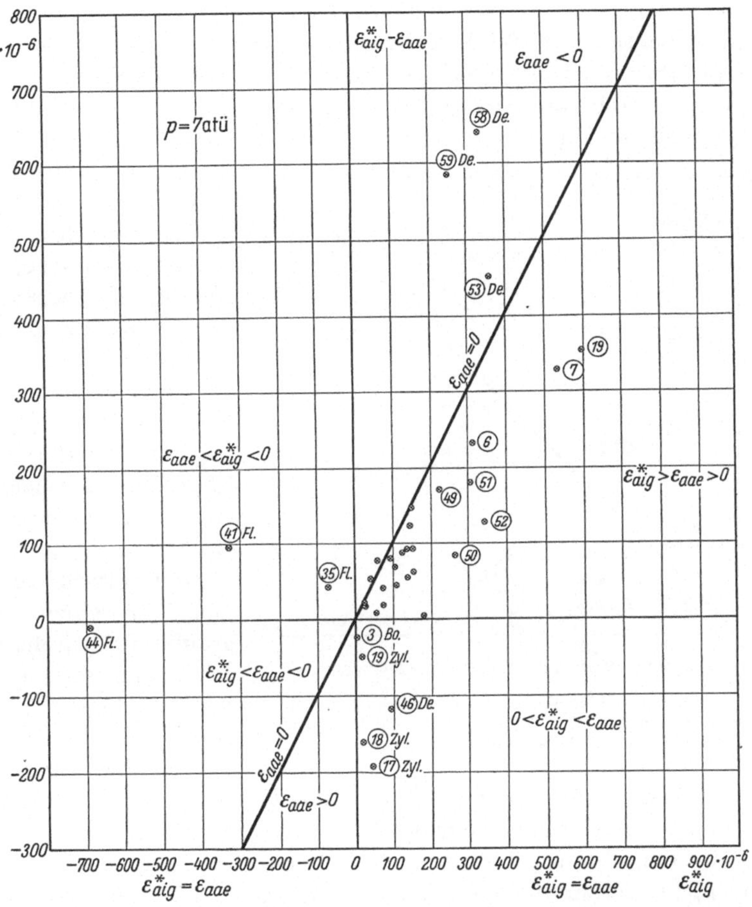

Abb. 85. Abhängigkeit des Dehnungsunterschiedes zwischen Gußeisen und Email $\Delta\varepsilon_a = \varepsilon^*_{aig} - \varepsilon_{aae}$ von den Normal-Verzerrungen der Innenfaser des Gußeisens ε_{aig}

($\varepsilon_{aae} = 0$). In dem zwischen positiver Abszissenachse und Winkelhalbierender des 1. Quadranten liegenden *Zweiseit* dehnt sich das Email ($\varepsilon_{aae} > 0$), aber das Gußeisen dehnt sich stärker aus ($\varepsilon^*_{aig} > \varepsilon_{aae}$). Das andere *Zweiseit* des 1. Quadranten zwischen positiver Ordinatenachse und Winkelhalbierender ist der Bereich, in dem die Emailfaser gestaucht wird ($\varepsilon_{aae} < 0$). Wir nennen dieses Gebiet *Verbotene Zone*. Denn wenn bei der gleichen Belastung die Gußeiseninnenfaser unter

Zug, die Emailfaser aber unter Druck steht, dann ist die Gefahr für das Abplatzen des Emails besonders groß. Der 2. Quadrant stellt das Gebiet dar, in dem beide Fasern gestaucht werden ($\varepsilon^*_{aig} < 0$; $\varepsilon_{aae} < 0$), aber die Emailfaser stärker als die Innenfaser des Gußeisens ($\varepsilon_{aae} < \varepsilon^*_{aig}$). Auch in dem einen *Zweiseit* des 3. Quadranten zwischen negativer Abszissenachse und Winkelhalbierender werden beide Fasern gestaucht, aber die Innenfaser des Gußeisens stärker als die Emailfaser ($\varepsilon^*_{aig} < \varepsilon_{aae}$). Das andere *Zweiseit* des 3. Quadranten zwischen Winkelhalbierender und negativer Ordinatenachse stellt die zweite *Verbotene Zone* dar, denn in diesem Gebiet wird die Innenfaser des Gußeisens gestaucht, die Emailfaser aber gezogen ($\varepsilon_{aae} > 0$). Im 4. Quadranten schließlich sind die Verzerrungen beider Fasern positiv ($\varepsilon^*_{aig} > 0$; $\varepsilon_{aae} > 0$), aber die Emailfaser dehnt sich mehr aus als die Innenfaser des Gußeisens ($\varepsilon_{aae} > \varepsilon^*_{aig}$).

Wir fassen zusammen: In einem Diagramm, in dem die Verzerrungsunterschiede in Abhängigkeit von den entsprechenden Verzerrungen der Innenfaser

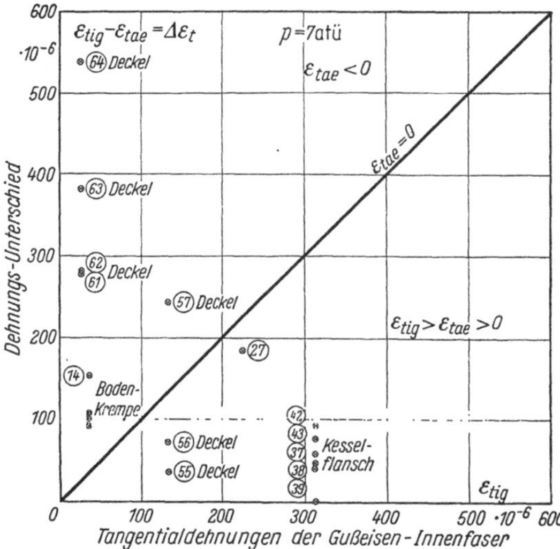

Abb. 86. Abhängigkeit des Dehnungsunterschiedes zwischen Gußeisen und Email $\Delta \varepsilon_t = \varepsilon_{tig} - \varepsilon_{tae}$ von den Tangential-Verzerrungen der Innenfaser des Gußeisens ε_{tig}

des Gußeisens aufgetragen werden, ist das Gebiet zwischen Ordinatenachse und Winkelhalbierender des 1. und 3. Quadranten eine *Verbotene Zone* in dem Sinne, daß hier keine Versuchspunkte liegen dürfen, wenn nicht Gefahr für das Abplatzen des Emails bestehen soll; denn in dieser Zone sind die Verzerrungen der beiden genannten Fasern gegenläufig. Auf der Winkelhalbierenden des 1. und 3. Quadranten liegen alle Versuchspunkte, für die die Dehnung (bzw. Stauchung) der Emailfaser verschwindet, für die Abszissenachse sind die Verzerrungen der Innenfaser des Gußeisens und der Emailfaser gleich.

Betrachten wir nun die Lage unserer Versuchspunkte für die axialen Verzerrungen in Abb. 85. Man sieht auf den ersten Blick, daß die meisten Versuchspunkte im *Zweiseit* zwischen der positiven Abszissenachse und der Winkelhalbierenden des 1. Quadranten liegen, daß also für die meisten Punkte beide Fasern gedehnt werden, jedoch die Innenfaser des Gußeisens stärker als die Emailfaser [von insgesamt 36 Versuchspunkten liegen 23 (= 63,9%) in dem genannten Bereich]. Nur für wenige Punkte sind die Dehnungen der beiden Fasern etwa einander gleich (höchstens 2 Punkte). 5 Punkte liegen in unmittelbarer Nähe der Winkelhalbierenden des 1. Quadranten, diese bezeichnen also einen Zustand für den die Dehnung der Emailfaser verschwindet. 5 Punkte (= 13,89%) liegen in der *Verbotenen Zone* des 1. Quadranten, jedoch nur 3 Punkte tief im Innern dieser Zone. Diese Versuchspunkte entsprechen den Meßstellen (53), (58) und (59) am Deckel (vgl. Abb. 30 und 31), die zwischen den beiden nichtzentralen Stutzen liegen. Wenn man die Richtigkeit der hier allerdings nicht strengen Theorie voraussetzt, wird man die Emaillierung dieses Bereiches als besonders gefährdet anzusehen haben. Im 2. Quadranten liegen nur 2 Versuchspunkte (5,55%), die dem Übergangsbereich zwischen zylindrischem Teil und Kesselflansch entsprechen [Meßstelle (35) und (41), vgl. Abb. 31]. Hier wird also die Emailfaser stärker gestaucht als die Innenfaser des Gußeisens. Im 3. Quadranten liegt nur ein Versuchspunkt nahe der negativen Abszissenachse [Meßstelle (44), etwa 30 mm unterhalb der Unterkante des Kesselflansches]. Die *Verbotene Zone* des 3. Quadranten ist frei von Versuchspunkten. Im 4. Quadranten liegen 5 Versuchspunkte (= 13,89%), die Meßstellen an verschiedenen Teilen des Kessels und Deckels entsprechen; allein 3 Punkte beziehen sich auf Meßstellen am zylindrischen Kesselteil. Hier dehnt sich also die Emailfaser stärker als die Innenfaser des Gußeisens.

Für ein ähnliches Diagramm der *tangentialen* Verzerrungen (vgl. Abb. 86) benötigt man nur den 1. Quadranten, da die Innenfaser des Gußeisens nur tangentiale *Dehnungen* erfährt und da die Dehnung der Innenfaser des Gußeisens tangential stets größer als die entsprechende Verzerrung der Emailfaser ist. Abb. 86 zeigt, daß von 20 Versuchspunkten 11 in der *Verbotenen Zone* liegen, während für die anderen 9 die Dehnung der Innenfaser des Gußeisens größer als die Dehnung der Emailfaser ist. Man wird daraus nicht ohne weiteres auf eine größere Gefährdung der Emailfaser in tangentialer als in axialer Richtung schließen dürfen, da eine ganze Reihe gemessener Tangentialverzerrungen gleichartig ist, d. h. in der gleichen Horizontalebene liegt (vgl. Abb. 30). Immerhin scheint auch hier, bei der Betrachtung der tangentialen Verzerrungen, die Emaillierung in der Nachbarschaft der nichtzentralen Stutzen des Deckels gefährdet zu sein, jedenfalls wesentlich mehr als in der Bodenkrempe. Dieser Sachverhalt ändert sich auch nicht grundsätzlich, wenn man die Tangentialverzerrungen des nichtdurchbrochenen Deckels zugrunde legt, obwohl der Gesamt-*verlauf* der berechneten und gemessenen Verzerrungen dann besser übereinstimmt, weil die Tangentialverzerrungen in dem an die Krempe anschließenden Teil der Kugelwölbung steil ansteigen.

Man kann zusammenfassend sagen, daß die Verzerrungsunterschiede zwischen der Innenfaser des Gußeisens und der Emailfaser mit Ausnahme der Deckelpartien in der Nachbarschaft der nichtzentralen Stutzen keine besondere Gefährdung der Emaillierung bei der gleichen Belastung unter einem Innendruck von 7 atü erkennen lassen.

§ 25. Berechnung der Vorspannungen (Eigenspannungen) des Emails

Wir haben in § 11 auf die wohlbekannte Tatsache hingewiesen, daß die Druckfestigkeit des Emails sehr viel höher als die Zerreißfestigkeit ist. Um nun ein Abplatzen des Emails an den Stellen zu verhindern, an denen es im Betriebszustand unter größere Zugspannung kommt (z. B. im Bereich der Kesselkrempe; vgl. Abb. 82) gibt man dem Email während des Aufbrennvorganges durch geeignete Bemessung seines thermischen Ausdehnungskoeffizienten im Verhältnis zu dem des Trägerwerkstoffes eine genügend große, aber nicht zu große Druckvorspannung. Die Größe dieser Vorspannung ist von entscheidender Bedeutung für das Haftverhalten des Emails, mitunter sogar wichtiger als die Lastspannung im Betriebszustand. Da es unmöglich ist, nur auf Grund der Lastspannungen Aussagen über das Haftverhalten des Emails zu machen, ist eine Berechnung und Diskussion der Vorspannung unerläßlich. Nun erscheint nichts einfacher als dieses. Aber schon DIETZEL und MEURES [48] weisen nachdrücklich darauf hin, daß „eine *genaue* Angabe des Ausdehnungskoeffizienten (AK) zur Vermeidung von Mißverständnissen und besonders dann, wenn man damit rechnen will, unerläßlich ist, und daß man mit dem Ausdehnungskoeffizienten etwas leichtfertig umgegangen ist". Man muß sich erst einmal darüber klarwerden, welchen AK man im einzelnen Fall meint. Dies haben wir in § 8 getan. Wir haben dabei größten Wert auf die möglichst genaue Ermittlung der einzelnen mittleren thermischen Ausdehnungskoeffizienten im Temperaturintervall von 20 bis 500° C gelegt, da nur bei genauer Kenntnis der Einzelwerte deren Differenz, die ja in die Gleichung für die Vorspannung eingeht, einigermaßen verläßlich zu ermitteln ist. Nun sind die Vorspannungen bei einem Problem wie dem unserigen in jedermanns Munde, auch alle einschlägigen Aufsätze und Veröffentlichungen bringen die Gleichung der Vorspannung; trotzdem erscheint es uns vernünftig, die vielerlei Methoden zur Berechnung der Vorspannungen hier einmal zusammenzustellen. Es wird sich dabei nichts überraschend Neues ergeben, im Gegenteil alle Methoden werden zu fast dem gleichen Ergebnis führen, aber auf diese Weise soll dem Leser die Möglichkeit geboten werden, das gleiche Problem von verschiedenen Seiten zu sehen. Sind die Formeln für die Vorspannungen einmal angeschrieben, so ist es mit den thermischen Materialkonstanten von § 8 und 10 ein leichtes, die numerischen Werte zu berechnen.

Wir wollen uns zunächst einer Methode zuwenden, die sich, ganz ähnlich wie die Schalentheorie, der inneren Kräfte und der uns geläufigen Bezeichnungen bedient. Wir nehmen zunächst an, daß der mittlere lineare, thermische Ausdehnungskoeffizient in einem bestimmten Temperaturintervall (über das wir erst später verfügen wollen) für Gußeisen größer ist als für Email. Beim Abkühlen zieht sich also das Gußeisen stärker zusammen als das Email, das Gußeisen kommt unter Zug-, das Email unter Druckvorspannung. Durch die ungleiche Verkürzung von Gußeisen und Email werden im Gußeisen und Email axial und tangential *Reaktionskräfte* hervorgerufen. Wir bezeichnen nun die auf die Längeneinheit des Berührungskreises von Gußeisen und Email bezogene Tangentialkraft mit T, die bezogene Axialkraft mit N (vgl. § 17). Ferner nehmen wir an, daß der Kessel dünnwandig ist (was ja in unserem Falle zutrifft), d. h., daß die Wandstärke des Kessels klein im Vergleich zu seinem Durchmesser ist. Die beiden Reaktionskräfte T und N sind zunächst unbekannt, können aber aus den beiden Gleichungen für das Verzerrungsgleichgewicht der axialen und der tangentialen Berührungsfaser bestimmt werden. Es müssen die folgenden Bedingungen erfüllt sein:

Allgemein:

Gesamtdehnung der Gußeisenfaser = Gesamtdehnung der Emailfaser

und im einzelnen:

$$-\alpha_g \Delta t + \frac{T}{s_g E_g} - \frac{v_g}{s_g E_g} N = -\alpha_e \Delta t - \frac{T}{s_e E_e} + \frac{v_e}{s_e E_e} N \qquad (101)$$

für die tangentiale Faser und

$$-\alpha_g \Delta t + \frac{N}{s_g E_g} - \frac{v_g}{s_g E_g} T = -\alpha_e \Delta t - \frac{N}{s_e E_e} + \frac{v_e}{s_e E_e} T \qquad (102)$$

für die axiale Faser.

Hierbei bedeutet:

Δt das Abkühlungsintervall in °C
s die Wandstärke in cm
E der Elastizitätsmodul in kg/cm²
v die Querkontraktionszahl
α der mittlere lineare thermische Ausdehnungskoeffizient in $(\text{grad})^{-1}$

Der Index e bezieht sich auf Email, der Index g auf Gußeisen.

Wir wollen einmal die Bedeutung der Symbole für Gl. (101) durchgehen! Für Gl. (102) gilt mutatis mutandis das gleiche.

Der Ausdruck $\alpha_g \, \Delta t$ erhält ein negatives Vorzeichen, da das Gußeisen sich abkühlt; die dadurch im Gußeisen ausgelösten Reaktionskräfte sind hingegen positiv und verursachen die tangentiale Dehnung
$+ \dfrac{T}{s_g E_g}$ und die axiale Stauchung $- \dfrac{v_g}{s_g E_g} \, N$. Auf der rechten Seite
von Gl. (101) erscheint auch $\alpha_e \, \Delta t$ mit negativem Vorzeichen, da das
Email sich ebenfalls abkühlt. Die Reaktionskräfte im Email sind jedoch ebenfalls negativ und verursachen die Stauchung $- \dfrac{T}{s_e E_e}$ und
die Dehnung $+ \dfrac{v_e}{s_e E_e} \, N$.

Faßt man die beiden Seiten der Gln. (101) und (102) jeweils zusammen, so erhält man:

$$\left(\frac{1}{s_g E_g} + \frac{1}{s_e E_e} \right) T - \left(\frac{v_g}{s_g E_g} + \frac{v_e}{s_e E_e} \right) N = (\alpha_g - \alpha_e) \, \Delta t$$

$$- \left(\frac{v_g}{s_g E_g} + \frac{v_e}{s_e E_e} \right) T + \left(\frac{1}{s_g E_g} + \frac{1}{s_e E_e} \right) N = (\alpha_g - \alpha_e) \, \Delta t$$

Dieses Gleichungssystem ist nur für $N = T$ zu lösen. Dann ergibt
sich:

$$\left(\frac{1 - v_g}{s_g E_g} + \frac{1 - v_e}{s_e E_e} \right) T = (\alpha_g - \alpha_e) \, \Delta t$$

$$\boxed{N = T = \frac{(\alpha_g - \alpha_e) \, \Delta t}{\dfrac{1 - v_g}{s_g E_g} + \dfrac{1 - v_e}{s_e E_e}}} \tag{103}$$

Axiale und tangentiale Reaktionskraft sind somit gleich, also auch
axiale und tangentiale Vorspannung und Verzerrung. Wir können uns
daher die Indizes a und t sparen und kommen mit den Indizes e und g
für die Werkstoffe aus. Als Endergebnis erhält man für die Verzerrungen:

$$\boxed{\begin{aligned}
\varepsilon_e &= - \frac{1 - v_e}{s_e E_e} \, T = - \frac{(\alpha_g - \alpha_e) \, \Delta t}{1 + \dfrac{1 - v_g}{1 - v_e} \cdot \dfrac{s_e E_e}{s_g E_g}} \\[2em]
\varepsilon_g &= \frac{1 - v_g}{s_g E_g} \, T = \frac{(\alpha_g - \alpha_e) \, \Delta t}{1 + \dfrac{1 - v_e}{1 - v_g} \cdot \dfrac{s_g E_g}{s_e E_e}}
\end{aligned}} \tag{104}$$

Einen ähnlichen Formelausdruck gewinnt man, wenn man den
Anpreßdruck p_v berechnet, unter dem eine innere Emailhülse steht,
wenn sich die sie umgebende gußeiserne Hülse beim Abkühlen zu-
sammenzieht.

Wir wollen annehmen, daß eine Hülse aus dem Stoff G bei einer
Temperatur t über eine Hülse aus dem Stoff E so geschoben wird,

daß zwischen beiden Hülsen keine Pressung stattfindet. Die Wandstärken der Hülsen, s_g und s_e, sollen klein gegenüber dem Durchmesser d der Trennfaser sein, so daß die Annahme einer gleichmäßigen Spannungsverteilung längs der Wandstärken gerechtfertigt ist. Nach der Abkühlung auf die Temperatur t_0 übt die Hülse G auf die Hülse E eine Pressung (bzw. einen Schrumpfdruck) p_v aus. Die in der Hülse G hervorgerufene Zugspannung beträgt dann

$$\sigma_G = \frac{p_v\, d}{2\, s_g} \tag{105}$$

während die in der Hülse E erzeugte Druckspannung den Wert

$$\sigma_E = -\frac{p_v\, d}{2\, s_e} \tag{106}$$

hat.

Zur Bestimmung der einzigen Unbekannten des Problems, des Schrumpfdruckes p_v, genügt eine Gleichung, die die Bedingung, daß die tangentialen Dehnungen beider Hülsen an der Trennfaser gleich sein müssen, liefert. Somit bekommen wir:

G-Faser		E-Faser	
Stauchung beim Abkühlen von t auf t_0	Dehnung durch den *Schrumpf-*druck p_v	Stauchung beim Abkühlen von t auf t_0	Stauchung durch den Schrumpfdruck p_v
$-\alpha_g(t-t_0)$	$+\dfrac{p_v\, d}{2\, s_g E_g}$	$=-\alpha_e(t-t_0)$	$-\dfrac{p_v\, d}{2\, s_e E_e}$

Durch Zusammenfassen der Glieder mit p_v ergibt sich:

$$p_v = \frac{(\alpha_g - \alpha_e)\,(t - t_0)}{\dfrac{1}{s_g E_g} + \dfrac{1}{s_e E_e}}\,\frac{2}{d} \tag{107}$$

Nun ist beim Zylinder nach der Membrantheorie [vgl. Gl. (43)]

$$T = p\,\frac{d}{2} = p\, a_0,$$

so daß man beim Vergleich der Gln. (103) und (107) erkennt, daß beide miteinander übereinstimmen mit Ausnahme dessen, daß bei Gl. (107) die Querkontraktion vernachlässigt wurde ($v_g = v_e = 0$).

WALTON [*49*] hat die von TIMOSHENKO entwickelte Formel für die Verzerrung eines Bimetallstreifens bei Temperaturänderung für die Kreisform umgerechnet und folgenden Ausdruck gefunden:

$$D = K\,Z\,L^2 \tag{108}$$

Hierbei bedeutet:

D die Verzerrung in cm (nicht dimensionslos wie im allgemeinen üblich)

$$K = \frac{3\,(\alpha_2 - \alpha_1)\,(T_2 - T_1)}{\pi} \quad \text{dimensionslos}$$

α_i = mittlere lineare thermische Ausdehnungskoeffizienten in $(\text{grad})^{-1}$

T_i = Temperaturen in $^\circ$C (bzw. $^\circ$K)

L = Kreisumfang in cm

$$Z = \frac{(1+m)^2}{t\,[3\,(1+m)^2 + (1+m\,n)\,(m^2 + 1/m\,n)]} \quad \text{in cm}^{-1}$$

$$m = \frac{\text{Email-Dicke}}{\text{Metall-Dicke}} = \frac{s_e}{s_g}; \qquad n = \frac{E_e}{E_g}$$

t = Gesamte Wandstärke von Email und Gußeisen

$$\left.\vphantom{\begin{array}{c}1\\2\\3\\4\\5\\6\\7\\8\end{array}}\right\} \quad (109)$$

Ist die Dicke der Emailschicht klein gegen die Wandstärke des Gußeisens, also $m \ll 1$, so gilt für Z mit guter Näherung die Gleichung:

$$Z = \frac{1 + 2m}{t\left(4 + 6m + \dfrac{1}{mn}\right)} \tag{110}$$

Die Spannungen, die die Verzerrung D verursachen, genügen nach TIMOSHENKO [50] folgenden Gleichungen:

$$\left.\begin{aligned}
\sigma_e &= -\,\frac{\pi D}{L^2}\,\frac{E_g\,s_g^3}{3t\,s_e}\\[2ex]
\sigma_g &= \frac{\pi D}{L^2}\,\frac{4\,E_g\,s_g}{3}
\end{aligned}\right\} \tag{111}$$

Sind die Spannungen daran verhindert, die Verzerrung D zu bewirken, so beträgt die *reduzierte* Spannung des Emails:

$$\sigma_{er} = \frac{\sigma_e - n\,\sigma_g}{1 + mn} = \frac{\sigma_e - \dfrac{E_e}{E_g}\,\sigma_g}{1 + \dfrac{s_e}{s_g}\,\dfrac{E_e}{E_g}} \tag{112}$$

Wir können die Gl. (111) durch Ableitung auf andere Weise bestätigen und dabei gleichzeitig die Frage nach dem Spannungsverlauf innerhalb der Emailschicht beantworten.

Dazu denken wir uns aus der Wandung unseres Kessels (die als ein gerader Balken aufgefaßt wird, der durch *Biegung* eine Krümmung — Krümmungsradius R — erfährt) durch 2 Meridianebenen einen Sektor herausgeschnitten (vgl. Abb. 87). Wir legen nun ein rechtwinkliges Koordinatenkreuz (x, y) mit seinem Ursprung so auf die Außenfaser des Gußeisens, daß die x-Achse tangential, die y-Achse radial verläuft. Die Innenfaser des Gußeisens möge dann den Ordinatenabstand a, die Außenfaser des Emails den Ordinatenabstand b vom Ursprung haben. Wir wollen ferner annehmen, daß Gußeisen und Email homogene, isotrope Körper sind und dem HOOKEschen Gesetz gehorchen. Nach der Biegungstheorie sind die Spannungen in beiden Materialien eine lineare Funktion von y und genügen den Gleichungen

$$\left.\begin{aligned} \sigma_g &= A + \frac{E_g}{R}\,y \\[1em] \sigma_e &= C + \frac{E_e}{R}\,y \end{aligned}\right\} \qquad (113)$$

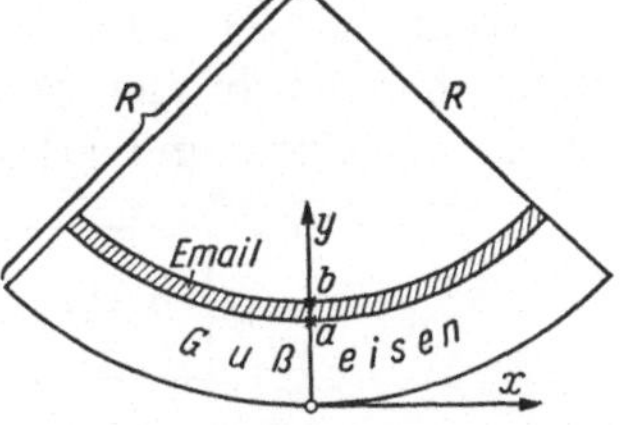

Abb. 87: Biegung eines Wandungsausschnittes des Kessels

Hierbei ist R der Krümmungshalbmesser und A und C stellen 2 Konstanten dar, die durch die Bedingungen des Kraft- und Momentengleichgewichtes bestimmt werden müssen; d. h. es gilt:

$$\int\limits_0^a \sigma_g\,dy + \int\limits_a^b \sigma_e\,dy = 0 \quad \text{und} \quad \int\limits_0^a \sigma_g\,y\,dy + \int\limits_a^b \sigma_e\,y\,dy = 0$$

Setzt man die Werte für die Spannungen ein und führt die Integrationen durch, so ergibt sich:

$$\left.\begin{aligned} A &= \frac{1}{6Rb}\left[E_g\,a\,(a-3b) + \frac{E_e(b-a)^3}{a}\right] \\[1em] C &= \frac{1}{6Rb}\left[\frac{E_g a^3}{a-b} - E_e(4b^2 + ba + a^2)\right] \end{aligned}\right\} \qquad (114)$$

Jetzt können die Spannungen der beiden Email- und Gußeisenfasern ($y = 0$, $y = a$ und $y = b$) leicht bestimmt werden.
Im einzelnen erhält man:

$$\sigma_e(a) = C + \frac{E_e}{R}\,a = \frac{1}{6Rb}\left[\frac{E_g a^3}{a-b} - E_e(4b^2 + ba + a^2)\right] + \frac{E_e}{R}\,a$$

$$\sigma_e(a) = -\frac{1}{6Rb}\left[\frac{E_g a^3}{b-a} + E_e(b-a)(4b-a)\right]$$

Da $b - a \ll a$ ist, kann der zweite Summand in der eckigen Klammer gegenüber dem ersten vernachlässigt werden. Somit ergibt sich schließlich:

$$\boxed{\;\sigma_e(a) = -\frac{1}{2R}\,\frac{E_g\,a^3}{3b\,(b-a)}\;} \qquad (115)$$

Dieser Wert stimmt (mit Ausnahme des Faktors $1/2R$ gegenüber dem durch die Kreisform bedingten Faktor $\pi D/L^2$) mit dem von Gl. (111) überein, denn $b = s_e + s_g = t$, $a = s_g$ und $b - a = s_e$.

Ähnlich findet man für die Außenfaser des Emails ($y = b$)

$$\sigma_e(b) = C + \frac{E_e}{R}\,b = -\frac{1}{6\,R\,b}\left[\frac{E_g\,a^3}{b-a} - E_e(b-a)\,(2\,b+a)\right]$$

Wenn $s_e \ll s_g$ oder $b - a \ll a$ ist, und nur dann, kann man den Subtrahenden in der eckigen Klammer gegenüber dem Minuenden vernachlässigen und erhält:

$$\sigma_e(b) = -\frac{1}{2\,R}\,\frac{E_g\,a^3}{3\,b\,(b-a)} = \sigma_e(a) \qquad (116)$$

Damit ist die oben aufgestellte Behauptung bewiesen, *daß die Spannungen in einer dünnen durch Biegung beanspruchten Emailschicht innen und außen gleich sind, falls die Schichtdicke des Emails klein gegenüber der Wandstärke des Trägerwerkstoffes ist.*

Es sind jetzt noch die Spannungen der Innen- und Außenfaser des Gußeisens zu berechnen.

$$\sigma_g(a) = A + \frac{E_g}{R}\,a = \frac{1}{6\,R\,b}\left[E_g\,a\,(a-3\,b) + \frac{E_e(b-a)^3}{a}\right] + \frac{E_g}{R}\,a$$

$$\sigma_g(a) = \frac{1}{2\,R}\,\frac{E_g\,a\,(3\,b+a)}{3\,b} = \frac{1}{2\,R}\,\frac{4\,E_g\,a}{3} \qquad (117)$$

$$\sigma_g(0) = A = \frac{1}{6\,R\,b}\left[E_g\,a\,(a-3\,b) + \frac{E_e(b-a)^3}{a}\right]$$

$$\sigma_g(0) = -\frac{1}{2\,R}\,\frac{E_g\,a\,(3\,b-a)}{3\,b} = -\frac{1}{2\,R}\,\frac{2\,E_g\,a}{3} \qquad (118)$$

Auch dies gilt für $s_e \ll s_g$. Man sieht, daß die Innenfaser des Gußeisens unter Zug, die Außenfaser unter Druck steht, der nur halb so groß wie die maximale Zugspannung ist. Die zweite Gl. (111) und (117) stimmen wiederum (bis auf den ersten Faktor) miteinander überein. Der Grund, warum sowohl in den Emailspannungen (115) und (116) als auch in den Gußeisenspannungen (117) und (118) der E-Modul des Emails, E_e, nicht auftritt, ist, wie schon BLAKELY [*51*] ausführt, nur in der dünnen Schichtdicke des Emails gegenüber der Wandstärke des Gußeisens begründet.

In welcher Schicht liegt die neutrale Faser des Gußeisens? Die neutrale Faser genügt der Bedingung:

$$\sigma_g = 0$$

oder

$$A = -\frac{E_g}{R}\,y_0,$$

wobei y_0 der Abstand der neutralen Faser von der Abszissenachse ist. Aus dieser Gleichung folgt:

$$y_0 = -A\,\frac{R}{E_g} = \frac{1}{6\,b}\,a\,(3\,b - a) = \frac{a}{3} \tag{119}$$

Es ist vorteilhaft, wenn wir uns die Voraussetzungen dieser recht allgemeinen Ableitungen noch einmal ins Gedächtnis zurückrufen:

1. Isotrope Stoffe, die dem HOOKEschen Gesetz folgen.

2. Der als Balken angesehene Wandungsausschnitt wird nur durch Biegung beansprucht, so daß die vorher ebene Wandung eine Krümmung (Krümmungsradius R) erfährt.

3. Die Spannungen sind eine lineare Funktion von y (NAVIERsches Gradliniengesetz der Balkenbiegung).

4. Die Wandstärke des Schutzwerkstoffes ist klein gegen die des Trägerwerkstoffes.

Nach diesen allgemeinen, sich gegenseitig bestätigenden Ableitungen wollen wir zu unserem Kessel zurückkehren und die entsprechenden Zahlenwerte in die Gleichungen einsetzen. Dabei soll auch das Problem der *Wandstärkenbemessung* das ja naturgemäß häufig im Vordergrund der Betrachtung steht, erörtert werden. Beginnen wir zunächst mit den Gln. (104).

Mit $\nu_g = 0{,}174$ und $\nu_e = 0{,}20$ kommt

$$\frac{1 - \nu_g}{1 - \nu_e} = \frac{0{,}826}{0{,}80} = 1{,}0325 \approx 1$$

so daß wir die Querkontraktion unberücksichtigt lassen können. Legen wir (vgl. § 8 und 10) für die mittleren linearen thermischen Ausdehnungskoeffizienten das Temperaturintervall 20 bis 500° C zugrunde und setzen die Werte des Gußeisens und des *Grundemails* nach Abb. 28 ein, so erhält man:

$$(\alpha_g - \alpha_e)\,\Delta t = (12{,}13 - 10{,}84)\cdot 10^{-6}\cdot 480 = 1{,}29\cdot 4{,}8\cdot 10^{-4} = 6{,}19\cdot 10^{-4}$$

Ferner ist für den zylindrischen Kesselteil (Zylindermitte)

$$\frac{s_e\,E_e}{s_g\,E_g} = \frac{0{,}1\cdot 0{,}536\cdot 10^6}{5{,}5\cdot 0{,}53\cdot 10^6} = \frac{5{,}36\cdot 10^{-2}}{2{,}916} = 1{,}839\cdot 10^{-2}$$

$$\frac{s_g\,E_g}{s_e\,E_e} = 54{,}4$$

$$\varepsilon_e = -\frac{6{,}19}{1{,}018}\cdot 10^{-4} = -6{,}08\cdot 10^{-4} = -608\cdot 10^{-6}$$

$$\varepsilon_g = \frac{6{,}19}{55{,}4}\cdot 10^{-4} = +11{,}17\cdot 10^{-6}$$

Welche Werte ergeben sich im Boden mit $s_g = 9$ cm? Da hier erst recht $s_e \ll s_g$ ist, bleibt der Wert von ε_e praktisch ungeändert, lediglich ε_g ändert sich relativ stark

$$\frac{s_g\,E_g}{s_e\,E_e} = 89{,}0 \qquad \varepsilon_g = +\,6{,}88 \cdot 10^{-6}$$

Setzt man für α_e nicht den Ausdehnungskoeffizienten des *Grund-*, sondern des *Deck*emails ein, so ergibt sich:

$$(\alpha_g - \alpha_e)\,\Delta t = (12{,}13 - 9{,}32) \cdot 10^{-6} \cdot 480 = 2{,}81 \cdot 4{,}8 \cdot 10^{-4} = 13{,}49 \cdot 10^{-4}$$

und für die Verzerrungen des zylindrischen Kesselteiles bekommt man:

$$\varepsilon_e = -\,1325 \cdot 10^{-6}$$

$$\varepsilon_g = +\,24{,}35 \cdot 10^{-6}$$

Die Verzerrungen im Email haben sich mithin mehr als verdoppelt. Nach Gl. (107) erhält man mit den Werten des Grundemails für den Schrumpfdruck p_v in Zylindermitte

$$\frac{1}{s_g\,E_g} = \frac{10^{-6}}{5{,}5 \cdot 0{,}53} = 3{,}43 \cdot 10^{-7}$$

$$\frac{1}{s_e\,E_e} = \frac{10^{-5}}{0{,}536} = 1{,}866 \cdot 10^{-5} \qquad \frac{d}{2} = 107{,}5 \ \text{cm}$$

$$p_v = \frac{6{,}19 \cdot 10^{-4}}{1{,}90 \cdot 10^{-5}} \cdot \frac{1}{107{,}5} = \frac{61{,}9}{1{,}9 \cdot 107{,}5} = 0{,}303 \ \text{kg/cm}^2$$

Nach den Gln. (105) und (106) ergeben sich dann die Vorspannungen zu:

$$\sigma_g = \frac{0{,}303}{5{,}5} \cdot 107{,}5 \quad = +\,5{,}92 \ \text{kg/cm}^2$$

$$\sigma_e = -\,\frac{0{,}303}{0{,}1} \cdot 107{,}5 = -\,325{,}8 \ \text{kg/cm}^2$$

Rechnet man wiederum mit dem mittleren linearen thermischen Ausdehnungskoeffizienten des *Deck*emails, so ermittelt man folgende Werte

$$p_v = 0{,}303 \cdot \frac{13{,}49}{6{,}19} = 0{,}66 \ \text{kg/cm}^2$$

$$\sigma_g = 5{,}92 \cdot 2{,}18 \quad = +\,12{,}9 \ \text{kg/cm}^2$$

$$\sigma_e = -\,326 \cdot 2{,}18 \quad = -\,710 \ \text{kg/cm}^2$$

Wir hatten bei der Erläuterung der Eigenschaften der Werkstoffe erwähnt, daß das Email nicht nur in den Gebieten, in denen es unter Zug steht, gefährdet ist, sondern auch dort, wo es *zu* großen Druckspannungen ausgesetzt ist. Der größten Zugspannung unterliegt die Innenfaser des Gußeisens in der Kesselkrempe (Spitzenspannung $\sigma_{Ni} = +\,315\ \text{kg/cm}^2$). Selbst wenn auch das Email diese Spitzenspannung annähme (was ja, wie Abb. 82 zeigt, nicht der Fall ist), würde

schon die für das *Grund*email berechnete Vorspannung ausreichen,
zu verhüten, daß das Email unter Zugspannung kommt. Hier liegt
also keine Gefährdung des Emails vor. Die größte berechnete Lastdruckspannung der Innenfaser des Gußeisens beträgt -451 kg/cm^2
(vgl. Tab. 16). An dieser Stelle, Unterkante des Kesselflansches, stim-

men die Spannungen der
Innenfaser des Gußeisens und
des Emails recht gut überein,
so daß man im Email mit
der gleichen Lastdruckspannung rechnen kann. Berücksichtigt man nun noch die
Vorspannung für das Grund-
email (-326 kg/cm^2), so ergibt sich eine gesamte Druckspannung von -777 kg/cm^2.
Nach § 11 kann man für
die Druckfestigkeit des (geschwächten) Kesselemails
(etwa 1000 Betriebsstunden)
einen Wert von 870 kg/cm^2
annehmen. Das Grundemail
bleibt also gerade unter der
zulässigen Belastungsgrenze,

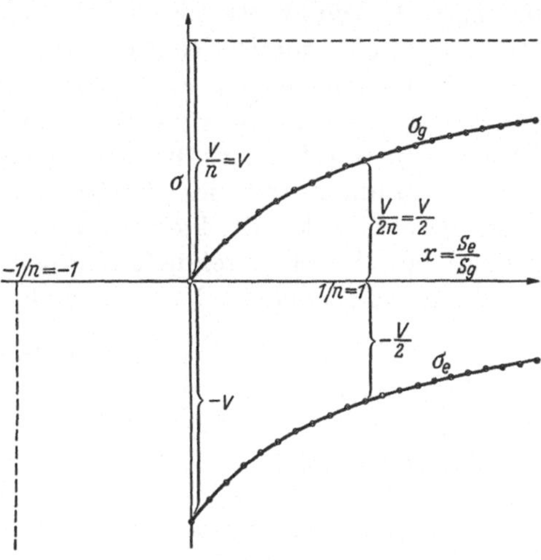

Abb. 88
Verlauf der Vorspannungen σ_e und σ_g in Abhängigkeit
vom Wandstärkenverhältnis x für $n = \dfrac{E_e}{E_g} = 1$

nicht jedoch das Deckemail, das eine Gesamtspannung von
-1161 kg/cm^2 erfährt. *Somit ergibt sich der Schluß, daß das Deckemail an diesen Stellen hoher Druckspannung besonders gefährdet ist.*

Wir kommen nun zum Problem der Wandstärkenbemessung von
Träger- und Schutzwerkstoff. Wie ändern sich die Vorspannungen
beider Stoffe mit ihrem Wandstärkenverhältnis? Wir benutzen die
Gln. (104), nach denen sich die Vorspannungen sofort an Hand der
Beziehung $\sigma_e = E_e\, \varepsilon_e$ und $\sigma_g = E_g\, \varepsilon_g$ berechnen lassen und führen
die folgenden Bezeichnungen ein:

$$V = E_e(\alpha_g - \alpha_e)\, \Delta t$$

$$\frac{E_e}{E_g} = n, \qquad \frac{s_e}{s_g} = x$$

Dann erhält man:

$$\left.\begin{array}{l} \sigma_e = -V\,\dfrac{1}{1+nx} \\[2mm] \sigma_g = +V\,\dfrac{x}{1+nx} \end{array}\right\} \tag{120}$$

Aus Gl. (120) und Abb. 88 ersieht man, daß die Funktion $-V\,\dfrac{1}{1+nx}$
eine gleichseitige Hyperbel mit den Asymptoten $\sigma_e = 0$ für $x \to \infty$

und $x = -(1/n)$ für $\sigma_e \to -\infty$ darstellt. Natürlich sind nur positive x physikalisch sinnvoll, weshalb wir uns auf diesen Wertebereich beschränken können. Für eine beliebig dünne Emailschicht ($x \to 0$) nimmt das Email die größte Druckspannung, $-V$, an. Für $x = 1/n$ beträgt $\sigma_e = -(V/2)$ und für $x \to \infty$, d. h. beliebig dicke Emailschicht, ist $\sigma_e = 0$. Dünne Emailschichten auf dickwandigem Trägerwerkstoff stehen also unter großen Druckvorspannungen, aber WALTON [52] vertritt die Ansicht, *daß es für das Haftverhalten nicht auf die Druckvorspannung, als vielmehr auf die gesamte Druckkraft ankommt.* Da die Druckkraft pro Längen- bzw. Umfangseinheit durch Multiplikation der Vorspannung mit der Emailschichtdicke s_e erhalten wird, nimmt diese Druckkraft mit kleiner werdenden Wandstärken nicht zu, sondern ab. WALTON schließt daraus, *daß dünne Emaillierungen am zweckmäßigsten sind.* In der Tat wendet man ja auch nur diese an.

Auch die Funktion $V \dfrac{x}{1 + nx}$ stellt eine gleichseitige Hyperbel mit den Asymptoten $\sigma_g = V/n$ für $x \to \infty$ und $x = -(1/n)$ für $\sigma_g = -\infty$ dar. Für $x = 0$ ist $\sigma_g = 0$ und für $x = 1/n$ ist $\sigma_g = V/2n$. Mit abnehmender Schichtdicke des Emails nehmen also die Vorspannungen im Trägerwerkstoff ab.

Es bleibt noch ein Wort zu sagen über die zweckmäßigste Bemessung der Wandstärke des Trägerwerkstoffes. Erhöht man bei konstanter Schichtdicke des Emails ($s_e = $ const) die Wandstärke des Gußeisens, so nehmen die Vorspannungen des Emails zu und erreichen bei großer Wandstärke asymptotisch den Grenzwert

$$\sigma_e = -V = -E_e(\alpha_g - \alpha_e)\,\Delta t$$

WALTON [52] zeigt, daß die für eine kreisförmige Begrenzung nach Gl. (112) berechnete *reduzierte* Vorspannung des Emails absolut genommen immer größer als die Vorspannung σ_e ist, daß sie sich aber mit zunehmender Wandstärke des Trägerwerkstoffes dem gleichen Grenzwert asymptotisch nähert. Dies folgt sofort aus den Gln. (120) und (112); denn

$$\text{für}\quad x = m = 0 \quad \text{ist}\quad \sigma_e = -V \qquad \sigma_g = 0$$

und

$$\sigma_{er} = \frac{\sigma_e - n\,\sigma_g}{1 + mn} = \sigma_e$$

Nun entsprechen die reduzierten Vorspannungen dem Zustand, daß entweder keine Verzerrungen verursacht oder die erzeugten Verzerrungen wieder rückgängig gemacht werden. Aus der Tatsache, daß bei konstanter Schichtdicke des Emails und geringerer Wandstärke des Trägerwerkstoffes keine höheren Vorspannungen erzeugt werden, wenn keine Verzerrung verursacht wird, als bei einer entsprechend größeren Wandstärke unter Auftreten von Verzerrungen, schließt WALTON, *daß das Email bei geringerer Wandstärke des Trägerwerkstoffes in größerem Umfang ohne Schädigung deformiert werden kann als bei größerer Wandstärke.* Dies ist eine besonders wichtige Schlußfolgerung, weil dadurch die Wandstärken des Trägerwerkstoffes nach oben begrenzt werden; nach unten sind sie ja durch die Festigkeitsforderungen abgegrenzt. Wie erkennt man nun, ob man der oberen Grenze nahe ist? Für die gewählte Schichtdicke des Emails zeichnet man sich ein Diagramm, in das die Vorspannungen σ_e und σ_{er} in Abhängigkeit von der Wandstärke des Trägerwerkstoffes eingetragen werden. Die zulässige Vorspannung des Emails wird als Parallele zur Abszissenachse ebenfalls eingezeichnet; diese hat, falls die zulässige Vorspannung absolut kleiner als die asymptotische Vorspannung V ist, 2 Schnittpunkte, den einen mit der Kurve für σ_e, den anderen mit der Kurve für σ_{er}. Der Abszissenabschnitt zwischen den Schnittpunkten gibt die mögliche Wandstärkenverminderung des Trägerwerkstoffes an, falls die Deformation minimal ist.

Wir wollen diese Verhältnisse an Hand der Gln. (111) und (112) am Beispiel unseres Kessels erläutern. Zunächst berechnen wir die Vorspannungen für das Grundemail. Es kommt:

$$K = \frac{3}{\pi} \cdot 6,19 \cdot 10^{-4} = 5,915 \cdot 10^{-4}$$

$$m = \frac{0,1}{5,5} = 0,01819; \qquad n = \frac{0,536}{0,53} = 1,012; \qquad t = 5,5 + 0,1 = 5,6 \, \text{cm}$$

$$Z = \frac{1 + 2\,m}{t\left(4 + 6\,m + \dfrac{1}{m\,n}\right)} = \frac{1,03638}{5,6\,(4 + 0,10914 + 54,4)} = \frac{1,03638}{5,6 \cdot 58,509}$$

$$= 3,16 \cdot 10^{-3}\,\text{cm}^{-1}$$

$$L = \pi\,d = 3,14 \cdot 207 = 650\,\text{cm} \qquad L^2 = 4,225 \cdot 10^5\,\text{cm}^2$$

$$\underline{\underline{D}} = KZL^2 = 5,915 \cdot 3,16 \cdot 4,225 \cdot 10^{-2} = 0,79\,\text{cm} = \underline{\underline{7,9\,\text{mm}}}$$

$$\underline{\underline{\frac{\pi\,D}{L^2}}} = \frac{3,14 \cdot 0,79}{4,225} \cdot 10^{-5} = 0,587 \cdot 10^{-5} = \underline{\underline{5,87 \cdot 10^{-6}\,\text{cm}^{-1}}}$$

$$\frac{E_g\,s_g^3}{3\,t\,s_e} = \frac{0,53 \cdot 166,5}{16,8 \cdot 0,1} \cdot 10^6 = 52,5 \cdot 10^6\,\text{kg/cm}$$

$$\frac{4\,E_g\,s_g}{3} = \frac{4 \cdot 0,53 \cdot 5,5}{3} \cdot 10^6 = 3,888 \cdot 10^6\,\text{kg/cm}$$

$$\underline{\underline{\sigma_e}} = -5,87 \cdot 52,5 = \underline{\underline{-308\,\text{kg/cm}^2}}$$

$$\underline{\underline{\sigma_g}} = 5,87 \cdot 3,888 = \underline{\underline{+22,8\,\text{kg/cm}^2}}$$

Man sieht, daß die Vorspannung des Emails gut mit der nach
Gl. (106) berechneten übereinstimmt, daß aber die Gußeisenspannung
erheblich anders herauskommt als nach Gl. (105).

Für das Deckemail ergeben sich folgende Werte:

$$\sigma_e = -308 \cdot \frac{13,49}{6,19} = -308 \cdot 2,18 = -671,5\,\text{kg/cm}^2$$

$$\sigma_g = +22,8 \cdot 2,18 = +49,7\,\text{kg/cm}^2$$

Abb. 89 zeigt die Abhängigkeit der einfachen und reduzierten Vorspannungen des *Grund*emails σ_e und σ_{er} von der Gußeisenwandstärke s_g.

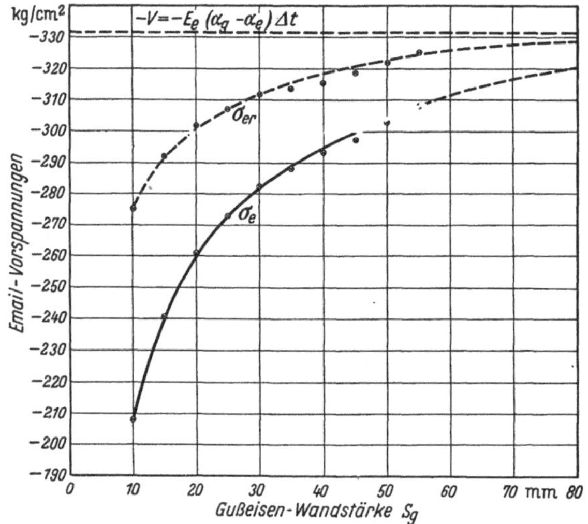

Abb. 89. Email-Vorspannung σ_e und reduzierte Email-Vorspannung σ_{er} in Abhängigkeit von der
Gußeisenwandstärke s_g
Grundemail α_e (20 bis 500° C) = 10,84 · 10⁻⁶ grad⁻¹   Schichtdicke des Emails s_e = 1 mm
Gußeisen α_g (20 bis 500° C) = 12,13 · 10⁻⁶ grad⁻¹

Nehmen wir einmal an, die höchste zulässige Vorspannung betrüge
−310 kg/cm² (wir wissen aus den vorangegangenen Betrachtungen,
daß dieser Wert sicher zu tief gegriffen ist, aber es kommt uns hier
darauf an, nur die *grundsätzliche* Arbeitsweise mit einem solchen
Diagramm zu erläutern und einen *qualitativen* Hinweis auf die Bemessung der Gußeisenwandstärke zu erhalten), dann würde bei einer
Gußeisenwandstärke von etwa 58 mm keine Schädigung des Emails
auftreten, falls die Werkstoffe einer *freien* Biegung unterliegen und
eine Verzerrung D hervorgerufen wird. Ist dies jedoch nicht der Fall,
entsteht also diese Verzerrung nicht oder wird sie wieder rückgängig

gemacht (elastisches Rückfedern), dann dürfte die Gußeisenwandung nur etwa 28 mm dick sein. Ist die höchste zulässige Vorspannung absolut größer als die asymptotische Vorspannung für große Gußeisenwandstärke, also größer als $V = E_e(\alpha_g - \alpha_e)\, \Delta t$, dann spielen diese Überlegungen keine Rolle, weil auch das elastisch rückfedernde Email nicht beschädigt wird. Selbstverständlich wird man, und dies sei hier noch einmal ausdrücklich betont, nicht allein nach diesen Überlegungen die Wandstärken des Gußeisens bemessen, denn dies hat entsprechend den Festigkeitseigenschaften des Trägerwerkstoffes und der Belastung an Hand der bekannten Berechnungsformeln zu geschehen, aber man sollte die so berechneten Mindestwandstärken nicht übermäßig erhöhen, weil dadurch zwar die durch den Innendruck erzeugten Spannungsspitzen vermindert werden, das Email aber der elastischen Rückfederung im oben erläuterten Sinn beraubt wird. Überschreiten die Vorspannungen des Emails die zulässige Höchstspannung stark, so hat auch die Wandstärkenverminderung des Trägerwerkstoffes keinen Sinn, dann hilft nur eine sachgemäßere Abstimmung der Ausdehnungskoeffizienten von Email und Trägerwerkstoff. Wir haben oben dargelegt, daß dies für das untersuchte Deckemail unseres Kessels zutrifft, da eine Vorspannung des Emails von $-710\ \mathrm{kg/cm^2}$ angesichts der relativ niedrigen Druckfestigkeit dieses geschwächten Werkstoffes zu hoch ist.

§ 26. Berechnung zusätzlicher Wärmespannungen durch Aufheizen bzw. Abkühlen des Kesseleinsatzes und Berechnung der Gesamtspannungen

In den vorangegangenen Abschnitten und Paragraphen wurde im wesentlichen über die Messung und Berechnung der Verzerrungen berichtet, die durch den *Innendruck* entstehen. Nun wurde aber der Kesseleinsatz auch einer thermischen Behandlung unterworfen, nämlich zunächst auf 95° C aufgeheizt und dann auf 60° C abgekühlt. Es ist also erforderlich, sich auch Rechenschaft über die Größe der durch diese thermische Behandlung verursachten Wärmespannungen und -verzerrungen abzulegen. Hierbei wollen wir uns auf die Betrachtung des zylindrischen Kesselteiles beschränken, weil es uns hier nur auf eine einigermaßen genaue *Abschätzung* der Spannungen ankommt.

TROLTENIER [53] zeigte, daß die Temperatur t_b der Berührungsfaser von Gußeisen und Email nach der auf den eindimensionalen Fall (es wird nur die radiale Koordinate berücksichtigt, also ein unendlich langer Zylinder behandelt, dessen Wandstärke klein gegenüber seinem Durchmesser ist) spezialisierten Wärmeleitungs-Differentialgleichung folgender Beziehung genügt:

$$t_b = \left.\frac{\dfrac{s_g}{\lambda_g}\, t_i + \dfrac{s_e}{\lambda_e}\, t_a}{\dfrac{s_g}{\lambda_g} + \dfrac{s_e}{\lambda_e}}\right\} \tag{121}$$

Hierbei bedeutet

s die Wandstärke in m
λ die Wärmeleitfähigkeit in kcal/m h °C
t_a die Temperatur der Außenfaser des Gußeisens
t_i die Temperatur der Außenfaser des Emails

Die Innenfaser von Gußeisen und Email liegen aufeinander; der Index e bezieht sich auf Email, der Index g auf Gußeisen. Für die Wärmeleitfähigkeit des Gußeisens, die allerdings nicht gemessen wurde, kann man den Wert

$$\lambda_g = 46 \text{ kcal/m h °C}$$

annehmen [54], während für Email λ_e-Werte zwischen 0,83 und 1,05 kcal/m h °C angegeben werden [55]. Wir werden mit 1,0 kcal/m h °C rechnen. Setzt man die Werte $s_e = 0{,}001$ m und $s_g = 0{,}055$ m für unseren Kessel ein, so ergibt sich nach Gl. (121):

$$\boxed{t_b = \frac{1{,}196\, t_i + t_a}{2{,}196}} \tag{122}$$

Es ist klar, daß der Temperaturabfall im Gußeisen infolge seiner 46 mal größeren Wärmeleitfähigkeit viel geringer ist als im Email. Wir werden das später noch, wenn wir über die Temperaturen t_i und t_a verfügen, genauer erkennen.

Da die Lösung der auf eine Dimension spezialisierten Wärmeleitungs-Differentialgleichung eine lineare Funktion ist, *ist der Temperaturverlauf in beiden Schichten linear.* Aber die Neigung dieser Temperaturgeraden ist verschieden, weil es die Wärmeleitfähigkeiten auch sind. An der Berührungsfaser von Gußeisen und Email weist also das Temperaturprofil einen Knick auf. Es sei der Vollständigkeit halber noch darauf hingewiesen, daß dieser lineare Temperaturverlauf nur für einen Kessel gilt, der dünnwandig ist, dessen Wandstärke also klein im Verhältnis zu seinem Durchmesser ist. Bei einem dickwandigen Rohr ist die Temperatur in der Wandung bekanntlich durch eine logarithmische Funktion des Kesselradius gegeben. Nach Kenntnis des Temperaturfeldes ist es ein leichtes, auch das Feld der Verzerrungen zu bestimmen. Zu diesem Zweck betrachten wir nach TROLTENIER [53] ein Linienelement des Gußeisens (z. B. in tangentialer Richtung a_{tg}

— für ein Linienelement in axialer Richtung gilt genau das gleiche — und bestimmen dessen Verzerrung bei Temperaturänderung. Man erhält:

$$a_{tg} = a_t \left[1 + (t_g - t_0)\,\alpha_g\right] \tag{123}$$

Hierbei ist a_t die ursprüngliche Länge des Linienelementes, t_0 die Raumtemperatur (z. B. 18 oder 25° C), t_g *die mittlere Gußeisentemperatur*, $\dfrac{t_a + t_b}{2}$, und α_g ein mittlerer, linearer, thermischer Ausdehnungskoeffizient (AK) des Gußeisens, der je nach der Höhe der auftretenden Temperaturen zu bestimmen ist (vgl. Abb. 15). Für ein Linienelement des Emails, a_{te}, erhält man unter der Annahme, daß es durch das Gußeisen unbehindert wäre, in ähnlicher Weise:

$$a_{te} = a_t \left[1 + (t_e - t_0)\,\alpha_e\right] \tag{124}$$

Hierbei ist wiederum a_t die ursprüngliche Länge des Linienelementes des Email, die wir als genau so groß wie die des Gußeisens annehmen wollen, t_e die später noch genauer zu bestimmende *Temperatur des Email* und α_e ein mittlerer, linearer, thermischer Ausdehnungskoeffizient.

Da nun aber in Wirklichkeit das Email durch das Gußeisen behindert wird, ergibt sich für die tangentiale Verzerrung des Emails:

$$\varepsilon_{te} = \frac{a_{tg} - a_{te}}{a_{te}} \tag{125}$$

Setzt man die Werte der Gln. (123) und (124) in (125) ein und vernachlässigt im Nenner den Summanden $(t_e - t_0)\,\alpha_e$ als klein gegenüber 1, so bekommt man:

$$\varepsilon_{te} = (t_g - t_0)\,\alpha_g - (t_e - t_0)\,\alpha_e$$

Folglich erleiden die beiden Emailfasern folgende Verzerrungen

$$
\left.
\begin{array}{ll}
\text{Außenfaser des Emails} & \varepsilon_{tae} = (t_g - t_0)\,\alpha_g - (t_i - t_0)\,\alpha_e \\[1ex]
\begin{array}{l}\text{Innenfaser des Emails}\\ \text{(Berührungsfaser des Gußeisens)}\end{array} & \varepsilon_{tie} = (t_g - t_0)\,\alpha_g - (t_b - t_0)\,\alpha_e
\end{array}
\right\} \tag{126}
$$

Für $\alpha_g \approx \alpha_e$, was ja den tatsächlichen Verhältnissen nahekommt, stehen beide Fasern unter Zug, wenn

$$t_g > t_b > t_i \geq t_0 \qquad \text{(Aufheizung des Kesseleinsatzes)}$$

Die Außenfaser wird aber stärker als die Innenfaser gedehnt. Umgekehrt stehen beide Fasern unter Druck, wenn

$$t_i > t_b > t_g \geq t_0 \qquad \text{(Abkühlung des Kesseleinsatzes)}$$

Die Außenfaser wird jedoch stärker als die Innenfaser gestaucht. Für $t_i = t_b = t_g$ (vollkommener Temperaturausgleich) hat man:

$$\varepsilon_{tae} = \varepsilon_{tie} = (t_g - t_0)(\alpha_g - \alpha_e)$$

Stimmen die Ausdehnungskoeffizienten der beiden Stoffe überein, so sind die Verzerrungen und Spannungen Null, wie es sein muß.

Wir können die Gln. (126) auch noch in anderer Weise nachprüfen. Dazu wollen wir einmal von der Anwesenheit des Emails absehen, also $\alpha_e \equiv \alpha_g$ setzen; die 2. Gl. (126) gibt sodann die Verzerrungen der Innenfaser des *Gußeisens* an. Es ergibt sich:

$$\varepsilon_{tig} = (t_g - t_b)\,\alpha_g = \frac{t_a - t_b}{2}\,\alpha_g = \frac{\varDelta t}{2}\,\alpha_g \tag{127}$$

Dieser Wert stimmt mit dem in der Literatur angegebenen Wert (z. B. bei E. Melan und H. Parkus [56] oder bei A. und L. Föppl [57]) überein. Da die Verzerrungen in axialer Richtung, ε_{aae} und ε_{aie}, die gleiche Größe haben wie die tangentialen der gleichen Faser, erhält man für die Wärme*spannungen* der tangentialen bzw. axialen Fasern:

$$\sigma_{tae} = \frac{E_e}{1 - v_e^2}\,(\varepsilon_{tae} + v_e\,\varepsilon_{aae}) = \frac{E_e}{1 - v_e}\,\varepsilon_{tae} = \frac{E_e}{1 - v_e}\,\varepsilon_{aae}$$

$$\boxed{\begin{aligned}\sigma_{tae} &= \frac{E_e}{1 - v_e}\left\{(t_g - t_0)\,\alpha_g - (t_i - t_0)\,\alpha_e\right\} = \sigma_{aae} \\[2mm] \sigma_{tie} &= \frac{E_e}{1 - v_e}\left\{(t_g - t_0)\,\alpha_g - (t_b - t_0)\,\alpha_e\right\} = \sigma_{aie}\end{aligned}} \tag{128}$$

Nach diesen allgemeinen Ausführungen kommen wir zur Anwendung der abgeleiteten Gleichungen. Natürlich wäre es möglich, für jedes Temperaturfeld die Wärmespannungen zu berechnen, es interessieren indessen hier nur die *maximalen* Wärmespannungen, die zu *Beginn* des Aufheizens oder Abkühlens des Kesseleinsatzes auftreten. Wir wissen, daß der kalte Kesseleinsatz zunächst mit Heißwasser auf 95° C aufgeheizt, später mit kaltem Wasser abgekühlt und bei 60° C mit 3 atü abgedrückt wird. Dementsprechend kann man die Wärmespannungen für die folgenden 3 Zustände berechnen:

a) $t_a = 97°\,$C $\qquad\qquad t_i = 20°\,$C

b) $t_a = 15°\,$C $\qquad\qquad t_i = 95°\,$C

c) $t_a = 15°\,$C $\qquad\qquad t_i = 60°\,$C

Wir bestimmen nun nach Gl. (122) die Temperaturen der Berührungsfaser von Gußeisen und Email, t_b, und die mittlere Gußeisentemperatur, t_g, und erhalten für die 3 Zustände folgende Temperaturfelder:

Tabelle 32. *Temperaturfelder der einzelnen Zustände des Kesseleinsatzes*

Zustand	t_a °C	t_g °C	t_b °C	t_i °C	t_0 °C
1	97	76	55	20	20
2	15	36,8	58,6	95	20
3	15	27,25	39,5	60	20

Für die Raumtemperatur wurde willkürlich 20° C angesetzt. Die mittleren thermischen Ausdehnungskoeffizienten bestimmen wir für das Temperaturintervall 20 bis 100° C.

Nach Abb. 15 erhält man für Gußeisen:

$$\alpha_g\,(20 \text{ bis } 100°\,C) = \frac{8,2}{80} \cdot 10^{-4} = 10,25 \cdot 10^{-6}\ \text{grad}^{-1}$$

und nach Abb. 27 für das Email (Grund- und Deckemail)

$$\alpha_e\,(20 \text{ bis } 100°\,C) = \frac{8,0}{80} \cdot 10^{-4} = 10,0 \cdot 10^{-6}\ \text{grad}^{-1}$$

Ferner wird noch benötigt:

$$\frac{E_e}{1 - \nu_e} = \frac{0,536}{0,8} \cdot 10^6 = 0,67 \cdot 10^6$$

Nach diesen Vorarbeiten können die Wärmespannungen sofort berechnet werden. Die Werte dieser Spannungen sind in der folgenden Tabelle zusammengestellt worden.

Bevor wir die gewonnenen Ergebnisse auswerten, wollen wir noch zwei allgemeine Bemerkungen voranstellen.

Sowohl bei der Berechnung der Wärmevorspannungen in § 25 als auch bei der Bestimmung der Wärmelastspannun

Tabelle 33
Wärmespannungen für die einzelnen Zustände

Zustand	$\sigma_{tae} = \sigma_{aae}$ (Kesselinnenwand) kg/cm²	$\sigma_{tie} = \sigma_{aie}$ (Berührungsfaser mit Gußeisen) kg/cm²
1	384,5	150,0
2	− 387,0	− 143,3
3	− 218,2	− 80,8

gen in diesem Paragraphen haben wir uns auf die einfachste Form, nämlich die kreiszylindrische beschränkt. Es ist durchaus möglich, auch z. B. für die Kugelform (unter Benutzung von räumlichen Polarkoordinaten) beide Arten von Wärmespannungen zu ermitteln. Dabei zeigt sich, daß die Spannungen für Wandungen, deren Dicke klein gegenüber dem Kugelradius ist (was für unseren Fall zutrifft) ungeändert bleiben. Wir haben daher auf diese Berechnungen hier verzichten können.

In § 25 wurde auf Grund der allgemeinen Biegetheorie abgeleitet, daß die Spannungen der Innen- und Außenfaser einer im Vergleich zum Trägerwerkstoff dünnen, biegebeanspruchten Emailschicht gleich sind. Hier wird nun gezeigt, daß zwischen beiden Fasern erhebliche Spannungsunterschiede bestehen. Wie ist dieser Widerspruch verständlich? Bei den allgemeinen Ableitungen in § 25 wurde angenommen, daß beide Emailfasern keinen Temperaturunterschied aufweisen, hier bestehen demgegenüber (vgl. Tab. 32; $t_b - t_i$) zwischen diesen Fasern recht erhebliche Temperaturunterschiede, da ja, wie zuvor bemerkt, ein großer Teil des Temperaturgefälles in der Emailschicht liegt. Dieses Temperaturgefälle ist die Ursache der unterschiedlichen Spannungen.

Wir kommen jetzt zur Auswertung aller Ergebnisse. Die Zustände 1 und 2 sind drucklos, während dem Zustand 3 der Innendruck $p = 3$ atü entspricht. Das Grundemail hat eine Vorspannung von $-326\ \text{kg/cm}^2$ (vgl. § 25). Somit erhält man für die Gesamtspannungen σ der Berührungsfaser zwischen Gußeisen und Email:

Zustand 1: $\qquad \sigma = \quad\ 150 - 326 = -\ 176\ \text{kg/cm}^2$

Zustand 2: $\qquad \sigma = -143 - 326 = -469\ \text{kg/cm}^2$

Die Innenfaser des Emails ist also für diese Zustände nicht gefährdet.

Das Deckemail hat eine Vorspannung von $-710\ \text{kg/cm}^2$. Daher ergeben sich die folgenden Gesamtspannungen σ der Außenfaser des Emails:

Zustand 1: $\qquad \sigma = \quad\ 385 - 710 = -\ 325\ \text{kg/cm}^2$

Zustand 2: $\qquad \sigma = -387 - 710 = -1097\ \text{kg/cm}^2$

Bei einer Druckfestigkeit des Emails von 870 kg/cm² ist das Deckemail des gesamten Kessels im Zustand 2 (Abkühlen des 95° C heißen Kesseleinsatzes mit Kaltwasser) gefährdet. Man kann also verstehen, warum das Deckemail vom Grundemail abplatzt.

Beim Innendruck $p = 3$ atü beträgt die maximale Zugspannung des Gußeisens in der Kesselkrempe — diesen Wert wollen wir auch einmal für Email zugrunde legen — $315 \cdot (3/7) = +135\ \text{kg/cm}^2$ und die maximale Druckspannung an der Unterkante des Kesselflansches

$-451 \cdot (3/7) = -193,4$ kg/cm². Somit erhält man für den Zustand 3 folgendes Bild:

Ohne Innendruck betragen die Druckspannungen des Deckemails $-218 - 710 = -928$ kg/cm². *Das Deckemail ist daher durch Abplatzen an allen Stellen des Kessels gefährdet, an denen die durch den Innendruck von 3 atü bewirkten Zugspannungen kleiner als etwa 60 kg/cm² sind.* Dies ist aber an sehr vielen Stellen des Kessels der Fall (vgl. Tab. 16), z. B. im Boden, im zylindrischen Teil und am Übergang zum Kesselflansch. Die Kesselkrempe ist nicht gefährdet.

Die Druckspannungen des Grundemails betragen ohne Innendruck $-81 - 326 = -407$ kg/cm². Das Grundemail wäre also an den Stellen des Kessels gefährdet, an denen die durch den Innendruck (von 3 atü) erzeugten Druckspannungen 460 kg/cm² erreichen oder überschreiten oder an denen die erzeugten Zugspannungen etwa 600 kg/cm² betragen. Dies ist nirgends der Fall. *Das gesamte Grundemail ist mithin in keinem der 3 Zustände gefährdet, wohl aber das Deckemail im Zustand 2 und 3 an sehr vielen (im Zustand 2 an allen) Kesselstellen. Auf diese Weise wird verständlich, daß das Deckemail vom Grundemail abplatzte.*

Wenn man sich überlegt, wie diese Fehler hätten vermieden werden können, dann kann man abschließend und zusammenfassend folgendes sagen:

1. Den Haupteinfluß auf die Emailfehler hat der im Vergleich zum Gußeisen niedrige mittlere, lineare thermische Ausdehnungskoeffizient des *Deck*-Emails. Eine Erhöhung dieses α-Wertes hätte das Deckemail unter weniger gefährliche Druckvorspannungen gebracht.

2. Die Abnahme der Festigkeit des Emails verschiebt die obere zulässige Belastungsgrenze im Verlaufe der Betriebsdauer nach unten. Die Schwächung des Emails durch mechanisch-thermische Beanspruchung (Biegespannungen) und chemische Agentien (HCl-Lösungen) in relativ kurzer Zeit (etwa 1000 Betriebsstunden) ist wohl hauptsächlich für die kurze Lebensdauer vieler emaillierter Kessel verantwortlich.

3. Wärmelastspannungen können erheblich zur Gefährdung des Deckemails beitragen, ganz ähnlich wie das W. Matz[58] schon für das Mauerwerk ausgemauerter Kessel gezeigt hat. Bei unserem Kessel wird das Deckemail, wenn der Einsatz von 95° C *plötzlich* mit kaltem Wasser heruntergekühlt wird, nachhaltig geschädigt. Steht bei anderen Kesseln das Deckemail unter einer geringeren, vielleicht sogar *knappen* Vorspannung, dann wird das Deckemail durch *plötzliches* Aufheizen (Zustand 1) in Mitleidenschaft gezogen, indem es infolge der auftretenden großen Zugspannungen haarrissig wird.

4. Die durch den Innendruck hervorgerufenen Lastspannungen können bei unserem Kessel nicht wesentlich zur Herabminderung der Gesamtspannungen auf eine ungefährliche Höhe beitragen. Das liegt daran, daß die Wärmeeigenspannungen des Deckemails zu groß sind. Wohl aber werden die Lastspannungen, die durch Innendruck erzeugt sind, dort von Bedeutung, wo die Druckvorspannung

des Deckemails geringer ist und wo durch ganz allmähliches Anheizen und Abkühlen die Wärmelastspannungen in niedrigen Grenzen gehalten werden.

5. Auch und gerade für emaillierte Kessel wird es günstig sein, allzu hohe Spannungsspitzen, die durch den Innendruck hervorgerufen werden, zu vermeiden. Das läßt sich durch geeignete Formgebung erreichen. Der hier untersuchte 6000 l-Kessel hat keine ideale Form. Die starke Wandstärkenänderung im Bereich der Bodenkrempe (die Wandstärke nimmt hier nahezu um ein Drittel des Wertes, den sie im Boden hat, ab), der verhältnismäßig kleine Krempenradius ($r_i = 300$ mm), die Abnahme der Wandstärke des zylindrischen Teiles zum Kesselflansch hin (bis auf 46 mm) und der nicht allzulange konische Übergangsteil des Flansches (Flanschhals) bedingen relativ hohe Spannungen im Bereich der Krempe und des Kesselflansches. Wie sich ein Abbau dieser Spannungen bewerkstelligen läßt, kann man aus Tab. 14 für die Bodenkrempe und aus Tab. 20 und 21 für den Übergang zum Kesselflansch entnehmen. Die Spannungen für die Bodenkrempe wurden von DETTMAR in Zusammenarbeit mit den Verfassern nach der oben erläuterten Methode von ESSLINGER berechnet. DETTMAR führte die Berechnungen auf der programmgesteuerten elektronischen Rechenmaschine G 1 in Göttingen durch. Für den Übergangsteil zum Flansch wurde von den Verfassern ein Stufenkörperverfahren ähnlich dem in Anhang 1 dargestellten entwickelt und von DETTMAR wurde die Berechnung der Spannungen nach Programmierung für 4 Stufenkörper im konischen Übergangsteil mit der Rechenmaschine durchgeführt.

Man ersieht aus Tab. 14, daß bei größerem Krempenradius r_i aber sonst gleichen Abmessungen, die maximale innere Normalspannung σ_{Ni} in der Bodenkrempe (dies ist die größte in der Bodenkrempe auftretende Spannung) wesentlich herabgesetzt werden kann. Auch ESSLINGER [59] erwähnt dies schon beiläufig, aber hier ist es nun durch Berechnungen an sechs verschiedenen 6000 l-Kesseln mit Zahlenwerten erhärtet. Auch der Einfluß der Wandstärkenbemessung kann leicht aus Tab. 14 abgelesen werden. Tab. 20 bringt eine Zusammenstellung der maximalen äußeren Normalspannung σ_{Na} am Kesselflansch verschiedener 6000 l-Kessel in Abhängigkeit von den Flanschabmessungen. Zweierlei ist hierbei von Bedeutung: Erstens tritt die maximale äußere Normalspannung σ_{Na} bei kurzer Wurzellänge (Länge des konischen Übergangsteiles) am Übergang der Wurzel in den zylindrischen Teil auf, worauf auch SCHILHANSL [11] schon hinwies. Bei größerer Wurzellänge verschiebt sich die Stelle maximaler Spannung σ_{Na} zur Flanschunterkante hin. Zweitens können die Spannungen σ_{Na} durch Vergrößerung der Wurzeldicke (an der Flanschunterkante gemessen) merklich vermindert werden, wenn die Wurzellänge nicht zu kurz bemessen wird. Stärker kommt die Abhängigkeit der Spannungen σ_{Na} von den Flanschabmessungen noch am Übergang von der Wurzel in den zylindrischen Teil zum Ausdruck, wie Tab. 21 zeigt. Bei langem konischen Übergangsteil kann die Spannung σ_{Na} hier drastisch gesenkt werden (in den angegebenen Beispielen bei 300 mm Wurzellänge auf $^1/_3$ des Wertes für 100 mm Wurzellänge).

VI. Lösung der Aufgaben

(Die schwereren Aufgaben sind durch * gekennzeichnet)

1. Aufgabe. Man erhält zunächst für die Hilfsgrößen b, φ_0 und K die folgenden Werte

$$b = a_a - s - r_i = 683,5\,\text{mm} \qquad \sin\varphi_0 = \frac{b}{R_i - r_i} = 0,455\,69$$

$$\varphi_0 = 0,4730° \text{ i. B.} = 27° 6,5' \qquad \cos\varphi_0 = 0,890\,15$$

$$K = \sqrt[4]{3(1 - \nu^2)}\,\sqrt{\frac{R}{S}} = 1,306\,\sqrt{\frac{R}{S}} = 1,306 \cdot 4,528 = 5,91$$

$$K\,\varphi_0 = 5,91 \cdot 0,4730 = 2,797$$

Nunmehr sind die Beiwerte X_a, X_b, W_a und W_b für die Randdeformationen der am Außenrand belasteten Kugelschale, um die es sich hier handelt, zu bestimmen. Für $K\sqrt{2}\,\varphi_0 = 3,955$ liest man in Abb. 4 auf S. 17 des ESSLINGERschen Buches [7] folgende Zahlenwerte ab:

$$X_a = 16,48 \qquad\qquad W_a = 22,59$$
$$X_b = 20,75 \qquad\qquad W_b = 16,48$$

Damit bekommt man für die Koeffizienten, die in Gl. (21) in den Ausdrücken für die gesuchten Randdeformationen w_0 und χ_0 auftreten:

$$\frac{W_a\,s\cos\varphi_0}{r\,\varphi_0} = 11,09 \qquad\qquad \frac{W_b}{\varphi_0} = 34,85$$

$$\frac{W_a\,R\cos^2\varphi_0}{2r\,\varphi_0} = 101,22 \qquad \frac{(1 - \nu)\,R^2}{2\,s\,r}\sin\varphi_0 = 20,62$$

$$\frac{X_a\cos\varphi_0}{\varphi_0} = 31,02 \qquad\qquad \frac{X_b\,r}{s\,\varphi_0} = 168,2$$

$$\frac{X_a\,R\cos^2\varphi_0}{2\,s\,\varphi_0} = 283,1$$

Setzt man diese Koeffizienten in Gl. (21) ein, so ergeben sich die folgenden endgültigen analytischen Ausdrücke für die Randdeformationen des Bodens:

$$\left.\begin{aligned}
\frac{w_0}{r} &= 11,09\,\frac{S_0}{E\,s} + 34,85\,\frac{M_0}{E\,s\,r} - 80,60\,\frac{p}{E}\\[2mm]
\chi_0 &= 31,02\,\frac{S_0}{E\,s} + 168,2\,\frac{M_0}{E\,s\,r} - 283,1\,\frac{p}{E}
\end{aligned}\right\} \qquad (21')$$

***2. Aufgabe.** Der nicht ganz einfache Lösungsweg dieser Aufgabe läßt sich am leichtesten an Hand der folgenden Tabellen verfolgen, in denen die Stufenkörper mit I bis IV bezeichnet sind.

Tab. 34 bringt zunächst die Grundwerte, von denen die Winkel durch die Anleitung zu dieser Aufgabe (s. a. Abb. 38) gegeben sind.

$\widehat{\varDelta\varphi}$ stellt den im Bogenmaß gemessenen Öffnungswinkel des jeweiligen Stufenkörpers dar.

$$\frac{\varrho}{r} = \frac{b}{r} + \sin\varphi \qquad b = 683,5\,\text{mm} \qquad r = r_i + \frac{s}{2}$$

$$\frac{\varrho_i}{r_i} = \frac{b}{r_i} + \sin\varphi \qquad r_i = 300\,\text{mm} \qquad s = 63,5 \cdots 90\,\text{mm}$$

Tabelle 34. *Grundwerte*

Winkel	φ°	$\sin\varphi$	$\cos\varphi$	$\widehat{\varDelta\varphi}$	$\dfrac{\varrho}{r}$	$\dfrac{\varrho_i}{r_i}$	$\cos\varphi_a - \cos\varphi_m$	$\cos\varphi_m - \cos\varphi_e$
φ_0	$27°\,6,5'$	0,45569	0,89015		2,43669			
$\varphi_{m\,\mathrm{I}}$	$34°\,33,3'$	0,5672	0,82359	0,2600	2,5482	2,8462	0,06656	0,08049
φ_1	$42°$	0,6691	0,7431		2,6501			
$\varphi_{m\,\mathrm{II}}$	$50°$	0,7660	0,6428	0,27925	2,7470	3,045	0,10035	0,11287
φ_2	$58°$	0,8480	0,5299		2,8290			
$\varphi_{m\,\mathrm{III}}$	$66°$	0,9135	0,4067	0,27925	2,8945	3,1925	0,12318	0,13110
φ_3	$74°$	0,9613	0,2756		2,9863			
$\varphi_{m\,\mathrm{IV}}$	$82°$	0,9903	0,1392	0,27925	3,0153	3,2693	0,13647	0,13917
φ_4	$90°$	1,0000	0,0000		3,0600			

Der durchgehende Querstrich trennt die ersten beiden Stufenkörper konstanter Wandstärke ($s = 9$ cm) von den übrigen ab. $\varDelta\varphi$ ist, wie üblich, im Bogenmaß ($\frown$) angegeben.

Der waagerechte Trennungsstrich in Tab. 34 zwischen φ_2 und $\varphi_{m\,\mathrm{III}}$ soll darauf hinweisen, daß für die ersten beiden Stufenkörper (I und II) mit $s = 90$ mm gerechnet wurde, wohingegen für Stufenkörper III $s = 75$ mm und $r = 337,5$ mm und für Stufenkörper IV $s = 63,5$ mm und $r = 331,8$ mm ist. (Übergang in den zylindrischen Teil geringerer Wandstärke.)

In Tab. 35 sind die Vorarbeiten für die Kraft- und Momentenwerte (Radien) geleistet. Die Indizes haben folgende Bedeutung:

$a =$ Anfangsschnittstelle eines Stufenkörpers (stets dem Kugelboden näher gelegen),

e　Endschnittstelle eines Stufenkörpers (stets dem zylindrischen Teil näher gelegen)

i　bis zur Wandungsmitte gehend

m　Mitte eines Stufenkörpers

Tabelle 35. *Vorarbeiten für Kraft- und Momentenwerte. Radien*

Körper	$\dfrac{\varrho_a}{\varrho_e}$	$v\,\dfrac{r}{\varrho_e}$	$\dfrac{\varrho_m\varrho_e}{r^2}$	$\dfrac{\varrho_{im}r}{\varrho_e r_i}$	$\dfrac{r_i\varrho_{im}}{s\varrho_e}$	$v\,\dfrac{r\varrho_a}{2s\varrho_e}$	$\dfrac{\varrho_a^2}{r\varrho_e}$	$\dfrac{\varrho_a^2}{2s\varrho_e}$	$\dfrac{r_i\varrho_{im}}{2s\varrho_e}$
I	0,919	0,06565	6,75	1,074	3,115	0,3064	2,239	4,29	1,5575
II	0,937	0,06152	7,765	1,077	3,122	0,3124	2,482	4,76	1,561
III	0,947	0,05830	8,640	1,070	3,802	0,3159	2,679	6,025	1,901
IV	0,976	0,05687	9,220	1,0675	4,562	0,3255	2,913	7,600	2,281

Die Werte in Tab. 35 folgen leicht aus denen in Tab. 34 durch Multiplikation bzw. Division.

In Tab. 36 sind die Vorarbeiten für Kraft- und Momentwerte (Winkel) geleistet. Alle diese Größen lassen sich durch Multiplikation entsprechender Werte aus Tab. 34 unschwer bestimmen.

Nunmehr können die Kraftwerte

$$F_i\,(i = 1, \ldots, 6)$$

an Hand der ersten Gln. (23) berechnet werden; man erhält die in Tab. 37 zusammengestellten Werte. Auch die Momentenwerte

$$G_i\,(i = 0, \ldots, 6)$$

lassen sich nach den zweiten Gln. (23) berechnen; sie sind in Tab. 38 zusammengestellt. Zur Bestimmung der Verformungswerte bedarf es noch der Vorarbeiten, die in Tab. 39 geleistet sind; die Verformungswerte

$$H_i\,(i = 1, \ldots, 7)$$

nach den dritten Gleichungen (23) sind in Tab. 40 zusammengestellt.

Jetzt können die erhaltenen Kraft-, Momenten- und Verformungs-

Tabelle 36. *Vorarbeiten für Kraft- und Momentenwerte. Winkel*

Körper	$\Delta\varphi\cos\varphi_a$	$\Delta\varphi\sin\varphi_m$	$\Delta\varphi\sin\varphi_a$	$(\Delta\varphi\sin\varphi_m)^2\cdot 100$	$\frac{1}{6}(\Delta\varphi\sin\varphi_m)^2\cdot 100$	$\Delta\varphi\cos\varphi_m$	$\Delta\varphi^2\cdot 100$	$\dfrac{\Delta\varphi\sin\varphi_a}{(\cos\varphi_m - \cos\varphi_e)\cdot 100}$
I	0,2315	0,1474	0,1184	2,173	0,36217	0,214	6,7600	1,186
II	0,20752	0,213917	0,186855	4,576048	0,76267	0,179499	7,79806	2,109032
III	0,14798	0,255109	0,236818	6,508060	1,08468	0,113582	7,79806	3,104684
IV	0,07697	0,276544	0,268432	7,647050	1,27451	0,038863	7,79806	3,735768

Tabelle 37. *Kraftwerte*

Körper	F_1	F_2	$F_1 + F_2$	$100\,F_3$	$1000\,F_4$	F_5	F_6	$F_5 - F_6$
I	0,919	0,0152	0,9342	3,852	2,562	0,459	0,0363	0,4227
II	0,937	0,01276	0,94976	3,598	3,61	0,668	0,05838	0,60962
III	0,947	0,00863	0,95563	3,235	3,985	0,970	0,0748	0,8952
IV	0,976	0,004378	0,980378	3,030	4,105	1,262	0,08735	1,17465

Tabelle 38. *Momentenwerte*

Körper	G_1	G_2	$G_1 + G_2$	$100\,G_3$	$10^4\,G_4$	G_5	G_6	G_7	$G_5 + G_6 - G_7$
I	0,1354	0,001223	0,136623	0,3100	1,395	0,918	0,10525	0,002922	1,020328
II	0,2003	0,001441	0,201741	0,406	2,742	0,8545	0,1217	0,00659	0,96961
III	0,2415	0,001131	0,242631	0,424	3,510	0,685	0,1483	0,009808	0,823492
IV	0,2700	0,000609	0,270609	0,4215	3,862	0,2952	0,1780	0,01216	0,46104

Tabelle 39. *Vorarbeiten für Verformungswerte*

Körper	$v\dfrac{r}{\varrho_a}$	$v\dfrac{r}{\varrho_a}\cdot \Delta\varphi\cos\varphi_m$	$\dfrac{r^2}{s^2}\cdot 2(\Delta\varphi)^2$	$\dfrac{\Delta\varphi}{4}\cos\varphi_m$	(4)	(5)	$0{,}4847\cdot\cos\varphi_m$	$0{,}4847\cdot\dfrac{r_i\varrho_{im}}{s\,r_i}$	$\Delta\varphi\sin\varphi_m\cdot\cos\varphi_m$
I	0,07140	0,01528	1,986	0,0535	1,1879	0,6207	0,399	4,597	0,1213
II	0,06565	0,01178	2,291	0,04487	1,57695	0,81091	0,3115	4,92	0,137504
III	0,06152	0,006985	3,160	0,02840	1,8555	0,94195	0,1970	6,955	0,103763
IV	0,0583	0,002264	4,250	0,00972	1,99026	0,99999	0,6745	8,26	0,038485

Das Symbol (4) bedeutet $\left(2\sin\varphi_m + \dfrac{\Delta\varphi}{4}\cos\varphi_m\right)$, das Symbol (5) $\left(\sin\varphi_m + \dfrac{\Delta\varphi}{4}\cos\varphi_m\right)$.

Der Faktor 0,4847 ist gleich $\dfrac{1-v^2}{2}$.

werte in die Gln. (22) eingesetzt werden. Zunächst werden dann die Größen $S_1/E\,s$, $M_1/E\,s\,r$, χ_1 und w_1/r als Funktion der statisch unbestimmten, zunächst noch unbekannten inneren Kräfte S_0 und M_0 berechnet. Diese Größen werden gebraucht, um dann $S_2/E\,s$, ... usw. zu bestimmen. Am Ende dieser sukzessiven Rechnung bekommt man die inneren Kräfte und Deformationen an der Schnittstelle 4 zwischen Krempe und zylindrischem Teil. Ohne diese langwierige, aber nicht schwierige Rechnung hier durchzuführen, schreiben wir die Endergebnisse sofort an:

$$
\left.
\begin{aligned}
\frac{S_1}{E\,s} &= 1{,}4410\,\frac{S_0}{E\,s} + 1{,}7735\,\frac{M_0}{E\,s\,r} - 4{,}2542\,\frac{p}{E} \\[4pt]
\frac{S_2}{E\,s} &= 2{,}0236\,\frac{S_0}{E\,s} + 4{,}6895\,\frac{M_0}{E\,s\,r} - 9{,}85562\,\frac{p}{E} \\[4pt]
\frac{S_3}{E\,s} &= 2{,}6089\,\frac{S_0}{E\,s} + 8{,}953\,\frac{M_0}{E\,s\,r} - 16{,}0365\,\frac{p}{E} \\[4pt]
\frac{S_4}{E\,s} &= 2{,}8552\,\frac{S_0}{E\,s} + 14{,}4692\,\frac{M_0}{E\,s\,r} - 20{,}45745\,\frac{p}{E} \\[4pt]
\frac{M_1}{E\,s\,r} &= -0{,}175352\,\frac{S_0}{E\,s} + 0{,}78754\,\frac{M_0}{E\,s\,r} + 1{,}309728\,\frac{p}{E} \\[4pt]
\frac{M_2}{E\,s\,r} &= -0{,}525305\,\frac{S_0}{E\,s} + 0{,}06861\,\frac{M_0}{E\,s\,r} + 3{,}60833\,\frac{p}{E} \\[4pt]
\frac{M_3}{E\,s\,r} &= -1{,}075329\,\frac{S_0}{E\,s} - 1{,}61933\,\frac{M_0}{E\,s\,r} + 7{,}356862\,\frac{p}{E} \\[4pt]
\frac{M_4}{E\,s\,r} &= -1{,}80455\,\frac{S_0}{E\,s} - 4{,}7616\,\frac{M_0}{E\,s\,r} + 12{,}51864\,\frac{p}{E} \\[4pt]
\chi_1 &= 27{,}003\,\frac{S_0}{E\,s} + 209{,}15\,\frac{M_0}{E\,s\,r} - 253{,}1\,\frac{p}{E} \\[4pt]
\chi_2 &= 9{,}763\,\frac{S_0}{E\,s} + 230{,}23\,\frac{M_0}{E\,s\,r} - 132{,}1\,\frac{p}{E} \\[4pt]
\chi_3 &= -44{,}547\,\frac{S_0}{E\,s} + 177{,}63\,\frac{M_0}{E\,s\,r} + 239{,}9\,\frac{p}{E} \\[4pt]
\chi_4 &= -176{,}147\,\frac{S_0}{E\,s} - 113{,}87\,\frac{M_0}{E\,s\,r} + 1147{,}5\,\frac{p}{E} \\[4pt]
\frac{w_1}{r} &= 15{,}4876\,\frac{S_0}{E\,s} + 62{,}571\,\frac{M_0}{E\,s\,r} - 119{,}3225\,\frac{p}{E} \\[4pt]
\frac{w_2}{r} &= 19{,}6694\,\frac{S_0}{E\,s} + 109{,}8826\,\frac{M_0}{E\,s\,r} - 160{,}7290\,\frac{p}{E} \\[4pt]
\frac{w_3}{r} &= 15{,}84065\,\frac{S_0}{E\,s} + 163{,}7371\,\frac{M_0}{E\,s\,r} - 150{,}0477\,\frac{p}{E} \\[4pt]
\frac{w_4}{r} &= -13{,}29568\,\frac{S_0}{E\,s} + 178{,}53138\,\frac{M_0}{E\,s\,r} + 32{,}332\,\frac{p}{E}
\end{aligned}
\right\} \quad (129)
$$

Tabelle 40. *Verformungswerte*

Körper	H_1	H_2	H_3	H_4	H_5	H_6	H_7
I	22,91	0,98472	0,1474	2,36	1,232	0,0854	0,5578
II	24,61	0,98822	0,213917	3,613	1,857	0,0559	0,6765
III	33,93	0,993015	0,255109	5,860	2,977	0,02238	0,7215
IV	45,68	0,997736	0,276544	8,460	4,250	0,00262	0,3176

3. Aufgabe. Man hat zunächst

$$\lambda = \sqrt[4]{3(1 - \nu^2)}\ \sqrt{\frac{a}{s}} = 1{,}306 \cdot 3{,}99875 = 5{,}221$$

$$\lambda^2 = 27{,}26 \qquad\qquad \lambda^3 = 142{,}3$$

$$r = 331{,}75 \ \text{mm} \qquad s = 63{,}5 \ \text{mm}$$

Setzt man diese Werte in die Gl. (25) ein, so erhält man:

$$\left.\begin{aligned}
\frac{w_4}{r} &= -31{,}95 \,\frac{S_4}{E\,s} + 54{,}52 \,\frac{M_4}{E\,s\,r} + 44{,}65 \,\frac{p}{E} \\[2mm]
\chi_4 &= 54{,}52 \,\frac{S_4}{E\,s} - 185{,}9 \,\frac{M_4}{E\,s\,r}
\end{aligned}\right\} \tag{25'}$$

Setzt man ferner diese Größen den entsprechenden Größen in Gln. (129) (nach der Krempenrechnung bestimmt) gleich, so ergeben sich die beiden Gleichungen zur Bestimmung der statisch unbestimmten Größe S_0 und M_0; für S_4 und M_4 sind die Werte nach den Gln. (129) einzusetzen. Mit $p = 7$ atü bekommt man:

$$176{,}30\, S_0 + 27{,}14\, M_0 = 5{,}99 \cdot 10^4$$

$$-669{,}95\, S_0 - 54{,}35\, M_0 = -2{,}05 \cdot 10^5$$

Als Lösung dieses Gleichungssystems findet man:

$$\underline{\underline{S_0 = 268{,}4 \ \text{kg/cm}}}$$

$$\underline{\underline{M_0 = 463{,}3 \ \text{cm kg/cm}}}$$

4. Aufgabe. Zuerst sollen Kräfte und Spannungen im *Boden* an Hand der Gln. (26), (28) und (28a) bestimmt werden. Die Konstanten A_1, A_2, B_1 und B_2 entnimmt man für $K\sqrt{2}\,\varphi_0 = 3{,}955$ der Tab. 1 auf S. 97 des ESSLINGERschen Buches [7]. Dort findet man:

$$A_1 = 0{,}79 \qquad\qquad A_2 = -0{,}1526$$

$$B_1 = -1{,}06 \qquad\qquad B_2 = -1{,}19$$

Nun lassen sich nach den beiden letzten Gln. (26) die Beiwerte A^* und B^* berechnen. Es ergibt sich:

$$A^* = -223{,}25 \qquad\qquad B^* = 228{,}02$$

Jetzt lassen sich die inneren Kräfte N, T und M/s unschwer an Hand der ersten 3 Gln. (26) bestimmen. Die so ermittelten Kräfte sind in Tab. 41 zusammengestellt. x stellt die von der Rotationsachse des Kessels an gemessene, auf den (zylindrischen) Kesseldurchmesser projizierte Länge des mittleren, d. h. in der Wandungsmitte verlaufenden Meridianbogens bis zum jeweiligen Schalenpunkt dar. $x = 0$ entspricht der Bodenmitte, während bei $x = 84{,}05$ cm die Krempe beginnt.

Nachdem man sich nach Gl. (28a) die Hilfsgröße $\frac{6\,M_\Theta}{s^2}$ berechnet hat, die keineswegs dieselbe Größe wie $\nu\,\frac{6\,M}{s^2}$ hat, können die Normal- und Tangentialspannungen sofort an Hand der Gln. (28) ermittelt werden. Die Hilfswerte und die Spannungen, die man so erhält, sind in Tab. 42 aufgeführt. Die zugehörigen Dehnungen sind im Hauptteil (§ 17) in den Abb. 39, 40 und 41 in Abhängigkeit von der Größe x dargestellt worden.

Für die *Bodenkrempe* sind die inneren Kräfte und die Deformationen auf Grund der Gln. (129) sofort bekannt, wenn $p = 7$ atü gesetzt wird und für S_0 und

Tabelle 41. *Bestimmung der inneren Kräfte für den Boden*

$x = R\sin\varphi$ cm	A^*n_a kg/cm	A^*t_a kg/cm	A^*m_a kg/cm	B^*n_b kg/cm	B^*t_b kg/cm	B^*m_b kg/cm	N kg/cm	T kg/cm	$\frac{M}{s}$ kg/cm
84,05	− 244,6	− 485,7	+ 217,2	− 30,79	− 734,0	− 164,6	+ 370,6	− 573,7	+ 52,6
77,05	− 219,0	− 513,8	+ 138,4	+ 26,22	− 489,2	− 170,1	+ 453,2	− 357,0	− 31,7
68,80	− 184,0	− 479,8	+ 68,45	+ 75,50	− 257,7	− 157,3	+ 537,5	− 91,5	− 88,85
60,60	− 146,5	− 407,0	+ 17,77	+ 110,3	− 84,8	− 132,7	+ 609,8	+ 154,2	− 114,93
52,30	− 110,5	− 318,0	− 16,45	+ 133,6	+ 24,4	− 103,5	+ 669,1	+ 352,4	− 119,95
43,60	− 77,95	− 229,2	− 38,63	+ 147,75	+ 94,6	− 74,6	+ 715,8	+ 511,4	− 113,23
35,05	− 50,23	− 149,6	− 49,6	+ 155,75	+ 133,8	− 48,6	+ 751,5	+ 630,2	− 98,2
26,42	− 28,38	− 84,9	− 55,3	+ 159,60	+ 152,5	− 27,57	+ 777,2	+ 713,6	− 82,87
17,76	− 12,64	− 37,87	− 57,3	+ 161,0	+ 159,6	− 12,33	+ 794,4	+ 767,7	− 69,63
8,74	− 3,15	− 9,47	− 57,72	+ 161,2	+ 161,2	− 3,14	+ 804,05	+ 797,7	− 60,86
4,37	− 0,78	− 2,37	− 57,95	+ 161,2	+ 161,2	− 0,76	+ 806,42	+ 804,8	− 58,71
2,19	− 0,179	− 0,60	− 57,95	+ 161,2	+ 161,2	− 0,20	+ 807,02	+ 806,6	− 58,15
0,00	0,000	0,00	− 57,95	+ 161,2	+ 161,2	0,00	+ 807,2	+ 807,2	− 57,95

Tabelle 42. *Aufstellung aller Spannungen und Hilfsgrößen für Boden und Bodenkrempe.* $p = 7$ atü

$x = R \sin \varphi$ cm	$\frac{N}{s}$ kg/cm²	$\frac{T}{s}$ kg/cm²	$\frac{6M}{s^2}$ kg/cm²	$v\,\frac{6M}{s^2}$ kg/cm²	σ_{Na} kg/cm²	σ_{Ni} kg/cm²	σ_{Ta} kg/cm²	σ_{Ti} kg/cm²	Kesselteil
0,00	+ 89,70	+ 89,70	− 38,60	− 6,72	+ 128,30	+ 51,10	+ 126,44	+ 52,96	Boden
2,19	+ 89,70	+ 89,60	− 38,75	− 6,74	+ 128,45	+ 50,95	+ 126,36	+ 52,84	
4,37	+ 89,60	+ 89,40	− 39,10	− 6,80	+ 128,70	+ 50,50	+ 126,31	+ 52,43	
8,74	+ 89,38	+ 88,60	− 40,57	− 7,06	+ 129,95	+ 48,81	+ 126,29	+ 50,91	
17,76	+ 88,30	+ 85,30	− 46,42	− 8,08	+ 134,72	+ 41,88	+ 125,77	+ 44,83	
26,42	+ 86,35	+ 79,30	− 55,23	− 9,62	+ 141,58	+ 31,12	+ 124,10	+ 34,50	
35,05	+ 83,50	+ 70,20	− 65,45	− 11,39	+ 148,95	+ 18,05	+ 120,30	+ 20,10	
43,60	+ 79,50	+ 56,80	− 75,50	− 13,14	+ 155,00	+ 4,00	+ 112,51	+ 1,09	
52,30	+ 74,35	+ 39,17	− 79,98	− 13,91	+ 154,33	− 5,63	+ 99,30	− 20,96	
60,60	+ 67,73	+ 17,13	− 76,60	− 13,33	+ 144,33	− 8,87	+ 79,36	− 45,10	
68,80	+ 59,70	− 10,17	− 59,21	− 10,30	+ 118,91	+ 0,49	+ 49,71	− 70,05	
77,05	+ 50,38	− 39,68	− 21,13	− 3,68	+ 71,51	+ 29,25	+ 11,64	− 91,00	
84,05	+ 41,18	− 63,70	+ 35,07	+ 6,10	+ 6,11	+ 76,25	− 29,34	− 98,06	
84,05	+ 41,45	− 67,2	+ 34,32	+ 5,97	+ 7,13	+ 75,77	− 34,72	− 99,68	Boden-krempe
91,39	+ 35,55	− 99,4	+ 117,60	+ 20,47	− 82,05	+ 153,15	− 95,90	− 102,90	
97,57	+ 31,32	− 127,0	+ 222,90	+ 38,79	− 191,58	+ 254,22	− 158,72	− 95,28	
100,73	+ 44,50	− 53,7	+ 270,90	+ 47,14	− 226,40	+ 315,40	− 105,00	− 2,40	
101,49	+ 55,95	+ 28,36	+ 30,37	+ 5,28	+ 25,58	+ 86,32	+ 23,08	+ 33,64	

M_0 die in der Lösung zur 3. Aufgabe gefundenen Werte eingesetzt werden. Durch die Kräfte S, senkrecht zur Rotationsachse, sind auf Grund der ersten Gl. (27) sofort die Normalkräfte N bekannt, mit deren Hilfe sich sodann die Tangentialkräfte T nach der zweiten Gl. (27) berechnen lassen, nachdem die Deformationen w eingesetzt worden sind. Mit Hilfe der ermittelten Deformationen χ ergeben sich die Hilfsgrößen $6\,\dfrac{M_\Theta}{s^2}$ nach Gl. (28b), während die Spannungen wieder, wie auch beim Boden, mit Hilfe der Gln. (28) berechnet werden. Auch diese Spannungen sind in Tab. 42 eingetragen und die entsprechenden Verzerrungen in die Abb. 39, 40 und 41 des Hauptteiles (§ 17) eingezeichnet worden.

5. Aufgabe. Mit den Werten $\lambda = 5{,}221$ (vgl. Lösung der 3. Aufgabe) $S_4 = 59{,}20$ kg/cm und $M_4 = 204{,}0$ cm kg/cm (vgl. Lösung der 4. Aufgabe) erhält man für die konstanten Beiwerte in den Gln. (30):

$$S_4\,\frac{a}{\lambda} = 1151{,}0 \text{ cm kg/cm} \qquad S_4\,\frac{a}{\lambda s} = 181{,}3 \text{ kg/cm}$$

$$\frac{M_4}{s} = 32{,}12 \text{ kg/cm}$$

Setzt man diese Werte nun in die Gln. (30) ein und entnimmt der Tab. 5 auf S. 100 des ESSLINGERschen Buches für verschiedene Werte der unabhängigen Veränderlichen $\dfrac{\lambda x}{a}$ ($x =$ Länge der Mantellinie des Zylinders, vertikal gemessene Entfernung des jeweils betrachteten Punktes von der Schnittstelle 4 zwischen Bodenkrempe und zylindrischem Kesselteil) die abhängigen Veränderlichen t_m, t_q, m_m und m_q, so ergeben sich sofort die inneren Kräfte T und M; N ist ohnehin im zylindrischen Teil konstant (355,05 kg/cm).

Die additiven Glieder der Gln. (30) und die inneren Kräfte, die daraus bestimmt werden, sind in Tab. 43 zusammengestellt und die

Tabelle 43. *Bestimmung der inneren Kräfte für den Mantel*

Abstand x von der Schnittstelle 4 cm	$32{,}12\,t_m$	$181{,}3\,t_q$	$204{,}0\,m_m$	$1151{,}0\,m_q$	N kg/cm	T kg/cm	M kg/cm
0,00	$+109{,}6$	$+618{,}7$	$+204{,}0$	$+0{,}000$	$+355{,}05$	$+201{,}58$	$+204{,}0$
4,855	$+61{,}6$	$+466{,}9$	$+193{,}3$	$+221{,}8$	$+355{,}05$	$+305{,}38$	$-28{,}5$
9,71	$+26{,}48$	$+329{,}1$	$+168{,}0$	$+334{,}4$	$+355{,}05$	$+408{,}06$	$-166{,}4$
14,57	$+2{,}59$	$+214{,}0$	$+136{,}2$	$+370{,}6$	$+355{,}05$	$+499{,}27$	$-234{,}4$
19,43	$-12{,}14$	$+123{,}0$	$+103{,}75$	$+356{,}1$	$+355{,}05$	$+575{,}54$	$-252{,}35$
29,13	$-22{,}67$	$+9{,}76$	$+48{,}65$	$+256{,}0$	$+355{,}05$	$+678{,}25$	$-207{,}35$
38,85	$-19{,}66$	$-34{,}85$	$+13{,}60$	$+141{,}6$	$+355{,}05$	$+725{,}85$	$-128{,}0$
48,55	$-12{,}59$	$-40{,}70$	$-3{,}39$	$+56{,}5$	$+355{,}05$	$+738{,}79$	$-59{,}89$

Spannungen, die sich unschwer aus den inneren Kräften nach den auch für den zylindrischen Teil gültigen Gln. (28) berechnen lassen (für den zylindrischen Teil und nur für diesen ist $M_\Theta = \nu\,M = \nu\,M_\varphi$) in Tab. 44.

Tabelle 44. *Aufstellung aller Spannungen für den Mantel*

Abstand x von der Schnittstelle 4 cm	$\dfrac{N}{s}$ kg/cm²	$\dfrac{T}{s}$ kg/cm²	$\dfrac{6\,M}{s^2}$ kg/cm²	$\nu\,\dfrac{6\,M}{s^2}$ kg/cm²	σ_{Na} kg/cm²	σ_{Ni} kg/cm²	σ_{Ta} kg/cm²	σ_{Ti} kg/cm²
0,000	$+55,95$	$+\ 31,75$	$+30,37$	$+5,283$	$+25,58$	$+86,32$	$+\ 26,47$	$+\ 37,03$
4,855	$+55,95$	$+\ 48,10$	$-\ 4,24$	$-0,738$	$+60,19$	$+51,71$	$+\ 48,84$	$+\ 47,36$
9,71	$+55,95$	$+\ 64,30$	$-24,77$	$-4,310$	$+80,72$	$+31,18$	$+\ 68,61$	$+\ 59,99$
14,57	$+55,95$	$+\ 78,63$	$-34,89$	$-6,070$	$+90,84$	$+21,06$	$+\ 84,70$	$+\ 72,56$
19,43	$+55,95$	$+\ 90,60$	$-37,58$	$-6,538$	$+93,53$	$+18,37$	$+\ 97,14$	$+\ 84,06$
29,13	$+55,95$	$+106,85$	$-30,88$	$-5,370$	$+86,83$	$+25,07$	$+112,22$	$+101,48$
38,85	$+55,95$	$+114,30$	$-19,05$	$-3,315$	$+75,00$	$+36,90$	$+117,62$	$+110,99$
48,55	$+55,95$	$+116,40$	$-\ 8,915$	$-1,551$	$+64,87$	$+47,04$	$+117,95$	$+114,85$

6. Aufgabe. Zunächst hat man:

$$\varphi_1 \approx \sin\varphi_1 = \frac{d}{2\,R_1} = \frac{25}{404,6} = 0,061795 \text{ i. B.}$$

$$\varphi_1 = 3,54° = 3°\ 32,4'$$

$$K_1 = \sqrt[4]{3\,(1-\nu^2)}\ \sqrt{\frac{R_1}{s_1}} = \sqrt{2,909}\ \sqrt{\frac{202,3}{4,5}} = 8,755$$

$$K_1\,\sqrt{2}\,\varphi_1 = 0,765$$

Jetzt hat man alle Werte zusammen, um die Konstanten C_1 und D_1 an Hand der Gln. (56) berechnen zu können — die Werte der Z-Funktionen und ihrer ersten Ableitungen für das Argument $K_1\,\sqrt{2}\,\varphi_1$ sind in der Anleitung zu dieser Aufgabe bereits angegeben. Nach Einsetzen dieser Werte ergibt sich:

$$C_1 = -0,0706 \qquad D_1 = -0,8310$$

Geht man mit $pR/2 = 3,5 \cdot 202,3 = 708\ \text{kg/cm}$ in die Gln. (55) ein und entnimmt die Funktionen $n_c,\ \ldots,\ m_d$ für verschiedene Zentriwinkel φ der Tab. 4 auf S. 99/100 des Esslingerschen Buches, so ergeben sich leicht die inneren Kräfte N, T und M/s, die in Tab. 45 zusammengestellt sind.

Berechnet man nach Gl. (57) mit $C^*\,\dfrac{K^2}{R} = 18,905$ und $D^*\,\dfrac{K^2}{R} = 222,4$ die Größen $\dfrac{6\,M_\Theta}{s^2}$ für die verschiedenen Zentriwinkel φ, so erhält man nach den Gln. (28) die Normalspannungen σ_{Na} und σ_{Ni} sowie die Tangentialspannungen σ_{Ta} und σ_{Ti}, die ebenfalls in Tab. 45 angegeben sind. Setzt man, was unexakt ist, $M_\Theta = \nu\,M_\varphi$, vernachlässigt also in Gl. (57) den 2. Summanden, so bekommt man die Tangentialspannungen σ_{Ta}^{*} und σ_{Ti}^{*}, die in Tab. 45 zum Vergleich neben den exakten Tangentialspannungen aufgeführt sind. Man sieht, daß die Unterschiede zwischen den entsprechenden Spannungen in der Nähe des zentralen Durchbruches ($x = 12,5$) beträchtlich sind. x ist ähnlich wie beim Boden die auf den Deckeldurchmesser projizierte Länge des von der Mitte des Durchbruches an gerechneten Meridianbogens. $x = 0$ ist Mitte Durchbruch. $x = 109,4$ cm die Schnittstelle zwischen Kugelschale und Deckelkrempe und $x = 70,45$ etwa die Mitte zwischen mittlerem Durchbruch und Deckelkrempe.

7. Aufgabe. Zuerst bekommt man nach Gl. (67)

$$\varphi_1 \approx \sin \varphi_1 = \frac{d}{2R}$$

$$= \frac{25}{404,6} = 0{,}061\,795 °\text{ i. B.}$$

$$K_1 \varphi_1 = 0{,}5411$$

$$\underline{K_1 \sqrt{2}\,\varphi_1 = 0{,}765\,15}$$

und ferner

$$\sin \varphi_0 = \frac{b}{R+r} = \frac{111{,}75}{296{,}95}$$

$$\varphi_0 = 0{,}5703 °\text{ i. B.} = 32{,}69 °$$

$$K_0 \varphi_0 = 4{,}649;$$

$$\underline{K_0 \sqrt{2}\,\varphi_0 = 6{,}5745}$$

Für das Argument $K_1 \sqrt{2}\,\varphi_1$ entnimmt man der Funktionentafel von HAYASHI die Funk-

Tabelle 45. *Innere Kräfte und Spannungen für den Durchbruch ohne Berücksichtigung des Krempeneinflusses.* $p = 7$ *atü*

$x = R \sin \varphi$ cm	N kg/cm	T kg/cm	$\frac{M}{s} = \frac{M\varphi}{s}$ kg/cm	σ_{Na} kg/cm²	σ_{Ni} kg/cm²	σ_{Ta}^{*} kg/cm²	σ_{Ta} kg/cm²	σ_{Ti}^{*} kg/cm²	σ_{Ti} kg/cm²
12,50	+ 2,77	+1744,0	+ 1,699	− 1,649	+ 2,88	+387,31	+505,03	+388,09	+270,37
13,17	+ 74,75	+1661,5	+ 1,621	+ 14,45	+ 18,77	+368,82	+479,72	+369,58	+258,68
19,64	+502,0	+1147,0	+ 15,91	+ 90,39	+132,81	+251,31	+314,13	+258,69	+195,87
26,06	+634,8	+ 943,0	+ 21,91	+111,88	+170,32	+204,42	+242,22	+214,58	+176,78
32,50	+684,5	+ 836,5	+ 22,47	+122,24	+182,16	+180,69	+203,60	+191,11	+168,20
39,10	+704,3	+ 775,0	+ 20,10	+129,8	+183,40	+167,59	+181,32	+176,91	+163,18
45,42	+712,0	+ 739,5	+ 16,18	+136,68	+179,82	+160,65	+168,66	+168,15	+160,14
51,70	+714,0	+ 718,0	+ 12,66	+141,82	+175,58	+156,66	+161,13	+162,54	+158,07
58,15	+714,0	+ 706,0	+ 9,155	+146,49	+170,91	+154,78	+157,16	+159,02	+156,64
64,35	+712,0	+ 700,5	+ 6,21	+149,97	+166,53	+154,16	+155,22	+157,04	+155,98
70,45	+711,0	+ 698,8	+ 3,905	+152,80	+163,21	+155,40	+155,76	+156,21	+155,85

tionen $Z_{11}, \ldots, Z_{41}$ und ihre ersten Ableitungen; man erhält:

$$
\begin{aligned}
Z_{11} &= 0{,}99465 & Z'_{11} &= -0{,}02798 \\
Z_{21} &= -0{,}14623 & Z'_{21} &= -0{,}38182 \\
Z_{31} &= 0{,}36856 & Z'_{31} &= -0{,}22831 \\
Z_{41} &= -0{,}31105 & Z'_{41} &= 0{,}67031
\end{aligned}
$$

Für das Argument $K_0 \sqrt{2}\,\varphi_0$ werden die Werte der Hilfsgrößen n_a, n_b, n_c, n_d, t_a, t_b, t_c und t_d der Tab. 2 auf S. 98 des ESSLINGERschen Buches [7] entnommen. Nach Einsetzen dieser Konstanten in die Gln. (61) erhält man:

$$
\begin{aligned}
Z_{10} &= -7{,}7822 & Z'_{10} &= 5{,}5789 \\
Z_{20} &= 15{,}040 & Z'_{20} &= 14{,}992 \\
Z_{30} &= -2{,}7897 \cdot 10^{-3} & Z'_{30} &= 2{,}7661 \cdot 10^{-3} \\
Z_{40} &= -8{,}3795 \cdot 10^{-4} & Z'_{40} &= -1{,}3248 \cdot 10^{-3}
\end{aligned}
$$

Jetzt lassen sich unschwer die Konstanten $E_0, \ldots, L_0$ an Hand der Gln. (60), (62) und (63) berechnen. Es kommt:

$$
E_0 = -S_0\,\varphi_0 \cos\varphi_0 + p\,\frac{R}{2}\,\varphi_0 \cos^2\varphi_0 = -0{,}47999\,S_0 + 286{,}43 \tag{62'}
$$

$$
E_1 = \frac{pR}{2}\,\varphi_1 \cos^2\varphi_1 = 43{,}58 \tag{63'}
$$

$$
\left.
\begin{aligned}
F_0 &= -39{,}917 & F_1 &= 0{,}474685 \\
G_0 &= 94{,}6968 & G_1 &= -9{,}0905 \cdot 10^{-2} \\
H_0 &= -1{,}9335 \cdot 10^{-2} & H_1 &= +0{,}78475 \\
J_0 &= -7{,}5837 \cdot 10^{-3} & J_1 &= -6{,}677 \cdot 10^{-2} \\
L_0 &= -0{,}37421 \cdot M_0 & L_1 &= 0
\end{aligned}
\right\} \tag{60'}
$$

Nunmehr sind alle Werte beisammen, um die Konstanten $A, \ldots, D$ bestimmen zu können. Nach den Gln. (64) erhält man:

$$
\left.
\begin{aligned}
A &= -0{,}0403\,S_0 + 0{,}00498\,M_0 + 24{,}089 \\
B &= -0{,}0170\,S_0 - 0{,}00185\,M_0 + 10{,}21 \\
C &= +0{,}0221\,S_0 - 0{,}0034\,M_0 - 7{,}4939 \\
D &= -0{,}0038\,S_0 - 0{,}0020\,M_0 + 69{,}27
\end{aligned}
\right\} \tag{64'}
$$

Führt man jetzt die Konstanten $A, \ldots, D$ und $Z_{10}, Z_{20}, Z_{30}, Z_{40}, Z'_{10}, Z'_{20}, Z'_{30}$ und Z'_{40} in die Gl. (65) für die Deformation w_0 und in die Gl. (66) für die Deformation χ_0 ein, so ergibt sich:

$$
\frac{w_0}{r} = 185{,}20\,\frac{S_0}{E\,s} - 80{,}505\,\frac{M_0}{E\,s\,r} - \frac{18653}{E} \tag{65'}
$$

$$
\chi_1 = 67{,}6\,\frac{S_0}{E\,s} - 52{,}5\,\frac{M_0}{E\,s\,r} - \frac{7765}{E} \tag{66'}
$$

***8. Aufgabe.** Für die Krempenrechnung sind zunächst die folgenden Ausdrücke zu bestimmen

$$\frac{\varrho}{r} = \frac{b}{r} - \sin\varphi \qquad\qquad \frac{b}{r} = \frac{111{,}75}{4{,}65} = 24{,}032$$

$$\frac{\varrho_i}{r_i} = \frac{b}{r_i} - \sin\varphi \qquad\qquad \frac{b}{r_i} = \frac{111{,}75}{7{,}25} = 15{,}414$$

$$\frac{r_i\varrho_{im}}{s\,\varrho_e} = \frac{\varrho_{im}r}{\varrho_e r_i}\,\frac{r_i^2}{s\,r} \qquad\qquad \frac{r_i^2}{s\,r} = \frac{52{,}56}{5{,}2\cdot4{,}65} = 2{,}1738$$

$$\frac{\varrho_a^2}{2\,s\,\varrho_e} = \frac{\varrho_a^2}{\varrho_e r}\,\frac{r}{2\,s} \qquad\qquad \frac{r}{2\,s} = \frac{4{,}65}{2\cdot5{,}2} = 0{,}4471$$

$$\nu\,\frac{r\,\varrho_a}{2\,s\,\varrho_e} = \frac{\varrho_a}{\varrho_e}\,\frac{\nu\,r}{2\,s} \qquad\qquad \frac{\nu\,r}{2\,s} = 0{,}174\cdot0{,}4471 = 0{,}077\,995$$

$$\frac{\varrho_{im}}{s} = \frac{\varrho_{im}}{r_i}\,\frac{r_i}{s} \qquad\quad 0{,}4847\cdot\frac{r_i}{s} = 0{,}4847\cdot\frac{7{,}25}{5{,}2} = 0{,}675\,77$$

$$\frac{r^2}{s^2} = \frac{4{,}65^2}{5{,}2^2} = 0{,}8$$

In den weiter unten gebrachten Tabellen sind, ganz ähnlich wie bei den Berechnungen für den Boden, alle Zahlenwerte zusammengestellt worden, deren es zur Ermittlung der Konstanten $F_1, \ldots, H_7$ in den Gln. (68) bedarf. Im einzelnen erhält man:

Tabelle 46. *Deckelkrempe; Grundwerte*

Winkel	$\varphi°$	$\sin\varphi$	$\cos\varphi$	$\widehat{\varDelta\varphi}$	$\dfrac{\varrho}{r}$	$\dfrac{\varrho_i}{r_i}$	$\cos\varphi_a - \cos\varphi_m$	$\cos\varphi_m - \cos\varphi_e$
φ_0	$32°\,41'$	0,5401	0,8416		23,49			
$\varphi_{m\,I}$	$24°\,20{,}5'$	0,4121	0,9112	0,291 06	23,61	15,002	$-0{,}0696$	$-0{,}0501$
φ_1	$16°$	0,2756	0,9613		23,75			
$\varphi_{m\,II}$	$8°$	0,1392	0,9903	0,279 2	23,89	15,2748	$-0{,}0290$	$-0{,}0097$
φ_2	$0°$	0	1		24,03			

Tabelle 47. *Deckelkrempe; Vorarbeiten für Kraft- und Momentenwerte; Radien*
Der Index a kennzeichnet den Anfang, der Index e das Ende und der Index m die Mitte des jeweiligen Stufenkörpers

Stufenkörper	$\dfrac{\varrho_a}{\varrho_e}$	$\nu\dfrac{r}{\varrho_e}$	$\dfrac{\varrho_m\varrho_e}{r^2}$	$\dfrac{\varrho_{im}r}{\varrho_e r_i}$	$\dfrac{r_i\varrho_{im}}{s\,\varrho_e}$	$\nu\dfrac{r\,\varrho_a}{2\,s\,\varrho_e}$	$\dfrac{\varrho_a^2}{r\,\varrho_e}$	$\dfrac{\varrho_a^2}{r\,\varrho_e}$	$\dfrac{r_i\varrho_{im}}{2\,s\,\varrho_e}$
I	0,989 08	0,007 326	560,03	0,6307	1,372	0,076 94	23,23	10,40	0,6860
II	0,988 3	0,007 24	574,08	0,6358	1,382	0,076 76	23,44	10,49	0,6910

Tabelle 48. *Deckelkrempe; Vorarbeiten für Kraft- und Momentenwerte; Winkel*

Stufenkörper	$\varDelta\varphi\cos\varphi_a$	$\varDelta\varphi\cos\varphi_m$	$\varDelta\varphi\sin\varphi_a$	$(\varDelta\varphi\sin\varphi_m)^2\cdot{}\cdot100$	$\dfrac{1}{6}(\varDelta\varphi\sin\varphi_m)^2\cdot{}\cdot100$	$\varDelta\varphi\sin\varphi_m$	$\varDelta\varphi^2\cdot100$	$100\,\varDelta\varphi\sin\varphi_a\cdot{}\cdot(\cos\varphi_m - \cos\varphi_e)$
I	0,2440	0,2652	0,157 25	1,44	0,240	0,120	8,47	$-0{,}789$
II	0,2683	0,2770	0,077	0,1513	0,02552	0,0389	7,795	$-0{,}0747$

Tabelle 49. *Deckelkrempe; Kraftwerte*

Stufenkörper	F_1	F_2	$F_1 + F_2$	$100\,F_3$	$1000\,F_4$	F_5	F_6	$F_5 - F_6$
I	0,98908	0,001788	0,9909	0,05195	$-0,03615$	0,1650	0,0121	0,1529
II	0,9883	0,001943	0,9902	0,04865	$-0,01412$	0,0537	0,0059	0,0478

Tabelle 50. *Deckelkrempe; Momentenwerte*

Stufenkörper	G_1	$10^5\,G_2$	$G_1 + G_2$	$10^4\,G_3$	$10^4\,G_4$	G_5	G_6	$10^4\,G_7$	$G_5 + G_6 - G_7$
I	0,11868	$-8,9565$	0,11859	$-0,2605$	0,01247	2,7582	0,0581	$-6,0617$	2,8156
II	0,03845	$-1,8843$	0,03843	$-0,04715$	0,00123	2,9058	0,0539	$-0,5733$	2,9597

Tabelle 51. *Deckelkrempe; Vorarbeiten für Verformungswerte*

Stufenkörper	$v\,\dfrac{r}{\varrho_a}$	$\Delta\varphi\cos\varphi_m \cdot v\,\dfrac{r}{\varrho_a}$	$\dfrac{r^2}{s^2}\cdot 2\,\Delta\varphi^2$	$\dfrac{\Delta\varphi}{4}\cdot\cos\varphi_m$	(4)	(5)	$0{,}4847\cdot\cos\varphi_m$	$0{,}4847\cdot\dfrac{r_i\varrho_{im}}{s_i r_i}$	$\Delta\varphi\sin\varphi_m\cdot\cos\varphi_m$
I	0,007407	0,00196	0,1355	0,0663	0,8905	0,4784	0,4416	10,138	0,1094
II	0,007327	0,00203	0,1247	0,0693	0,3477	0,2085	0,4800	10,320	0,0385

Tabelle 52. *Deckelkrempe; Verformungswerte*

Stufenkörper	H_1	H_2	H_3	H_4	H_5	H_6	H_7
I	1,397	0,99804	0,1207	0,1207	0,0648	0,1171	1,109
II	1,340	0,99797	0,0389	0,0435	0,0261	0,1330	0,3974

Die Krempenrechnung an Hand der Gln. (68) ergibt mit $p = 7$ atü die folgenden Werte für *innere* Kräfte und Deformationen

$$
\left.
\begin{aligned}
\frac{S_1}{E\,s} &= +1{,}0898\,\frac{S_0}{E\,s} - 0{,}0437\,\frac{M_0}{E\,s\,r} - \frac{8{,}902}{E} \\[2mm]
\frac{M_1}{E\,s\,r} &= +0{,}1137\,\frac{S_0}{E\,s} + 0{,}9912\,\frac{M_0}{E\,s\,r} + \frac{19{,}233}{E} \\[2mm]
\chi_1 &= +67{,}788\,\frac{S_0}{E\,s} - 49{,}72\,\frac{M_0}{E\,s\,r} - \frac{7743{,}8}{E} \\[2mm]
\frac{w_1}{r} &= +177{,}36\,\frac{S_0}{E\,s} - 74{,}14\,\frac{M_0}{E\,s\,r} - \frac{17691{,}2}{E} \\[2mm]
\frac{S_2}{E\,s} &= +1{,}1663\,\frac{S_0}{E\,s} - 0{,}0801\,\frac{M_0}{E\,s\,r} - \frac{17{,}197}{E} \\[2mm]
\frac{M_2}{E\,s\,r} &= +0{,}1534\,\frac{S_0}{E\,s} + 0{,}9787\,\frac{M_0}{E\,s\,r} + \frac{39{,}469}{E} \\[2mm]
\chi_2 &= +68{,}147\,\frac{S_0}{E\,s} - 47{,}08\,\frac{M_0}{E\,s\,r} - \frac{7665{,}2}{E} \\[2mm]
\frac{w_2}{r} &= +174{,}64\,\frac{S_0}{E\,s} - 72{,}15\,\frac{M_0}{E\,s\,r} - \frac{17338{,}9}{E}
\end{aligned}
\right\} \qquad (68')
$$

Die beiden letzten Gleichungen sind von besonderer Bedeutung für die folgenden Entwicklungen. Setzt man den E-Modul ($0{,}53 \cdot 10^6\,\mathrm{kg/cm^2}$) und den numerischen Wert der Wandstärke ($s = 5{,}2\,\mathrm{cm}$) ein, so bekommt man als endgültige, Ausgangsgleichungen:

$$\boxed{\begin{aligned} w_2 &= +\,2{,}948 \cdot 10^{-4}\,S_0 - 2{,}618 \cdot 10^{-5}\,M_0 - 0{,}1521 \\ \chi_2 &= +\,2{,}472 \cdot 10^{-5}\,S_0 - 3{,}673 \cdot 10^{-6}\,M_0 - 0{,}01447 \end{aligned}} \tag{130}$$

9. Aufgabe. Setzt man in Gl. (130) (vgl. Lösung der 8. Aufgabe) $w_2 = 0$ und $\chi_2 = 0$, so ergeben sich für die statisch unbestimmten, inneren Kräfte S_0 und M_0 folgende Werte:

$$\left.\begin{aligned} S_0 &= 413\,\mathrm{kg/cm} \\ M_0 &= -1160\,\mathrm{cm\ kg/cm} \end{aligned}\right\} \quad p = 7\,\mathrm{at\ddot{u}}$$

Geht man nun zunächst gemäß der Anleitung zu dieser Aufgabe mit den statisch unbestimmten Kräften

$$S_0 = 462\,\mathrm{kg/cm} \qquad M_0 = -654\,\mathrm{cm\ kg/cm}$$

in die Gln. (64′), Lösung der 7. Aufgabe, ein, so bekommt man für die Konstanten $A, \ldots, D$ folgende Werte:

$$\begin{aligned} A &= 2{,}234 & C &= 4{,}9461 \\ B &= 3{,}567 & D &= 68{,}808 \end{aligned}$$

Jetzt können die inneren Kräfte der Kugelschale sofort an Hand der Gln. (72) berechnet werden, aus denen sich die Spannungen nach den Gln. (28) und (73), die Verzerrungen nach den Gln. (29) bestimmen lassen.

Für die Deckelkrempe bedarf es lediglich des Einsetzens der Werte von S_0 und M_0 in die Gln. (65′) und (66′) der Lösung der 7. Aufgabe und in die Gln. (68′) der Lösung der 8. Aufgabe, um die inneren Kräfte und Deformationen berechnen zu können. Sodann werden die Normalkräfte N_i ($i = 0, 1, 2$) nach Gl. (70), die Tangentialkräfte nach Gl. (71) und schließlich die Spannungen an Hand der Gln. (28) und (74), die Verzerrungen wiederum an Hand der Gln. (29) berechnet.

Die gesamten auf diese Weise erhaltenen inneren Kräfte und Spannungen sind in Tab. 53, die gesamten Verzerrungen in Tab. 54 zusammengestellt worden. Dabei bedeuten σ_{Ta}^* und σ_{Ti}^* die Tangentialspannungen für die (unexakte) Annahme $M_\Theta = \nu\,M_\varphi$, ε_{Ni}^* und ε_{Na}^* die Normalverzerrungen, die sich mit Hilfe dieser Tangentialspannungen ergeben

$$\bar{\varepsilon}_N = \frac{\varepsilon_{Na} + \varepsilon_{Ni}}{2} \quad \text{und} \quad \bar{\varepsilon}_T = \frac{\varepsilon_{Ta} + \varepsilon_{Ti}}{2}.$$

Tabelle 53. *Innere Kräfte und Spannungen für den Deckel* $p = 7$ *atü*; $S_0 = + 461,7$ *kg/cm*; $M_0 = - 653,8$ *cm kg/cm*

$x = R \sin \varphi$ cm	$M = M_\varphi$ cm kg/cm	N kg/cm	T kg/cm	σ_{Na} kg/cm²	σ_{Ni} kg/cm²	σ^*_{Ta} kg/cm²	σ_{Ta} kg/cm²	σ^*_{Ti} kg/cm²	σ_{Ti} kg/cm²	Deckelteil
12,50	— 0,427	3,0	1794,0	0,794	0,541	398,82	510,62	398,78	286,98	
13,17	— 14,58	84,0	1705,0	22,995	14,355	379,75	484,65	378,25	273,35	
19,64	— 71,10	520,0	1186,5	136,78	94,62	267,47	326,92	260,10	200,65	
26,06	— 86,60	657,42	980,68	171,77	120,43	222,47	258,37	213,53	177,60	
32,50	— 70,33	710,46	873,79	178,83	137,17	197,73	220,43	190,47	167,77	
39,10	— 34,02	731,85	809,15	172,68	152,52	181,66	197,17	178,15	162,64	
45,42	13,32	739,60	763,78	160,45	168,35	169,01	181,39	170,39	158,01	
51,70	65,96	740,18	725,42	145,05	184,15	157,90	169,78	164,70	152,83	
58,15	117,10	736,25	684,69	129,00	198,40	146,06	159,18	158,14	145,02	Deckel-
64,35	160,75	728,75	634,85	114,35	209,65	132,81	148,28	149,39	133,92	wölbung
70,45	187,60	717,44	571,16	103,80	215,00	117,22	135,50	136,58	118,30	
76,40	185,70	702,04	490,86	101,05	211,15	99,52	120,42	118,68	97,78	
82,60	142,50	683,19	396,61	109,67	194,13	80,70	102,26	95,60	74,04	
88,50	37,0	658,70	291,80	135,43	157,37	62,90	83,75	66,72	45,87	
94,20	— 149,9	634,30	185,60	185,52	96,68	49,01	66,07	33,55	16,49	
97,50	— 306,0	613,80	136,20	227,10	45,70	46,08	62,79	14,50	2,21	
103,50	— 558,0	593,40	93,60	277,80	—25,20	46,27	56,96	— 6,45	— 17,14	
109,4	— 662,5	593,50	116,50	261,10	—32,90	47,98	55,68	— 3,18	— 10,88	
109,4	— 653,8	594,62	102,49	259,40	— 30,60	44,93	51,86	— 5,51	— 12,44	
110,47	61,2	551,32	110,25	92,53	119,68	18,84	27,62	23,56	14,78	Krempe
111,75	643,8	459,84	80,00	—54,35	231,15	— 9,43	— 1,30	40,21	32,08	

Tabelle 54. *Die Verzerrungen für den Deckel* $p = 7$ *atü*; $S_0 = + 461{,}70$ *kg/cm*; $M_0 = -653{,}8$ *cm kg/cm*

$x = R \sin\varphi$ cm	$\varepsilon_{N\,a}^{*} \cdot 10^6$	$\varepsilon_{Na} \cdot 10^6$	$\varepsilon_{Ni}^{*} \cdot 10^6$	$\varepsilon_{Ni} \cdot 10^6$	$\bar\varepsilon_N \cdot 10^6$	$\varepsilon_{Ta} \cdot 10^6$	$\varepsilon_{Ti} \cdot 10^6$	$\bar\varepsilon_T \cdot 10^6$	Deckelteil
12,50	−129,4	−166,3	−128,5	−93,30	−129,8	964,0	541,0	752,5	
13,17	− 81,2	−115,6	− 97,1	−62,65	− 89,13	907,0	510,8	708,9	
19,64	171,2	150,9	93,1	112,70	131,80	572,2	347,5	459,9	
26,06	251,1	239,1	157,1	169,0	204,10	431,5	295,8	363,7	
32,50	272,5	265,0	196,4	203,8	234,40	357,3	271,5	314,4	
39,10	266,2	261,0	229,2	234,3	247,65	315,6	257,0	286,3	
45,42	247,2	243,2	261,9	265,8	254,50	289,9	243,0	266,5	
51,70	221,9	218,0	293,4	297,2	257,60	273,0	228,0	250,5	
58,15	195,5	191,0	322,5	326,9	258,95	260,0	208,5	234,3	Deckel-wölbung
64,35	172,2	167,0	346,8	351,5	259,25	242,3	184,0	213,2	
70,45	157,4	151,4	361,0	366,8	259,10	221,8	152,6	187,2	
76,40	158,0	151,1	359,5	366,2	258,65	194,2	115,2	154,7	
82,60	180,5	173,4	334,9	342,0	257,70	156,9	75,9	116,4	
88,50	235,0	228,0	275,0	281,8	254,90	113,5	34,85	74,2	
94,20	334,0	328,2	171,5	177,0	252,60	63,7	− 0,623	31,54	
97,50	413,7	408,0	81,45	83,70	245,85	43,9	−19,17	12,37	
103,50	509,0	505,0	− 45,42	−41,95	231,53	16,29	−24,08	−3,90	
109,40	477,0	474,5	− 61,05	−58,50	208,00	19,35	− 9,74	4,81	
109,40	474,8	472,5	− 55,95	−53,65	209,43	12,70	−13,43	− 0,365	
110,47	168,5	165,5	218,10	221,00	193,25	21,72	−11,40	+ 5,160	Krempe
111,75	− 99,4	−102,1	423,20	425,50	161,70	15,38	−15,36	+ 0,010	

In den Abb. 61, 62 und 63 des Hauptteiles sind der Reihe nach die Normalspannungen σ_{Na}, σ_{Ni} und die Tangentialspannungen σ_{Ta}, σ_{Ti}, in den Abb. 64, 65 und 66 der Reihe nach die Normalverzerrungen $\varepsilon_{Na}\,(\varepsilon_{Na}^{*})$, $\varepsilon_{Ni}\,(\varepsilon_{Ni}^{*})$ und die Tangentialdehnungen ε_{Ta} und ε_{Ti} in Abhängigkeit von der Länge x des auf den Kesseldurchmesser projizierten Meridians aufgetragen worden.

Für den zweiten Fall, nämlich die statisch unbestimmten Kräfte $S_0 = 413$ kg/cm und $M_0 = -1160$ cm kg/cm, erhält man nach den Gln. (64′) der Lösung der 7. Aufgabe:

$$A = 1{,}659 \qquad C = 5{,}7111$$
$$B = 5{,}336 \qquad D = 70{,}010$$

Berechnet man nun die inneren Kräfte M, N und T sowie die Spannungen und Verzerrungen wie im vorigen Beispiel, so erhält man für vier willkürlich ausgewählte, aber charakteristische Meridianpunkte die in der folgenden Tab. 55 angegebenen Werte.

Es wurde hier darauf verzichtet, die exakten Tangentialspannungen σ_{Ta} und σ_{Ti} zu berechnen, da in erster Linie die Normalverzerrungen berechnet und verglichen werden sollen, für die es, wie wir früher

Tabelle 55. *Innere Kräfte, Spannungen und Verzerrungen für den Deckel;* $p = 7$ *atü*
$$S_0 = 413 \ kg/cm; \qquad M_0 = -1160 \ cm \ kg/cm$$

Stelle x cm	$\dfrac{N}{S}$ kg/cm²	$\dfrac{T}{S}$ kg/cm²	$\dfrac{6M}{s^2}$ kg/cm²	σ_{Na} kg/cm²	σ_{Ni} kg/cm²	σ^*_{Ta} kg/cm²	σ^*_{Ti} kg/cm²	$\varepsilon^*_{Na}\cdot 10^6$	$\varepsilon^*_{Ni}\cdot 10^6$
45,42	165,4	166,4	14,9	150,5	180,3	163,81	168,99	230,2	284,8
70,45	156,2	107,9	56,0	102,0	212,2	98,16	117,65	160,25	362,0
88,50	138,6	38,0	$-$ 42,3	180,9	96,3	45,36	30,64	326,4	171,6
109,40	106,5	16,95	$-$257,2	363,7	$-$150,7	61,73	$-$27,83	666,0	$-$275,2

schon gesehen haben, keinen großen Unterschied ausmacht, ob σ^*_T oder σ_T verwendet wird. Auch die Werte der Normalspannungen und Verzerrungen nach Tab. 55 wurden in die Abb. 61, 62, 64 und 65 eingezeichnet. An Hand dieser Punkte ist es leicht, den Spannungs- bzw. Dehnungsverlauf zu rekonstruieren. Man sieht, daß mit Ausnahme des Bereiches am Übergang zur Krempe die Normalspannungen und -verzerrungen für die beiden behandelten Beispiele ($S_0 = 462$ kg/cm, $M_0 = -654$ cm kg/cm; $w_2 = \chi_2 = 0$) nicht allzu verschieden sind. An der Krempe macht sich der Einfluß der sehr verschiedenen Biege- momente ($M_0 = -654$ cm kg/cm und $M_0 = -1160$ cm kg/cm) stark bemerkbar.

10. Aufgabe. Mit $\delta' = 5{,}2$ cm

$$B' = \frac{E\,\delta'^3}{12(1 - \nu^2)} = \frac{0{,}85 \cdot 140{,}6}{11{,}655} \cdot 10^6 = 10{,}254 \cdot 10^6 \ \text{kg cm}$$

$$\frac{b}{a} = 1{,}047 \qquad \ln\frac{b}{a} = 0{,}045\,92 \qquad\qquad \frac{a}{a'} = \frac{113{,}2}{111{,}75} = 1{,}013$$

$$a_2 - a'^2 = 0{,}0326 \cdot 10^4 \qquad\qquad\qquad \frac{b}{a'} = \frac{118{,}5}{111{,}75} = 1{,}0604$$

$$b^2 - a'^2 = 0{,}1554 \cdot 10^4$$

$$d^2 - a'^2 = 0{,}2690 \cdot 10^4 \qquad\qquad\qquad \ln\frac{b}{a'} = 0{,}058\,67$$

erhält man:

$$\frac{P}{8\pi B'(d^2 - a'^2)} = 4{,}7071 \cdot 10^{-7} \qquad\qquad \frac{2(1+\nu)}{1-\nu} = 2{,}8164$$

$$\frac{a'^2}{2B'(d^2 - a'^2)} = 2{,}2620 \cdot 10^{-7} \qquad\qquad \frac{1-\nu}{2(1+\nu)} = 0{,}355\,08$$

$$d^2 - b^2 - a^2 = -1{,}1678 \cdot 10^4$$

$$d^2\left(a^2 \ln\frac{b}{a} + a'^2 \ln\frac{b}{a'}\left[2\frac{1+\nu}{1-\nu}\ln\frac{a}{a'} - 1\right]\right) = -1{,}7632 \cdot 10^6$$

$$(d^2 - b^2 - a^2)\,a'^2 \ln\frac{a}{a'} = -1{,}8830 \cdot 10^6$$

$$(a^2 - a'^2)\left[d^2 - a'^2 + \frac{1-\nu}{2(1+\nu)}(b^2 - a'^2)\right] = 1{,}0565 \cdot 10^6$$

$$\left\{d^2\left(a^2\ln\frac{b}{a} + a'^2\ln\frac{b}{a'}\left[2\frac{1+\nu}{1-\nu}\ln\frac{a}{a'}-1\right]\right) - a'^2\ln\frac{a}{a'}(d^2-b^2-a^2) + \right.$$

$$\left. + (a^2-a'^2)\left[d^2-a'^2+\frac{1-\nu}{2(1+\nu)}(b^2-a^2)\right]\right\} = \left\{\cdots\right\} = 1{,}1763\cdot10^6$$

$$-\frac{P}{8\pi B'(d^2-a^2)}\left\{\cdots\right\} = -0{,}55374$$

$$\frac{a'^2}{2B'(d^2-a^2)}\left(\frac{a^2-a'^2}{1+\nu} + \frac{2d^2\ln\frac{a}{a'}}{1-\nu}\right) = 1{,}6979\cdot10^{-4}$$

Also bekommt man endgültig:

$$w_1(a') = -0{,}55374 + 1{,}6979\cdot10^{-4}M_2 \tag{131}$$

Ferner ergibt sich:

$$\left\{\frac{4}{1-\nu}a'^2d^2\ln\frac{b}{a'} + \frac{2}{1+\nu}a'(b^2-a'^2)\right\} = 7{,}7524\cdot10^5$$

$$\frac{P}{8\pi B'(d^2-a'^2)}\left\{\cdots\right\} = 0{,}3649$$

$$\left[\frac{a'}{1+\nu} + \frac{d^2}{(1-\nu)a'}\right] = 259{,}085$$

$$\frac{a'^2}{B'(d^2-a'^2)}\left[\cdots\right] = 1{,}172\cdot10^{-4}$$

und damit endgültig:

$$w_1'(a') = 0{,}3649 - 1{,}172\cdot10^{-4}M_2 \tag{132}$$

11. Aufgabe. Es ist nach Gl. (68') der Lösung der 8. Aufgabe, wenn man dort für $r = 4{,}65$ cm und für $s = 5{,}2$ cm (vgl. Anleitung zur 7. Aufgabe) einsetzt

$$M_2 = 0{,}713\,S_0 + 0{,}9787\,M_0 + 954{,}0 \tag{68''}$$

Nach Gl. (130), Lösung der 8. Aufgabe, erhält man für die Neigungsänderung χ_2 am Übergang zwischen Deckelkrempe und Deckelflanschteller

$$\chi_2 = 2{,}472\cdot10^{-5}\,S_0 - 3{,}673\cdot10^{-6}\,M_0 - 0{,}01447 \tag{130'}$$

Setzt man nun in Gl. (132) den Wert von M_2 aus Gl. (68'') ein und setzt $w_1'(a') = \chi_2$ gemäß der Anleitung zu dieser Aufgabe, so bekommt man folgende erste Gleichung zur Bestimmung der statisch unbestimmten Größen S_0 und M_0:

$$2{,}472\cdot10^{-5}\,S_0 - 3{,}673\cdot10^{-6}\,M_0 - 0{,}01447$$
$$= -8{,}358\cdot10^{-5}\,S_0 - 1{,}146\cdot10^{-4}\,M_0$$

oder

$$1{,}0830\cdot10^{-4}\,S_0 + 1{,}10927\cdot10^{-4}\,M_0 = 0{,}26762 \tag{133}$$

während die 2. Bedingungsgleichung [$w_2 = 0$; vgl. Gl. (130)] lautet:

$$2{,}9480\cdot10^{-4}\,S_0 - 2{,}618\cdot10^{-5}\,M_0 = 0{,}1521 \tag{130''}$$

Aus diesen beiden Gleichungen ergibt sich

$$S_0 = 671 \text{ kg/cm} \qquad M_0 = 1755 \text{ cm kg/cm}$$

VII. Anhang

1. Aufteilung des kegelförmigen Flanschansatzes in zwei zylindrische Stufenkörper (vgl. S. 92)

Es sollen hier die Theorie und die Formeln entwickelt werden, die für die Aufteilung des kegelförmigen Flanschansatzes in zwei zylindrische Stufenkörper konstanter, aber voneinander verschiedener Wandstärke gelten.

Hierbei können wir uns einer Reihe von Ansätzen und Ableitungen bedienen, die ESSLINGER auf den S. 43 bis 47 ihres schon öfter erwähnten Buches bringt. Der unmittelbar an den Flanschteller anschließende 1. Stufenkörper, der die gewählte Länge l und die Wandstärke s_1 hat, wird als endlich langes, der sich daran anschließende 2. Stufenkörper der Wandstärke s_2 als halbunendlich langes Rohr aufgefaßt. Ferner wird näherungsweise angenommen, daß der Durchmesser der beiden Rohre gleich ist (nämlich gleich $2a_0$). Nun sind, wie ESSLINGER feststellt, *die Querkraft (senkrecht zur Rotationsachse und zur Erzeugenden des Zylinders) am Ende des endlich langen Rohres und am Anfang des halbunendlich langen gleich groß*, während das Biegemoment am Anfang des halbunendlich langen Rohres infolge der Exzentrizität der Wandstärken um den Betrag

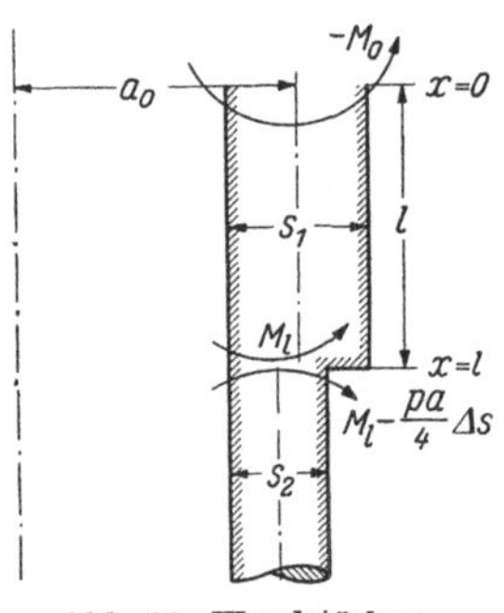

Abb. 90. Wandstärkenänderung am Flanschansatz

$$\Delta M = \frac{p\,a_0}{2}\,\frac{s_1 - s_2}{2} = \frac{p\,a_0}{4}\,\Delta s \tag{134}$$

kleiner als das Biegemoment am Ende des endlich langen Rohres ist (vgl. Abb. 90). Nach der Biegetheorie des *endlich langen* Rohres kann man die Deformationen w (radiale Aufweitung) und χ (Neigungsänderung) für die Schnittstelle $x = l$ der beiden Stufenkörper berechnen, ebenso kann man die Deformationen für den Anfang des *halbunendlich langen* Rohres nach dessen Biegetheorie bestimmen. Aus der Bedingung, daß die entsprechenden Deformationen an der Schnittstelle gleich sein müssen, ergeben sich 2 Gleichungen, die zunächst die folgenden 4 Unbekannten enthalten.

Das Biegemoment M_0 am Anfang $x = 0$ des endlich langen Rohres (Flanschunterkante).

Die Querkraft Q_0 für $x = 0$.

Das Biegemoment M_l am Ende $x = l$ des endlich langen Rohres und die Querkraft Q_l für $x = l$.

Auf diese Weise ergibt sich

$$\left.\begin{aligned}
M_l\left(a_1 - \left[\frac{s_1}{s_2}\right]^2\right) &+ Q_l\left(-a_3\frac{a_0}{\lambda} - \frac{s_1}{s_2}\frac{a_0}{\lambda}\sqrt{\frac{s_1}{s_2}}\right) \\
&= -a_2 M_0 + a_4\frac{a_0}{\lambda}Q_0 - \frac{p\,a_0\,\Delta s}{4}\left\{\left(\frac{s_1}{s_2}\right)^2 + (2-\nu)\frac{a_0}{s_2}\lambda^2\right\} \\
M_l\left(-a_5\frac{\lambda}{a_0} + 2\left[\frac{s_1}{s_2}\right]^2\frac{\lambda}{a_0}\sqrt{\frac{s_1}{s_2}}\right) &+ Q_l\left(-a_1 + \left[\frac{s_1}{s_2}\right]^2\right) \\
&= a_6 M_0\frac{\lambda}{a_0} - a_2 Q_0 + \frac{p\,a_0\,\Delta s}{4}\left(\frac{s_1}{s_2}\right)^2 2\frac{\lambda}{a_0}\sqrt{\frac{s_1}{s_2}}
\end{aligned}\right\} \quad (135)$$

Hierbei bedeutet:

$$\left.\begin{aligned}
&\lambda \equiv \lambda \quad \text{(endlich langes Rohr)} \quad = \sqrt{\frac{a_0}{s_1}}\sqrt[4]{3(1-\nu^2)} \\
&a_1 = \frac{e^{2\alpha} + e^{-2\alpha} + 4\sin^2\alpha - 2}{e^{2\alpha} + e^{-2\alpha} - 4\sin^2\alpha - 2} \qquad \alpha = \sqrt[4]{3(1-\nu^2)}\sqrt{\frac{a_0}{s_1}}\frac{l}{a_0} \\
&a_2 = \frac{4e^{-\alpha}\sin\alpha - 4e^{\alpha}\sin\alpha}{e^{2\alpha} + e^{-2\alpha} - 4\sin^2\alpha - 2} \\
&a_3 = \frac{e^{2\alpha} - e^{-2\alpha} - 4\sin\alpha\cos\alpha}{e^{2\alpha} + e^{-2\alpha} - 4\sin^2\alpha - 2} \\
&a_4 = \frac{2e^{-\alpha}\cos\alpha - 2e^{\alpha}\cos\alpha + 2e^{\alpha}\sin\alpha + 2e^{-\alpha}\sin\alpha}{e^{2\alpha} + e^{-2\alpha} - 4\sin^2\alpha - 2}
\end{aligned}\right\} \quad (136)$$

$$\left.\begin{aligned}
&a_5 = \frac{2e^{-2\alpha} - 2e^{2\alpha} - 8\sin\alpha\cos\alpha}{e^{2\alpha} + e^{-2\alpha} - 4\sin^2\alpha - 2} \\
&a^6 = \frac{4e^{\alpha}\cos\alpha - 4e^{-\alpha}\cos\alpha + 4e^{\alpha}\sin\alpha + 4e^{-\alpha}\sin\alpha}{e^{2\alpha} + e^{-2\alpha} - 4\sin^2\alpha - 2}
\end{aligned}\right\} \quad (137)$$

Wir betrachten nun vorerst M_0 und Q_0 als statisch unbestimmte Größen und lösen die Gln. (135) nach M_l und Q_l auf. Dann erhält man:

$$\left.\begin{aligned}
M_l &= b_1 M_0 + b_2 Q_0 - b_3\,p\,a_0\,\Delta s \\
Q_l &= b_4 M_0 + b_5 Q_0 - b_6\,p\,a_0\,\Delta s
\end{aligned}\right\} \quad (138)$$

wobei die Konstanten $b_i\,(i = 1, \ldots, 6)$ folgende Bedeutung haben:

$$b_1 = \frac{a_1 a_2 - \left(\frac{s_1}{s_2}\right)^2 a_2 + a_3 a_6 + \frac{s_1}{s_2}\sqrt{\frac{s_1}{s_2}}\,a_6}{N_e}$$

$$b_2 = \frac{\frac{a_0}{\lambda}\left(-a_1 a_4 + \left[\frac{s_1}{s_2}\right]^2 a_4 - a_2 a_3 - \frac{s_1}{s_2}a_2\sqrt{\frac{s_1}{s_2}}\right)}{N_e}$$

$$b_3 = \frac{\left(\left[\frac{s_1}{2s_2}\right]^2 + \frac{7}{16}\frac{s_1}{s_2}\frac{1}{\sqrt{3(1-\nu^2)}}\right)\left(-a_1 + \left[\frac{s_1}{s_2}\right]^2\right) - \left(\frac{s_1}{s_2}\right)^2 a_3\sqrt{\frac{s_1}{4s_2}} - \frac{1}{2}\left(\frac{s_1}{s_2}\right)^4}{N_e}$$

$$b_4 = \frac{\frac{\lambda}{a_0}\left(a_1 a_6 - a_6\left[\frac{s_1}{s_2}\right]^2 - a_2 a_5 + 2\left[\frac{s_1}{s_2}\right]^2 a_2\sqrt{\frac{s_1}{s_2}}\right)}{N_e}$$

$$b_5 = \frac{-a_1 a_2 + a_2\left(\frac{s_1}{s_2}\right)^2 + a_4 a_5 - 2\left(\frac{s_1}{s_2}\right)^2\sqrt{\frac{s_1}{s_2}}\,a_4}{N_e}$$

$$b_6 = \frac{\frac{\lambda}{a_0}\left[-\frac{1}{2}\left(\frac{s_1}{s_2}\right)^2 a_1\sqrt{\frac{s_1}{s_2}} + \frac{1}{2}\left(\frac{s_1}{s_2}\right)^4\sqrt{\frac{s_1}{s_2}}\right]}{N_e} +$$
$$+ \frac{\left(\left[\frac{s_1}{2s_2}\right]^2 + \frac{7}{16}\frac{s_1}{s_2}\frac{1}{\sqrt{3(1-\nu^2)}}\right)\left(a_5 - 2\left[\frac{s_1}{s_2}\right]^2\sqrt{\frac{s_1}{s_2}}\right)}{N_e}$$

$$N_e = \left(\frac{s_1}{s_2}\right)^4 - a_1^2 + 2\left(\frac{s_1}{s_2}\right)^2 a_1 - a_3 a_5 + 2\left(\frac{s_1}{s_2}\right)^2 a_3\sqrt{\frac{s_1}{s_2}} - \frac{s_1}{s_2}a_5\sqrt{\frac{s_1}{s_2}}$$

$$(139)$$

Auch hier hat λ den oben in Gln. (136) angegebenen Wert. Berücksichtigt man jetzt die Randbedingung $w = 0$ für $x = 0$, so erhält man nach Gl. (165) auf S. 45 des Buches von ESSLINGER

$$\frac{2\lambda_2}{E\,s_1}\left(a_1 M_0 + a_2 M_l + a_3 Q_0\frac{a_0}{\lambda} + a_4 Q_l\frac{a_0}{\lambda}\right) + \left(1 - \frac{\nu}{2}\right)\frac{p\,a_0^2}{E\,s_1} = 0$$
oder
$$Q_0 = -\frac{a_1}{a_3}\frac{\lambda}{a_0}M_0 - \frac{a_2}{a_3}\frac{\lambda}{a_0}M_l - \frac{a_4}{a_3}Q_l - \frac{2-\nu}{4}\frac{p\,a_0}{\lambda\,a_3}$$

$$(140)$$

Durch Einsetzen von Q_0 in die Gln. (138) ergeben sich M_l und Q_l als Funktionen von M_0 *allein*, der einzigen statisch noch unbestimmten Größe; man bekommt also:

$$\left.\begin{array}{l} M_l = f(M_0) \\ Q_l = g(M_0) \end{array}\right\}$$

$$(141)$$

Nun ist nach S. 45 des ESSLINGERschen Buches der Neigungswinkel der Erzeugenden des Zylinders gegen die Lotrechte an der Flanschunterkante $(x = 0)$

$$\left(\frac{dw}{dx}\right)_{x=0} = \frac{2\lambda^2}{E\,s_1}\left(a_5 M_0 + a_6 M_l - a_1 Q_0\frac{a_0}{\lambda} + a_2 Q_l\frac{a_0}{\lambda}\right)\frac{\lambda}{a_0} \qquad (142)$$

Da Q_0, Q_l und M_l nur noch Funktionen von M_0 sind, wird auch dieser Neigungswinkel nur noch eine Funktion von M_0. Andererseits ist nach der von MÜLLER entwickelten Theorie [vgl. Gl. (29) auf S. 193 der oben zitierten Arbeit] der Neigungswinkel des Flanschtellers gegen die Horizontale an der Stelle $r = a$ (Mitte Dichtung):

$$(w')_{r=a} = \frac{P\,a}{4\pi\,B'\,(\eta^2 - 1)}\left(\frac{2\,\eta^2 \ln \xi}{1 - \nu} + \frac{\xi^2 - 1}{1 + \nu}\right) - \frac{M_0\,a}{B'\,(\eta^2 - 1)}\left(\frac{1}{1 + \nu} + \frac{\eta^2}{1 + \nu}\right)$$

$$(143)$$

Hierbei haben die Symbole die gleiche Bedeutung wie in Gl. (45), und es ist $B' = \dfrac{E\,\delta'^3}{12\,(1 - \nu^2)}$.

Setzt man Gln. (142) und (143) einander gleich, so erhält man die Bestimmungsgleichung für M_0. Ist M_0 bekannt, dann ergeben sich sofort M_l und Q_l nach den Gln. (141) und daraus Q_0 aus Gln. (140). Jetzt werden die Integrationskonstanten $K_i\,(i = 1, \ldots, 4)$ für das *endlich lange* Rohr nach den Gln. (163) auf S. 44 des Buches von ESS-LINGER bestimmt; und zwar bekommt man:

$$\begin{aligned}
K_1 =\ & C\left[\frac{M_l}{E\,s_1}\left(e^{-\alpha}\cos\alpha + e^{-\alpha}\sin\alpha - e^{\alpha}\cos\alpha - 3e^{\alpha}\sin\alpha\right) + \right.\\
& + \frac{M_0}{E\,s_1}\left(e^{2\alpha} + \sin^2\alpha - \cos^2\alpha + 2\sin\alpha\cos\alpha\right) + \\
& + \frac{Q_l}{E\,s_1}\frac{a_0}{\lambda}\left(e^{-\alpha}\cos\alpha - e^{\alpha}\cos\alpha + 2e^{\alpha}\sin\alpha\right) + \\
& \left. + \frac{Q_0}{E\,s_1}\frac{a_0}{\lambda}\left(e^{2\alpha} - 1 - 2\sin\alpha\cos\alpha\right)\right] \\[4pt]
K_2 =\ & C\left[\frac{M_l}{E\,s_1}\left(-e^{-\alpha}\cos\alpha + e^{-\alpha}\sin\alpha + e^{\alpha}\cos\alpha + e^{\alpha}\sin^2\alpha\right) + \right.\\
& + \frac{M_0}{E\,s_1}\left(e^{-2\alpha} + 1 + 2\sin^2\alpha - 2\sin\alpha\cos\alpha\right) + \\
& \left. + \frac{Q_l}{E\,s_1}\frac{a_0}{\lambda}\left(e^{-\alpha}\sin\alpha - e^{\alpha}\sin\alpha\right) + \frac{Q_0}{E\,s_1}\frac{a_0}{\lambda}\left(-2\sin^2\alpha\right)\right] \\[4pt]
K_3 =\ & C\left[\frac{M_l}{E\,s_1}\left(-e^{-\alpha}\cos\alpha + 3e^{-\alpha}\sin\alpha + e^{\alpha}\cos\alpha - e^{\alpha}\sin\alpha\right) + \right.\\
& + \frac{M_0}{E\,s_1}\left(e^{-2\alpha} + \sin^2\alpha - \cos^2\alpha - 2\sin\alpha\cos\alpha\right) + \\
& + \frac{Q_l}{E\,s_1}\cdot\frac{a_0}{\lambda}\left(e^{-\alpha}\cos\alpha - e^{\alpha}\cos\alpha + 2e^{-\alpha}\sin\alpha\right) + \\
& \left. + \frac{Q_0}{E\,s_1}\frac{a_0}{\lambda}\left(-e^{-2\alpha} + 1 - 2\sin\alpha\cos\alpha\right)\right] \\[4pt]
K_4 =\ & C\left[\frac{M_l}{E\,s_1}\left(-e^{-\alpha}\cos\alpha + e^{-\alpha}\sin\alpha + e^{\alpha}\cos\alpha + e^{\alpha}\sin\alpha\right) + \right.\\
& + \frac{M_0}{E\,s_1}\left(e^{-2\alpha} - 2\sin^2\alpha - 2\sin\alpha\cos\alpha - 1\right) + \\
& \left. + \frac{Q_l}{E\,s_1}\frac{a_0}{\lambda}\left(e^{-\alpha}\sin\alpha - e^{\alpha}\sin\alpha\right) + \frac{Q_0}{E\,s_1}\frac{a_0}{\lambda}\left(-2\sin^2\alpha\right)\right]
\end{aligned}$$

$$\left.\right\} (144)$$

$$C = \frac{2\,\lambda^2}{e^{2\alpha} + e^{-2\alpha} - 4\sin^2\alpha - 2} \qquad \begin{aligned} &\alpha = \sqrt[4]{3(1-\nu^2)}\,\sqrt{\frac{a_0}{s_1}}\,\frac{l}{a_0} \\[2mm] &\lambda = \sqrt[4]{3(1-\nu^2)}\,\sqrt{\frac{a_0}{s_1}} \end{aligned} \Bigg\} \quad (145)$$

Nun können für das endlich lange Rohr die Aufweitung w und ihre erste und zweite Ableitung nach x bestimmt werden; es ergibt sich:

$$\begin{aligned}
w =\ & e^{-\frac{\lambda x}{a_0}}\left[K_1\cos\frac{\lambda x}{a_0} + K_2\sin\frac{\lambda x}{a_0}\right] + \\[2mm]
&+ e^{\frac{\lambda x}{a_0}}\left[K_3\cos\frac{\lambda x}{a_0} + K_4\sin\frac{\lambda x}{a_0}\right] + \left(1-\frac{\nu}{2}\right)\frac{p\,a_0^2}{E\,s_1} \\[3mm]
\frac{d^2 w}{d x^2} =\ & 2\,\frac{\lambda^2}{a_0^2}\,e^{-\frac{\lambda x}{a_0}}\left[-K_2\cos\frac{\lambda x}{a_0} + K_1\sin\frac{\lambda x}{a_0}\right] + \\[2mm]
&+ 2\,\frac{\lambda^2}{a_0^2}\,e^{\frac{\lambda x}{a_0}}\left[K_4\cos\frac{\lambda x}{a_0} - K_3\sin\frac{\lambda x}{a_0}\right]
\end{aligned} \Bigg\} \quad (146)$$

Sodann werden die Biegemomente M und die Tangentialkräfte T des 1. Stufenkörpers auf Grund der Gleichungen

$$\begin{aligned}
M &= \frac{E\,s_1^3}{12(1-\nu^2)}\,\frac{d^2 w}{d x^2} \\[2mm]
T &= \frac{E\,s_1}{a_0}\,w
\end{aligned} \Bigg\} \quad (147)$$

bestimmt, woraus sich Spannungen und Verzerrungen für den 1. Stufenkörper in bekannter Weise ergeben.

Für die beiden Integrationskonstanten in der Gleichung für die radiale Ausbiegung des *halbunendlich langen* Rohres erhält man nach Esslinger

$$\begin{aligned}
K_1^* &= \frac{2\,\lambda^{*2}}{E\,s_2}\left(Q_l\,\frac{a_0}{\lambda^*} + M_l - \frac{p\,a}{4}\,\varDelta s\right) \\[2mm]
K_2^* &= -\frac{2\,\lambda^{*2}}{E\,s_2}\left(M_l - \frac{p\,a_0}{4}\,\varDelta s\right) \\[2mm]
\lambda^* &= \sqrt{\frac{a_0}{s_2}}\,\sqrt[4]{3(1-\nu^2)}
\end{aligned} \Bigg\} \quad (148)$$

Daraus ergibt sich:

$$\begin{aligned}
w^* &= e^{-\frac{\lambda^* x^*}{a_0}}\left(K_1^*\cos\frac{\lambda^* x^*}{a_0} + K_2^*\sin\frac{\lambda^* x^*}{a_0}\right) + \left(1-\frac{\nu}{2}\right)\frac{p\,a_0^2}{E\,s_2} \\[2mm]
\frac{d^2 w^*}{d x^{*2}} &= 2\,\frac{\lambda^{*2}}{a_0^2}\,e^{-\frac{\lambda^* x^*}{a_0}}\left(-K_2^*\cos\frac{\lambda^* x^*}{a_0} + K_1^*\sin\frac{\lambda^* x^*}{a_0}\right) \\[2mm]
M^* &= \frac{E\,s_2^3}{12(1-\nu^2)}\,\frac{d^2 w^*}{d x^{*2}} \\[2mm]
T^* &= \frac{E\,s_2}{a_0}\,w^* \\[2mm]
x &= x^* + l
\end{aligned} \Bigg\} \quad (149)$$

Danach lassen sich die Spannungen und Verzerrungen wiederum nach der oft benutzten Methode berechnen. Man kann auch Biegemomente und Tangentialkräfte für das halbunendlich lange Rohr nach den Gln. (160) bei Esslinger bestimmen; dabei ergibt sich:

$$\left.\begin{aligned}
T^* &= \frac{Q_l\,a_0}{\lambda^*\,s_2}\,t_q + \frac{M_l - \dfrac{p\,a_0}{4}\,\varDelta s}{s_2}\,t_m + \left(1 - \frac{\nu}{2}\right)p\,a_0 \\
M^* &= \frac{Q_l\,a_0}{\lambda^*}\,m_q + \left(M_l - \frac{p\,a_0}{4}\,\varDelta s\right)m_m
\end{aligned}\right\} \tag{150}$$

Die Veränderlichen m_m, m_q, t_m und t_q haben die oben erläuterte Bedeutung.

Man erkennt, daß die Aufteilung des Flanschansatzes in 2 Stufenkörper eine Menge zusätzliche Rechenarbeit bringt, so daß in jedem Fall wohl zu überlegen ist, ob sich dieser Mehraufwand lohnt. Ist die Wandstärkenänderung nicht erheblich, so sollte man davon Abstand nehmen. Legen wir für unseren Kessel die Wandstärken $s_1 = 5{,}2$ cm und $s_2 = 4{,}7$ cm zugrunde und nehmen die Länge l zu $15{,}7$ cm an, *so ändern sich die Spannungen und Verzerrungen nicht wesentlich*; lediglich an der Flanschunterkante sind die Abweichungen größer. Bei den Verzerrungen ergeben sich dort Abweichungen von der Größenordnung $100 \cdot 10^{-6}$, während diese an den meisten anderen Stellen von der Größenordnung $(25$ bis $50) \cdot 10^{-6}$ sind. Die Kurven der Spannungen σ_{Ni} und der Verzerrungen ε_{Ni}, die konkav verlaufen (s. Abb. 48 und 51), beginnen im Falle der Stufenkörperaufteilung konvex an der Flanschunterkante, zeigen einen Wendepunkt und gehen erst einige Zentimeter unterhalb der Unterkante in den konkaven Verlauf über.

2. Der Flansch nach R.V. Baud

Die ganzen bisherigen theoretischen Ergebnisse der Flanschuntersuchung, die mit den Meßwerten verglichen wurden, gingen, wie oben erwähnt, aus der Theorie von W. Müller hervor. Obwohl nun die Übereinstimmung zwischen Berechnung und Messung zum Teil recht gut ist, ist es doch wohl wünschenswert, eine der vielen anderen Flanschtheorien zum Vergleich heranzuziehen, wobei insbesondere auf die Unterschiede gegenüber der Flanschtheorie von Müller hingewiesen werden soll. Nun gibt es eine Unzahl von Flanschtheorien, und obgleich die in der mathematischen Behandlung verwendeten Grundbausteine (Zylinderschale, Platte, Kreisringschale) überall die gleichen sind, unterscheiden sich die Ergebnisse dieser Flanschtheorien oft beträchtlich voneinander, wobei eine Abweichung um eine Zehnerpotenz (z. B. in den Biegemomenten oder Kräften) nicht einmal selten ist. Dies rührt daher, daß oft sehr verschiedene Randbedingungen angenommen werden. Unter den vielen Flanschtheorien zeichnet sich die von R. V. Baud [60] durch sauberen, klaren und einfachen mathematischen Aufbau aus, so daß es ohne Schwierigkeiten möglich ist, danach die Beanspruchungen unseres Kessels zu bestimmen.

Baud [61] schreibt zum Flanschproblem:

Elastizitätstheoretisch gesehen handelt es sich bei der festen Flanschverbindung um eine biegungssteife Verbindung von Platten (Flanschen) mit Schalen (Hohlkörpern) mittels Zylindern (Schrauben mit Kopf und Mutter), also von Elementen, deren elastizitätstheoretische Behandlung an sich schon gewisse Schwierigkeiten bietet. Die Tatsache, daß bei der Spannungsberechnung die einzelnen Elemente getrennt voneinander zu betrachten sind, die aber, je nach Konstruktion, an allen oder gewissen gemeinsamen Stellen dieselben Verformungen aufweisen, bedingt die Lösung mehrerer Gleichungen mit einer entsprechenden Zahl von Unbekannten. Selbst bei der Einführung von acht zunächst unbekannten Beanspruchungen, Auflösung der zugehörigen Gleichungen usw. kann man sich noch nicht rühmen, das Problem in seiner allgemeinsten Form behandelt zu haben. Diese Zahl reduziert sich günstigenfalls auf zwei. Sind die Voraussetzungen hierfür nicht erfüllt, und will man aber doch mit keiner größeren Anzahl Unbekannter arbeiten, dann müssen gewisse Annahmen gemacht werden. Es sind also mindestens 2 Gleichungen mit 2 Unbekannten zu lösen.

Wir werden sogleich sehen, welches die beiden Unbekannten sind und wie die Gleichungen dafür lauten. Aber schon hier sei darauf hingewiesen, daß wir bei W. Müller nur *eine* statisch unbestimmte Größe, das Biegemoment M_0, haben und folglich dort auch nur *eine* Gleichung benötigen. Die Berechnung der Beanspruchungen des Flansches geht nach Baud in 3 Abschnitten vor sich:

1. Berechnung der *äußeren*, wirkenden Kräfte.
2. Berechnung der im Trennschnitt zwischen Flanschteller und Zylinder wirkenden Schubkraft P (1. statisch unbestimmte Größe) und des Momentes M (2. statisch unbestimmte Größe).
3. Berechnung der Spannungen.

Baud unterscheidet grundsätzlich zwischen Montagezustand (Vorspannung infolge des Anziehens der Schrauben; gekennzeichnet durch den Index M) und Betriebszustand (Vorspannung + Betriebskräfte; gekennzeichnet durch den Index B), wie wir es oben auch getan haben.

Im Betriebszustand ist die Längszugkraft L infolge des Druckes auf den Boden gegeben durch

$$L = \pi\, b^2\, p \tag{151}$$

wobei b der bis zur Flanschinnenkante gerechnete Kesselradius (vgl. Abb. 91) und p der Innendruck ist. Die durch die Schraubenkraft $S_M = S_B$ (es wird angenommen, daß die Schraubenkraft, also die durch alle Schrauben hervorgerufene *Gesamt*kraft, für den Montage- und den Betriebszustand gleich ist) verursachte Reaktionskraft A_B im Preßring ergibt sich, wenn man den Preßdruck im Preßring mit $1,4\,p$ ansetzt, zu

$$A_B = 1,4\,p \cdot 2\,\pi\,R_P\,d, \tag{152}$$

wobei R_P der bis zur Mitte der Dichtung gerechnete Kesselradius (vgl. Abb. 92) und d die Breite der Dichtung ist. Soll Kräftegleichgewicht bestehen, dann muß die Summe von Reaktionskraft A_B und Längskraft L gleich der Schraubenkraft S_B sein, also gilt:

$$|A_B + L| = |S_B| \quad \text{und nach Annahme}$$
$$S_M = S_B \tag{153}$$

Sind die Radien R_S, R_A, a und b (vgl. Abb. 91) und die Schraubenkraft S_M aus der Zeichnung abgegriffen bzw. berechnet worden, so läßt sich aus der Bedingung der Gleichheit der auf die Flanschplatte wirkenden Momente die am Rand der Flanschplatte, außen und innen, beim Montagezustand wirkende Gesamtkraft S_M^* auf Grund der Gleichung

$$S_M^* = \frac{R_S - R_A}{a - b} S_M \tag{154}$$

bestimmen. Im Betriebszustand greift die Resultierende S_B im Abstand

$$R_R = \frac{L R_C + A_B R_A}{L + A_B} \tag{155}$$

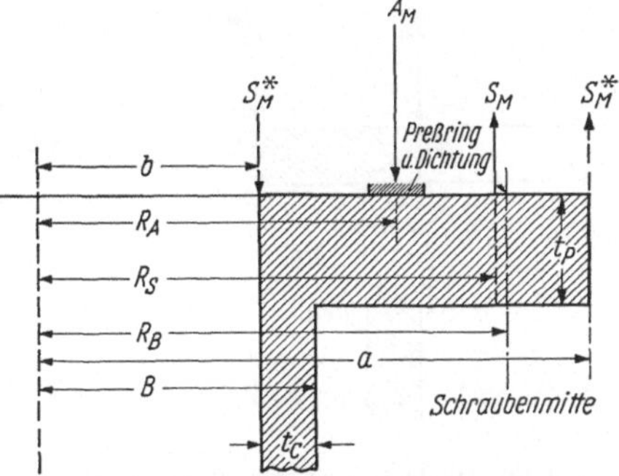

Abb. 91. Äußere Kräfte beim Montagezustand (nach Baud [60]) $|A_M| = |S_M|$

von der Zylinderachse aus an, wobei R_C und R_A die aus Abb. 92 hervorgehende Bedeutung haben. Ähnlich wie beim Montagezustand erhält man für die außen und innen wirkende Gesamtkraft S_B^*

$$S_B^* = \frac{R_S - R_R}{a - b} S_B \tag{156}$$

Baud führt nun weiter aus:

Da aber die Spannungsberechnung eine getrennte Betrachtung für Flansch und Zylinder bedingt, so muß auch noch die im Trennschnitt $C_1 - C_2$ zwischen Flansch und Zylinder (ver-

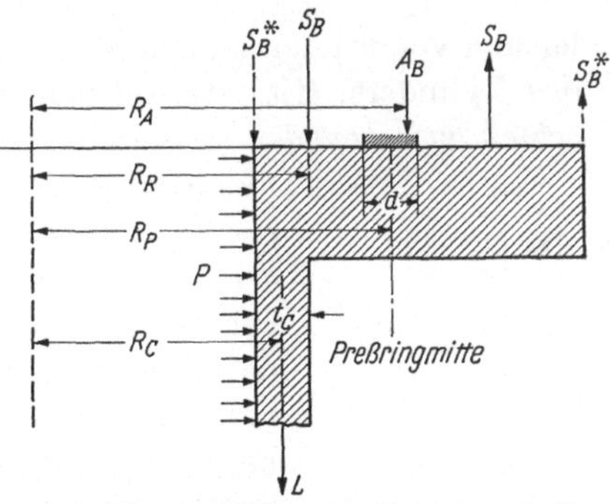

Abb. 92. Äußere Kräfte beim Betriebszustand (nach Baud) $|A_B + L| = |S_B|$

gleiche Abb. 93) wirkende innere Schubkraft P und das ebenfalls in diesem Schnitt wirkende Moment M als äußere Belastung miteinbezogen werden.

Denkt man sich nun im Punkt B_1 zwei entgegengesetzt gleiche Kräfte der Größe P hinzu, so kann man zwei von den drei am Flanschteller angreifenden Kräften zu dem Moment

$$M' = \frac{t_P}{2} P \tag{157}$$

vereinigen, wobei t_P die Flanschdicke(stärke) ist.

Dann wirkt aber am *Rand* der Platte das Gesamtmoment

$$M_{rb} = M - M' \qquad (158)$$

und in der *Mitte* der Platte die Kraft P.

Schubkraft P und Biegemoment M sind, wie oben schon erwähnt, die beiden statisch unbestimmten Größen, zu deren Bestimmung es zweier Gleichungen bedarf. Da nun die stoffliche Kontinuität von Flanschteller und Zylinder gewahrt sein muß, müssen nach den Abb. 94 und 95 die Drehwinkel von Platte und Zylinder im Punkt C und die Verschiebungen des Punktes C der Platte und des Zylinders übereinstimmen. Es gilt also:

$$\left.\begin{array}{l} \Theta_{Pl} = \Theta_{cyl} \\[4pt] \Delta_{Pl} = \Delta_{cyl} \end{array}\right\} \qquad (159)$$

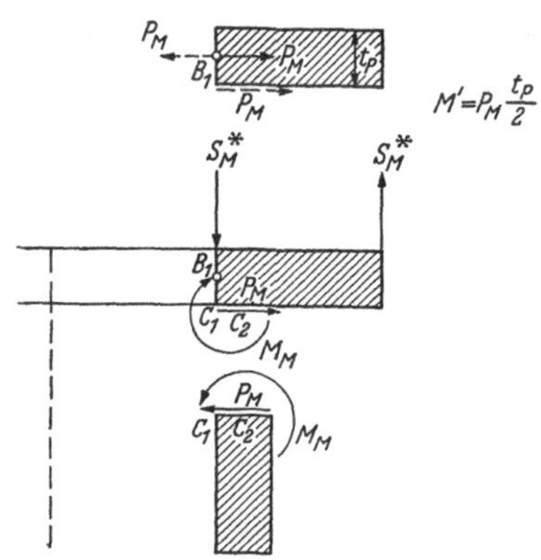

Abb. 93. Die insgesamt beim Montagezustand wirkenden Beanspruchungen (nach BAUD)

wobei Θ den Drehwinkel und Δ die Verschiebung kennzeichnet. Δ entspricht beim Zylinder in unserer früheren Bezeichnungsweise der radialen Ausbiegung w und Θ der 1. Ableitung von w nach seinem Argument, also der Länge x der Erzeugenden des Zylinders. *Hier erkennt man auch sofort den grundlegenden Unterschied zwischen den Ansätzen von W. Müller und R. V. Baud. Müller nimmt von vorneherein an, daß die radiale Ausbiegung für $x = 0$ verschwindet, lediglich die 2. Bedingung der Winkelgleichheit wird aufrechterhalten. Daher ist* bei MÜLLER nur eine statisch unbestimmte Größe, das Biegemoment M_0, zu bestimmen; denn wenn M_0 berechnet ist, ergibt sich die Schubkraft für $x = 0$, bei ESSLINGER [62] Q_0 genannt (was also der Größe P bei BAUD entspricht), zwangsläufig aus der Bedingung $w = 0$ für $x = 0$. Wir werden später Q_0 berechnen und mit P vergleichen.

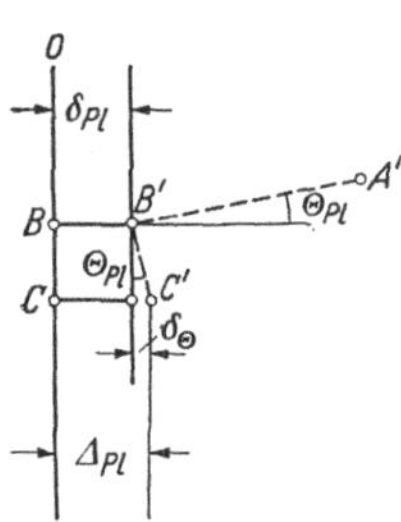

Abb. 94. Drehung Θ_{Pl} und Verrückung Δ_{Pl} des Flanschtellers. Elastische Linie $A'\,B'$ bei Kreisringlösung gerade (nach BAUD)

Für die Berechnung von Θ_{Pl} gibt es die beiden Möglichkeiten, den Flanschteller als Platte oder als einen von Radialspannungen freien Kreisring aufzufassen. Nun hat in unserem Falle der Flansch eine Breite von 19,7 cm, eine Dicke von 7,89 cm und einen mittleren Radius von 113,4 cm, was den Ausmaßen des von BAUD in seinem numerischen Beispiel behandelten Flansches nahekommt. BAUD zeigt, daß dabei nur die Kreisringlösung in Frage kommt, da die Berechnung der Spannungen nach der Plattentheorie Werte liefert, *die berechtigte Zweifel an der Anwendbarkeit der Plattentheorie aufkommen ließen.*

Macht man mit Westphal [63] bei der Kreisringtheorie die Annahme, daß die in radialer Richtung auftretenden Spannungen als sekundäre Wirkungen der Tangentialspannungen $\sigma_{B\,\mathrm{tang}}$ gleich Null sind, so erhält man

$$\Theta_{Pl} = \frac{12}{2\pi(1-v^2)\,t_p^3\,\ln\dfrac{a}{b}}\,\frac{\sum M}{E'} \tag{160}$$

wobei

$$E' = \frac{E}{1-v^2}$$

und

$$\sum M = S^*(a-b) - 2\pi b\,M_{rb}$$

ist. Für Θ_{cyl} ergibt sich nach der Biegetheorie der Zylinderschalen

$$\Theta_{cyl} = -\frac{1}{2\beta^2 E'J}\left[P + 2\beta M\right] \tag{161}$$

wobei

$$\beta^4 = \frac{3(1-v^2)}{R_c^2\,t_c^2}$$

und

$$J = \frac{1}{12}\,t_c^3$$

ist.

In der Biegetheorie wurde angenommen, daß der Zylinder unendlich lang ist, d. h. also, daß die radiale Ausbiegung für $x = \infty$ verschwindet. Andererseits lassen sich die beiden Konstanten, die in dem Ausdruck für die radiale Ausbiegung noch verbleiben, auf Grund der beiden Randbedingungen

$$E'J\left(\frac{d^2y}{dx^2}\right)_{x=0} = M$$

$$E'J\left(\frac{d^3y}{dx^3}\right)_{x=0} = P$$

bestimmen. Hier bedeutet y die radiale Ausbiegung und entspricht unserem früheren w.

Die Verschiebung Δ_{Pl} des Punktes C (vgl. Abb. 94) ist die Summe der gleichförmigen Ausweitung der Platte δ_{Pl} infolge des Innendruckes

$$q_i = p + \frac{P}{t_P} \tag{162}$$

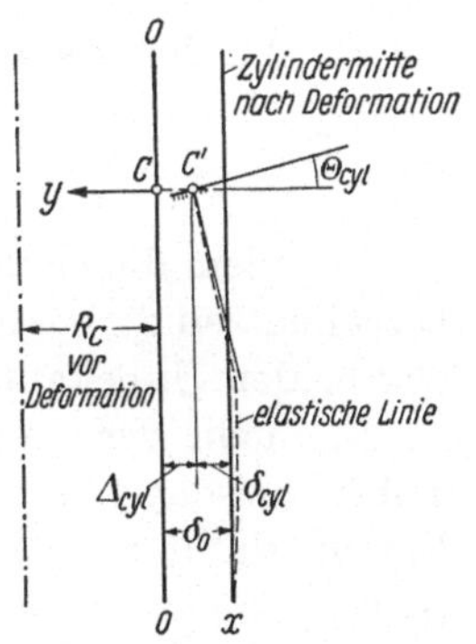

Abb. 95. Drehung Θ_{cyl} und Verrückung Δ_{cyl} des Zylinders (nach Baud)

und der Ausweitung δ_Θ infolge der Drehung Θ_{Pl} des Punktes C um den Punkt B gemäß der Beziehung

$$\delta_\Theta = \frac{t_{Pl}}{2}\,\Theta_{Pl} \tag{163}$$

Zur Berechnung von δ_{Pl} wird der Flansch als dicker Zylinder aufgefaßt, so daß sich nach der Differentialgleichung des dicken Zylinders mit den beiden Randbedingungen

$$\sigma_q\,(\text{radial}) = 0 \qquad \text{für} \quad r = a$$
$$\sigma_q\,(\text{radial}) = -\,q_i \qquad \text{für} \quad r = b$$

für δ_{Pl} der Ausdruck

$$\delta_{Pl} = \frac{q_i}{E'}\,\frac{b^2}{a^2-b^2}\left(\frac{R_c}{1+\nu} + \frac{a^2}{(1-\nu)\,R_c}\right) \tag{164}$$

ergibt. Aus Abb. 95 ersieht man, daß Δ_{cyl} der Differenzwert aus der freien Ausweitung δ_0, die durch den Innendruck hervorgerufen wird, und der Verschiebung δ_{cyl} des Zylinders am Zylinderende $x = 0$ infolge der Belastung P und M ist, so daß man erhält

$$\Delta_{cyl} = \delta_0 - \delta_{cyl} \tag{165}$$

Für die freie Ausweitung bekommt man, wie hier im einzelnen nicht näher ausgeführt werden soll

$$\delta_0 = (1 - \varepsilon\,\nu)\,\frac{p\,R_c^2}{E'\,t_c}\,\frac{1}{1-\nu^2} \tag{166}$$

wobei $\varepsilon = \sigma_l/\sigma_r$ das Verhältnis der Längs- zur Ringspannung ist und die Beziehungen

$$\sigma_l = \frac{b^2}{B^2-b^2}\,p \qquad \sigma_r = \frac{R_c}{t_c}\,p \tag{167}$$

gelten. δ_{cyl} hat nach der Theorie der Zylinderschalen den Wert

$$\delta_{cyl} = \frac{1}{2\,\beta^3\,E'\,J}\,(P + \beta\,M) \tag{168}$$

Nachdem die beiden Drehwinkel Θ und die beiden Verschiebungen Δ berechnet sind, bekommt man nach Gl. (159) zwei Gleichungen mit den beiden Unbekannten P und M, die sich daraus bestimmen lassen.

Nunmehr werden zuerst die Spannungen im Flanschteller berechnet, wobei zwischen Montage- und Betriebszustand unterschieden wird. Für die durch die Kräfte S^* und M_{rb} erzeugten Tangentialspannungen (Ringspannungen) ergibt sich

$$\sigma_{B\,\text{tang}} = \frac{\sum M^*}{2\,\pi\,J\ln\dfrac{a}{b}}\,\frac{z}{x} \tag{169}$$

Hierbei ist $J = t_p^3/12$ und z die Ordinate senkrecht zur Plattenmittelebene. Für $\sum M$ ist der in Gl. (160) eingesetzte Wert zu verwenden. Die durch den Innendruck q_i (nach Gl. (162) erzeugten Tangentialspannungen ergeben sich nach der Gleichung:

$$\sigma_{q,\text{tang}} = \frac{b^2}{a^2 - b^2}\left(1 + \frac{a^2}{r^2}\right) q_i \tag{170}$$

während man für die Radialspannungen

$$\sigma_{q,\text{rad}} = \frac{b^2}{a^2 - b^2}\left(1 - \frac{a^2}{r^2}\right) q_i \tag{171}$$

bekommt. Die gesamten Tangentialspannungen betragen somit

$$\sigma_T = \sigma_{B\,\text{tang}} + \sigma_{q,\text{tang}}$$

Beim Zylinder ist durch die Kräfte P und M das längs der Zylindererzeugenden veränderliche Moment M_x als Funktion von x bestimmt, und die maximale Biegespannung errechnet sich dann auf Grund der Gleichung

$$\sigma_{Bl\max} = 6\,\frac{M_x}{t_c^2}$$

wobei

$$M_x = \frac{P}{\beta}\, e^{-\beta x}\sin\beta x + M e^{-\beta x}(\cos\beta x + \sin\beta x) \tag{172}$$

ist. Für die durch Biegung erzeugte Ringspannung erhält man

$$\sigma_r(P, M) = -(1 - \nu^2)\,\frac{e^{-\beta x}}{2\,R_c\beta^3 J}\left[P\cos\beta x + \beta M (\cos\beta x - \sin\beta x)\right] \tag{173}$$

Die gesamte Längsspannung beträgt sodann

$$\sigma_L = \sigma_{Bl\max} + \sigma_l$$

die gesamte Ring- (Tangential-) Spannung

$$\sigma_r = \sigma_r(P, M) + \sigma_r$$

wobei σ_l und σ_r nach Gl. (167) bestimmt werden.

Wir kommen jetzt zur Anwendung der angegebenen Formeln auf das Beispiel unseres 6000 l-Kessels, wobei wir die Bezeichnung der Gleichungen, die in der oben abgeleiteten Theorie und im numerischen Beispiel einander entsprechen, ungeändert lassen. Aus der Kesselzeichnung entnimmt man die folgenden Maße:

$$
\begin{aligned}
a &= 123{,}2 \text{ cm} & R_B &= 118{,}5 \text{ cm}\\
b &= 103{,}5 \text{ cm} & R_P &= 113{,}2 \text{ cm}\\
B &= 108{,}7 \text{ cm} & d &= 6{,}0 \text{ cm}\\
R_c &= 106{,}1 \text{ cm} & t_P &= 7{,}89 \text{ cm}\\
& t_c = 5{,}2 \text{ cm}
\end{aligned}
$$

Für den Montagezustand (M) ist $S = S_M$ und $p = 0$, für den Betriebszustand (B) $S = S_B$ und $p = 7$ atü. Für die *äußeren* Kräfte
erhält man der Reihe nach

$$L = 3{,}14 \cdot 1{,}071 \cdot 7 \cdot 10^4 = 2{,}353 \cdot 10^5 \text{ kg} \tag{151}$$

$$A_B = 1{,}4 \cdot 7 \cdot 6{,}28 \cdot 113{,}2 \cdot 6 = 4{,}18 \cdot 10^4 \text{ kg} \tag{152}$$

$$\left.\begin{array}{l} S_M = 2{,}771 \cdot 10^5 \text{ kg} \\ S_B = 2{,}771 \cdot 10^5 \text{ kg} \end{array}\right\} \tag{153}$$

(Die Schraubenkraft hat also hier einen kleineren Wert als die nach
SCHWAIGERER oben berechnete. Dort wurde für den Betriebszustand
$P = 3{,}2655 \cdot 10^5$ kg gefunden.)

$$S_M^* = \frac{5{,}30}{19{,}705} \cdot 2{,}771 \cdot 10^5 = 7{,}458 \cdot 10^4 \text{ kg} \tag{154}$$

$$R_R = \frac{2{,}353 \cdot 1{,}061 \cdot 10^7 + 4{,}18 \cdot 1{,}132 \cdot 10^6}{2{,}771 \cdot 10^5} = 107{,}2 \text{ cm} \tag{155}$$

$$S_B^* = \frac{11{,}3}{19{,}71} \cdot 2{,}771 \cdot 10^5 = 1{,}589 \cdot 10^5 \text{ kg} \tag{156}$$

$$M_{rb} = M - 3{,}945 P \tag{158}$$

$$\sum M = S^*(a - b) - 2\pi b M_{rb} = 19{,}705 S^* - 650 M_{rb}$$

Für die Drehwinkel Θ ergibt sich dann

$$\Theta_{Pl} = \frac{\sum M}{E'} \frac{6}{3{,}14 \cdot 0{,}9697 \cdot 491{,}17 \cdot 0{,}17424}$$

$$\Theta_{Pl} = \frac{1}{E'} (0{,}4535 S^* - 14{,}96 M + 59{,}0 P) \tag{160}$$

$$\Theta_{cyl} = -\frac{1}{E'} (13{,}8 P + 1{,}535 M) \tag{161}$$

BAUD zeigt, daß das Minuszeichen in Gl. (161) ohne besondere
Bedeutung ist und somit fortgelassen werden kann.

Für die Verschiebungen Δ bekommt man

$$q_i = p + \frac{P}{7{,}89} \tag{162}$$

$$\delta_\Theta = \frac{1}{E'} (1{,}789 S^* - 59{,}0 M + 232{,}8 P) \tag{163}$$

$$\delta_{Pl} = \frac{1}{E'} (632{,}5 p + 80{,}2 P) = \frac{q_i}{E'} 632{,}5 \tag{164}$$

$$\Delta_{Pl} = \delta_\Theta + \delta_{Pl} = \frac{1}{E'} (632{,}5 p + 313{,}0 P + 1{,}789 S^* - 59{,}0 M) \tag{164a}$$

$$\delta_0 = 1986 \frac{p}{E'} \tag{166}$$

$$\sigma_l = 67{,}9 \text{ kg/cm}^2 \qquad \sigma_r = 142{,}8 \text{ kg/cm}^2 \tag{167}$$

$$\delta_{cyl} = \frac{1}{E'} (248{,}3 P + 13{,}81 M) \tag{168}$$

$$\Delta_{cyl} = \frac{1}{E'} (1986 p - 248{,}3 P - 13{,}81 M) \tag{165}$$

Setzt man die Gln. (160), (161), (164a) und (165) in (159) ein, so ergeben sich die folgenden beiden Gleichungen zur Bestimmung der beiden Unbekannten P und M

$$\begin{aligned} -\ 45{,}2\ P + 16{,}495\ M &=\quad 0{,}4535\ S^* \\ +561{,}3\ P - 45{,}19\ \ M &= 1353{,}5\ p - 1{,}789\ S^* \end{aligned} \qquad (159)$$

Die Lösungen dieses Gleichungssystems lauten

$$\begin{aligned} M &= 8{,}482\ p + 0{,}02409\ S^* \\ P &= 3{,}095\ p - 0{,}0012475\ S^* \end{aligned}$$

Hieraus berechnet man für den Montagezustand mit $S^* = S_M^*$ und $p = 0$

$$\begin{aligned} M\ \ &= +1795\quad \text{cm kg/cm} \\ P\ \ &= -\ \ 93{,}0\ \text{kg/cm} \\ M_{rb} &= +2162\quad \text{cm kg/cm} \end{aligned}$$

und für den Betriebszustand mit $S^* = S_B^*$ und $p = 7$ atü

$$\begin{aligned} M\ \ &= +3887\quad \text{cm kg/cm} \\ P\ \ &= -\ 176{,}5\ \text{kg/cm} \\ M_{rb} &= +4583{,}4\ \text{cm kg/cm} \end{aligned}$$

Wir wollen hier zunächst einmal mit der weiteren Durchrechnung des numerischen Beispieles nach der Theorie von Baud einhalten und die Querkraft Q_0 nach Esslinger, wie oben besprochen, berechnen und mit der Schubkraft P nach Baud vergleichen, wobei wir uns auf den Betriebszustand beschränken wollen.

Bekanntlich gilt nach der Biegetheorie der Zylinderschalen

$$Q = \text{Querkraft} = -\frac{E\,s^3}{12\,(1 - \nu^2)}\,\frac{d^3 w}{d\,x^3} \qquad (174)$$

Für die Flanschunterkante $x = 0$ erhält man

$$Q_0 = -\frac{\lambda}{a_0}\,M_0 + \frac{p\,s^2}{a_0}\,\frac{\lambda^3}{6\,(1 - \nu^2)} \qquad (175)$$

Setzt man $M_0 = 2352{,}7$ cm kg/cm; $\lambda = 5{,}898$; $p = 7$ atü; $a_0 = 106{,}1$ cm und $6\,(1 - \nu^2) = 5{,}818$ ein, so ergibt sich:

$$Q_0 = -130{,}9 + 63{,}0 = -67{,}9\ \text{kg/cm}$$

Dieser Wert ist etwa von der gleichen Größenordnung wie die Schubkraft P im Betriebszustand, aber absolut genommen, kleiner. Dies kann daher rühren, daß die Schubkraft P in der Mitte, die Querkraft Q_0 am unteren Ende des Flanschtellers angreift. Groß sind dagegen die Abweichungen der Momente. Wir stellen die Werte einander gegenüber:

Zustand	Biegemoment	
	nach Müller-Esslinger	nach Baud
Montagezustand	481 cm kg/cm	2162 cm kg/cm
Betriebszustand	2353 cm kg/cm	4583 cm kg/cm

Kehren wir zur Theorie von BAUD zurück, so können nach Kenntnis von P und M nunmehr sofort die Spannungen berechnet werden. Für die Ober- bzw. Unterkante des Flanschtellers ($z = t_p/2$) bekommt man:

$$\sigma_{B\,\text{tang}} = \begin{cases} \dfrac{5640}{x} & \text{für den Montagezustand} \\[2mm] \dfrac{13\,210}{x} & \text{für den Betriebszustand} \end{cases} \tag{169}$$

Dabei bedeutet x der jeweilige Radius; die Spannungen sind an der Oberseite des Flansches negativ, an der Unterseite positiv, absolut genommen aber in beiden Fällen gleich. In der folgenden Tab. 56 sind die Tangentialspannungen für einige charakteristische Werte von x zusammengestellt worden.

Tabelle 56. *Die Tangentialspannungen* $\sigma_{B\,\text{tang}}$

x cm	Nähere Kennzeichnung	$\sigma_{B\,\text{tang}}$ in kg/cm²	
		M	B
103,5	Flanschinnenkante	54,50	127,7
113,2	Mitte Dichtung	49,85	116,75
118,5	Mitte Lochkreis	47,60	111,50
123,2	Flanschaußenkante	45,80	107,25

Für die durch den Innendruck q_i [Gl. (162)] erzeugten Tangentialspannungen ergibt sich:

$$\sigma_{q,\,\text{tang}} = \begin{cases} -28{,}3\left(1 + \dfrac{15\,178}{r^2}\right) & \text{beim Montagezustand} \\[2mm] -36{,}9\left(1 + \dfrac{15\,178}{r^2}\right) & \text{beim Betriebszustand} \end{cases} \tag{170}$$

während man für die durch den Innendruck q_i hervorgerufenen Radialspannungen

$$\sigma_{q,\,\text{rad}} = \begin{cases} -28{,}3\left(1 - \dfrac{15\,178}{r^2}\right) & \text{beim Montagezustand} \\[2mm] -36{,}9\left(1 - \dfrac{15\,178}{r^2}\right) & \text{beim Betriebszustand} \end{cases} \tag{171}$$

erhält.

In diesen beiden Gleichungen hat r die gleiche Bedeutung wie x in Gl. (169). In Tab. 57 sind die wichtigsten durch den Innendruck q_i erzeugten Spannungen zusammengestellt worden.

Tabelle 57. *Die durch den Innendruck q_i erzeugten Spannungen*

r cm	Nähere Bezeichnung	$\sigma_{q,\,tang}$ in kg/cm²		$\sigma_{q,\,r}$ in kg/cm²	
		M	B	M	B
103,5	Flanschinnenkante . . .	− 68,38	− 89,20	+11,80	+15,39
113,2	Mitte Dichtung	− 61,80	− 80,60	+ 5,21	+ 6,79
118,5	Mitte Lochkreis	− 58,90	− 76,80	+ 2,29	+ 2,99
123,2	Flanschaußenkante . . .	− 56,60	− 73,80	0	0

Die Gesamttangentialspannungen, die sich aus der Beziehung

$$\sigma_T = \sigma_{B\,tang} + \sigma_{q\,tang}$$

berechnen lassen, sind für die wichtigsten Radien in Tab. 58 aufgeführt worden.

Tabelle 58. *Die Gesamttangentialspannungen im Flanschteller. $p = 7$ atü*

r cm	Nähere Bezeichnung	σ_T in kg/cm²	
		M	B
103,5	Flanschinnenkante	− 122,88 − 13,88	− 216,9 + 38,5
113,2	Mitte Dichtung	− 111,65 − 11,95	− 197,35 + 36,15
118,5	Mitte Lochkreis	− 106,50 − 11,30	− 188,30 + 34,70
123,2	Flanschaußenkante	− 102,40 − 10,80	− 181,05 + 33,45

Die oberen Zahlen beziehen sich auf die Ober-, die unteren auf die Unterseite des Flansches.

Beim Zylinder schließlich hat man

$$\sigma_{Bl\,max} = \begin{cases} − 371,2\,m_q + 398,6\,m_m & \text{für den Montagezustand} \\ − 705\ \ \ m_q + 863\ \ \ m_m & \text{für den Betriebszustand} \end{cases} \tag{172}$$

und

$$\sigma_r(P,\,M) = \begin{cases} + 211,2\,(m_m − m_q) − 226,8\,(m_m − 2\,m_q) & M \\ + 401,0\,(m_m − m_q) − 490,7\,(m_m − 2\,m_q) & B, \end{cases} \tag{173}$$

wenn man die bereits mehrfach erwähnten, bei Esslinger tabulierten Funktionen m_m und m_q verwendet.

Tab. 59 enthält für $x = 0 − 36$ cm die so berechneten Längs- und Ringspannungen infolge Biegung; hierbei bedeutet x die von der Flanschunterkante aus gerechnete Länge auf der Erzeugenden des Zylinders.

Tabelle 59. *Längs- und Ringspannungen im Zylinder auf Grund der Biegung.*
$p = 7$ atü

βx	x	$\sigma_{Bl\,max}$ in kg/cm²		σ_r (P,M)	
	cm	M	B	M	B
0	0	398,6	863,0	$-15,6$	$-89,7$
0,25	4,5	306,0	681,7	$+32,0$	$+27,0$
0,50	9,0	220,1	496,0	$+57,75$	$+95,0$
0,75	13,5	146,5	349,0	$+67,59$	$+127,0$
1,00	18,0	87,9	220,9	$+67,09$	$+134,1$
1,25	22,5	43,4	121,1	$+60,06$	$+125,4$
1,50	27,0	12,4	48,9	$+50,23$	$+107,7$
1,75	31,5	$-7,68$	0,3	$+39,26$	$+86,68$
2,00	36,0	$-19,1$	$-29,15$	$+28,79$	$+65,42$

In Abb. 96 sind die Längsspannungen $\sigma_{Bl\,max}$, in Abb. 67 die Ringspannungen σ_r in Abhängigkeit von x für Montage- und Betriebszustand aufgetragen worden. Wir wollen hier nun nicht zum Vergleich mit den Messungen den Verlauf der ganzen Verzerrungen ε bestimmen, sondern nur die Werte, die unmittelbar mit Meßwerten verglichen werden können. An einem Beispiel für die Verzerrung ε_{Ni} sei die Art der Berechnung erläutert. Für $x = 30$ mm ergeben sich in der *Innen*faser des Gußeisens die folgenden Werte der Spannung $\sigma_{Bl\,max}$ nach Abb. 96

$$\sigma_{Bl\,max} = \begin{cases} -728\,\text{kg/cm}^2\ B \\ -336\,\text{kg/cm}^2\ M \end{cases}$$

Die Längsspannung durch den Innendruck p beträgt nach Gleichung

$$\sigma_l = 67,9\ \text{kg/cm}^2 \quad (167)$$

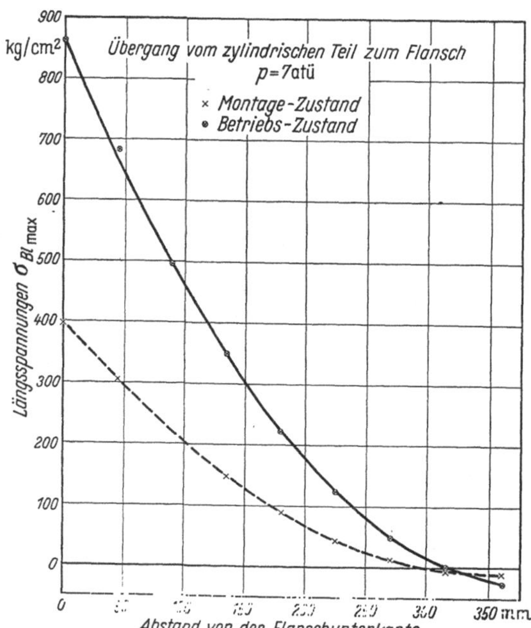

Abb. 96
Die Längsspannungen $\sigma_{Bl\,max}$ nach R. V. BAUD für einen 6000 l ge. em. Rührwerkskessel Übergang vom zylindrischen Teil zum Flansch

Für den Vergleich mit den Meßwerten, die der Beanspruchung durch den Innendruck *allein* entsprechen, müssen bekanntlich die Biegespannungen des Montagezustandes von der Summe der Biegebeanspruchungen des Betriebszustandes und der Längsspannungen durch Innendruck abgezogen werden, was im folgenden durch J symbolisiert wird, so daß sich ergibt

$$\sigma_{Bl\,\mathrm{max}} = -728 + 336 + 67{,}9 = -324{,}1 \ \mathrm{kg/cm^2} \quad J$$

Eine entsprechende Auswertung für die Ringspannung liefert

$$\sigma_r(P, M) = \begin{cases} -11 \ \mathrm{kg/cm^2} & B \\ +18 \ \mathrm{kg/cm^2} & M \end{cases}$$

$$\sigma_r = +142{,}8 \ \mathrm{kg/cm^2} \tag{167}$$

$$\sigma_r = -11 - 18 + 142{,}8 = +113{,}8 \ \mathrm{kg/cm^2} \quad J$$

Daher bekommt man für die Verzerrung ε_{Ni} mit $E = 0{,}53 \cdot 10^6 \ \mathrm{kg/cm^2}$ und $\nu = 0{,}174$

$$\underline{\underline{\varepsilon_{Ni}}} = 1{,}8875 \cdot 10^{-6} \, (-324{,}1 - 0{,}174 \cdot 113{,}8) = \underline{\underline{-649 \cdot 10^{-6}}}$$

Die Messung (M. St. 44) liefert

$$\underline{\underline{\varepsilon_{Ni}}} = -681 \cdot 10^{-6}$$

Bei der Berechnung der Verzerrungen, die dem Montagezustand entsprechen, bedarf es natürlich nur der üblichen Superposition von Längs- und Ringspannung auf Grund der Biegung für den Montagezustand. In Tab. 60 sind die Meßwerte und die nach Baud berechneten Werte der Verzerrungen für den Zustand J, in Tab. 61 für den Montagezustand zusammengestellt worden.

Wir kommen nunmehr zur Kritik der Rechenergebnisse. Aus Tab. 60 ersieht man, daß die Übereinstimmung zwischen Meß- und Rechen-

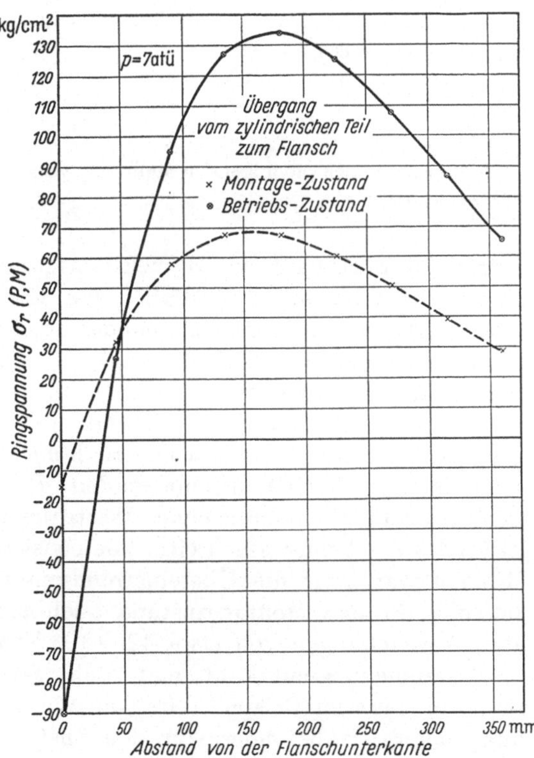

Abb. 97. Die Ringspannungen $\sigma_r(P, M)$ nach R. V. Baud für einen 6000 l ge. em. Rührwerkskessel

Tabelle 60. *Vergleich der gemessenen und nach der Theorie von Baud berechneten Verzerrungen für den Zustand J (Innendruck allein)*

x in mm Abstand von der Flanschunterkante	$\varepsilon_{Ni} \cdot 10^6$		$\varepsilon_{Na} \cdot 10^6$		$\varepsilon_{Ta} \cdot 10^6$		$\varepsilon_{Ti} \cdot 10^6$	
	Rechnung	Messung	Rechnung	Messung	Rechnung	Messung	Rechnung	Messung
30	-649	-681	—	—	—	—	—	—
116	-343	-423	$+506$	$+352$	$+269$	$+277$	$+226$	$+272$*
202	-99	-122	—	—	—	—	—	—
288	$+54$	$+53$	—	—	—	—	—	—

* Hier sind noch die folgenden Meßwerte vergleichbar (vgl. Abschn. III, Tab. 13): 312, 245, 265, 220 und $236 \cdot 10^{-6}$, alle positiv.

Tabelle 61. *Vergleich der gemessenen und nach der Theorie von Baud berechneten Verzerrungen für den Montagezustand (M)*

x in mm Abstand von der Flanschunterkante	$\varepsilon_{Ni} \cdot 10^6$		$\varepsilon_{Na} \cdot 10^6$		$\varepsilon_{Ta} \cdot 10^6$		$\varepsilon_{Ti} \cdot 10^6$	
	Rechnung	Messung	Rechnung	Messung	Rechnung	Messung	Rechnung	Messung
30	-641	-225	—	—	—	—	—	—
116	-317	-180	$+317$	$+165$	$+62$	$+25$	-62	-60*
202	-100	-25	—	—	—	—	—	—
288	$+9,5$	$+15$	—	—	—	—	—	—

* Hier sind noch die folgenden Meßwerte vergleichbar: $+20$, $+35$, $+20$, $+75$ und $-55 \cdot 10^{-6}$.

werten im Zustand J bei Berücksichtigung der Meßgenauigkeit gar nicht sehr schlecht ist; lediglich die Längsdehnungen der Außenfaser (ε_{Na}) weichen stark voneinander ab. Demgegenüber klaffen beim Montagezustand, wie Tab. 61 zeigt, Messung und Berechnung weit auseinander. Es scheint also so zu sein, daß sowohl im Montage- als auch im Betriebszustand die Spannungen und Verzerrungen infolge der relativ zur MÜLLERschen Theorie hohen Biegemomente M, absolut genommen, zu hoch bestimmt werden, daß sich aber durch Subtraktion der einander entsprechenden Werte des Betriebs- und des Montagezustandes die Fehler gegenseitig kompensieren. Nach der Theorie von MÜLLER war zwar die Übereinstimmung zwischen Berechnung und Messung für den Montagezustand auch nicht gerade ausgezeichnet, aber Abweichungen von etwa $420 \cdot 10^{-6}$ treten nicht auf.

Zusammenfassend kann man wohl sagen, daß die Theorie von BAUD in unserem Beispiel durchaus Werte von richtiger Größenordnung liefert; insbesondere für den Zustand J (*Beanspruchung durch den Innendruck allein*) ist die Übereinstimmung zwischen Berechnung und Messung gut, *wenn auch hier, ähnlich wie es sich nach der Theorie von Müller ergibt, die Emailfaser eine stärkere Stauchung erfährt als die Innenfaser des Gußeisens.* Für den Montagezustand liefert die BAUDsche Theorie absolut genommen zu hohe Beanspruchungen, während die MÜLLERsche Theorie besser mit den Messungen übereinstimmt. Mit diesem Ergebnis müssen wir uns begnügen, aber damit können wir auch zufrieden sein. Wir müssen nämlich bei allen diesen Vergleichen immer wieder berücksichtigen, *daß das Gußeisen inhomogen ist, und daß die Außenfaser des Emails und die Innenfaser des Gußeisens* nicht notwendigerweise die gleiche Verzerrung erleiden müssen. Wir werden ferner aus dem folgenden Anhang entnehmen, daß bei anderen Flanschtheorien sehr große Abweichungen sowohl voneinander als auch von der Messung auftreten, wobei es sich mitunter um die Größenordnung einer Zehnerpotenz handelt.

3. Kurzer Überblick über andere Flanschtheorien

Nachdem die Meßergebnisse mit den Rechenergebnissen zweier verschiedener Flanschtheorien verglichen worden sind und bei vergleichbaren Werten (nämlich den Verzerrungen der *Außen*faser) eine innerhalb der Meß- und Rechengenauigkeit genügend genaue Übereinstimmung festgestellt worden ist, könnten wir uns im Rahmen dieser Darstellung mit dem Erreichten begnügen. Es ist aber vielleicht angebracht, für den Leser, der sich eingehender mit den Flanschtheorien zu beschäftigen wünscht, als es für unsere Zwecke hier nötig oder angemessen ist, eine kurze Übersicht über die verschiedenen anderen, hier nicht benutzten Flanschtheorien zu geben. Dabei müssen wir uns allerdings bei diesem Gegenstand, der der Zielsetzung dieses Buches ferner steht, relativ kurz fassen.

E. SCHULZ und A. SCHILLER [*64*] haben im Jahre 1935 einen zusammenfassenden Überblick über die Berechnung von Flanschverbindungen gegeben. Sie schreiben in der Einleitung ihres Aufsatzes:

Soweit uns nicht die Normung von der Mühe der rechnerischen Prüfung der Flanschverbindungen enthebt, werden auch heute noch Flanschen zum größten Teil nur auf Grund von Näherungsverfahren berechnet oder unter Anlehnung an im Betrieb bewährte Ausführungen entworfen. Für hohe Drücke, hohe Temperaturen und *große Durchmesser* bleiben diese Konstruktionswege unzureichend. Eine genügend genaue Kenntnis sowohl der auftretenden Höchstbeanspruchungen wie auch des Spannungs*verlaufes* im Flansch ist erwünscht, da man möglichst von den sonst üblichen Sicherheitsbeiwerten freikommen will.

Nach mehr als 20 Jahren ist die Wahrheit dieser Zeilen immer noch unbestreitbar. Gerade der oben untersuchte 6000 l-Kessel ist ein gutes Beispiel dafür: Es handelt sich um einen Kessel großen Durchmessers und die Kenntnis des Spannungsverlaufes im Flansch ist deshalb wichtig, weil daraus der Dehnungsverlauf erschlossen werden und mit dem gemessenen Dehnungsverlauf des Emails verglichen werden kann; denn nur durch die Untersuchung des *gesamten* Verlaufes der Verzerrungen im Gußeisen sowohl wie im Email kann man hoffen, Aufschlüsse über das Verhalten des Emails zu bekommen.

Schulz und Schiller teilen die Verfahren zur Berechnung von Flanschverbindungen in 2 Hauptgruppen ein, von denen die erste die Näherungsverfahren umfaßt, die unter sehr vereinfachenden Annahmen auf elementare Fälle der Festigkeitslehre zurückführen, während die andere Hauptgruppe von der genaueren Theorie der Durchbiegung kreisförmiger Platten ausgeht. Zur ersten Gruppe gehören die Arbeiten von Bach, Crocker-Sanford, Tanner und Dubs [65], zur zweiten Gruppe die Verfahren von Waters und Taylor [66], Timoshenko und Holmberg und Axelson [67].

Timoshenko geht von der Biegungstheorie des unendlich langen Rohres aus und findet aus der Bedingung, daß sich Flansch und Rohr um den gleichen Winkel drehen müssen, für das an der Flanschinnenkante angreifende, auf die Umfangseinheit bezogene Gegenmoment M_0 folgende Beziehung

$$M_0 = \frac{P'}{2}\,(K-1)\,\frac{1}{1 + \dfrac{\beta\,s_1}{2} + \dfrac{s_1^3}{s_3^3}\,\dfrac{\ln K}{\beta\,d_2}} \tag{176}$$

Hierbei bedeutet:

$K = \dfrac{d_4}{d_1}$

d_4 Kesseldurchmesser bis zur Flanschaußenkante

d_1 Kesseldurchmesser bis zur Flanschinnenkante

d_2 Kesseldurchmesser bis zur Wandungsmitte des zylindrisch gedachten kegelförmigen Teiles

s_1 Flanschhöhe (dicke)

s_3 Mittlere Wandstärke des als Zylinder gedachten kegelförmigen Rohransatzes

$\beta = \sqrt[4]{\dfrac{3\,(1-v^2)}{s_3^2\,r_1^2}} \qquad r_1 = \dfrac{d_1}{2}$

P' Gleichwertige Schraubenkraft $= \dfrac{2\,P\,a'}{d_4 - d_1}$

P Schraubenkraft $= 1{,}4 \cdot$ Flüssigkeitsdruck $= 1{,}4\,p\,\pi\,r^2$

r Kesselradius bis zur Mitte der Dichtung

a' Abstand Mitte Lochkreis — Mitte Dichtung

Für die an der Flanschinnenkante angreifende auf die Umfangseinheit bezogene Schubkraft V ergibt sich

$$V = \beta\,M_0 \tag{177}$$

für den Drehwinkel von Flansch bzw. Rohr an der Flanschinnenkante

$$\varphi = \frac{6\,M_0}{\beta\,E\,s_3^3}, \tag{178}$$

für die axiale Biegespannung am Übergang vom Flansch zum Ansatz
(Rohr bzw. Zylinder)

$$\sigma_b = \frac{6\,M_0}{s_2^2} \qquad s_2 = \text{Wandstärke des zylindrischen Teiles} \qquad (179)$$

und schließlich für die Umfangsspannung an der Flanschinnenkante

$$\sigma_{ti} = \frac{3\,P'(K-1)}{\pi\,s_1^2\ln K}\left[1 - \frac{1 + \dfrac{\beta\,s_1}{2}}{1 + \dfrac{\beta\,s_1}{2} + \dfrac{s_1^3}{s_3^3}\dfrac{\ln K}{\beta\,d_2}}\right] \qquad (180)$$

Gl. (176) für das Gegenmoment M_0 ähnelt in ihrem Aufbau Gl. (45)
nach der Theorie von W. MÜLLER. Hier wie dort erweist sich der
Quotient M_0/P bzw. M_0/P' als eine *nur* von den geometrischen Abmessungen und der Querkontraktionszahl v abhängige Konstante,
hier wie dort ist M_0 die einzige, statisch unbestimmte Größe, die durch
die Bedingung, daß die Drehwinkel von Flansch und Rohr übereinstimmen müssen, bestimmt wird. Aber die Schraubenkraft P (nach
SCHWAIGERER) stimmt nicht mit der *gleichwertigen Schraubenkraft P'*
überein; bei der Bestimmung von P' fehlt die sorgfältige Berücksichtigung der Stoffkenngrößen des Dichtungswerkstoffes. Ferner ist bei
der Theorie von TIMOSHENKO nicht die Mitte der Dichtung als Bezugs-
punkt (nämlich für die Ermittlung von Drehwinkel φ und Dreh-
moment M_0) genommen, was seinen Ausdruck darin findet, daß der
Kesseldurchmesser bis zur Mitte der Dichtung nicht explizite in
Gl. (176) auftritt. Die Größe β bei TIMOSHENKO ist nahezu gleich der
Größe λ/a_0 nach MÜLLER-ESSLINGER bzw. β nach BAUD mit dem
(geringfügigen) Unterschied, daß TIMOSHENKO den in die Gleichung
für β eingehenden Radius r nicht bis zur Wandungsmitte, sondern nur
bis zur Wandinnenkante rechnet. Gl. (177) entspricht dem ersten
Glied in Gl. (175). Auch die Formeln für den Drehwinkel φ nach Ess-
LINGER und nach TIMOSHENKO zeigen naturgemäß Ähnlichkeit miteinander, wie wir sogleich bei der numerischen Berechnung von φ nach
der Theorie von ESSLINGER sehen werden. Der Ausdruck für σ_B
schließlich entspricht vollkommen der ersten Gl. (28) für $N = p = 0$.

Bei der nun folgenden numerischen Ausrechnung können wir uns
wohl die Angabe der aus der Kesselzeichnung abgegriffenen Werte
ersparen, da diese Werte schon wiederholt angegeben wurden. Als
Endergebnisse bekommt man im einzelnen

$$\beta = 0{,}0577 \ \text{cm}^{-1}$$

$$K = 1{,}191$$

$$1 + \frac{\beta\,s_1}{2} + \frac{s_1^3}{s_3^3}\frac{\ln K}{\beta\,d_2} = 1{,}286$$

$$P = 1{,}4 \cdot 7 \cdot 3{,}14 \cdot 1{,}282 \cdot 10^4 = 3{,}95 \cdot 10^5 \text{ kg}$$

$$P' = 1{,}059 \cdot 10^5 \text{ kg}$$

$$M_0 = 1{,}012 \cdot 0{,}778 \cdot 10^4 = 7870 \text{ cm kg/cm} \tag{176}$$

$$V = 0{,}0577 \cdot 7870 = 454 \text{ kg/cm} \tag{177}$$

$$\varphi = \frac{6 \cdot 7{,}87}{5{,}77 \cdot 1{,}213} \cdot 1{,}8875 \cdot 10^{-6} = 1{,}274 \cdot 10^{-2} \tag{178}$$

$$\varphi = 43{,}8' = 0{,}73°$$

Nach der Theorie von MÜLLER-ESSLINGER erhält man für den Drehwinkel φ

$$[\varphi]_{x=0} = \left[\frac{dw}{dx}\right]_{x=0} = \frac{\lambda}{a_0}(K_2 - K_1) = \frac{\lambda}{a_0}\left[M_0 \frac{a_0^2}{2\,\lambda^2}\,\frac{12\,(1 - \nu^2)}{E\,s^3} + \frac{p\,a_0^2}{E\,s}\right] \tag{181}$$

Das Glied $M_0 \dfrac{a_0}{\lambda}\,\dfrac{6}{Es^3}\,(1 - \nu^2)$ stimmt bis auf den Subtrahenden $\nu^2 = 0{,}0308$ mit Gl. (178) überein. Numerisch ergibt sich

$$[\varphi]_{x=0} = 4{,}895 \cdot 10^{-3}$$

$$[\varphi]_{x=0} = 16{,}8' = 0{,}28°$$

$$\sigma_b = \frac{6 \cdot 7870}{22{,}09} = 2139 \text{ kg/cm}^2 \tag{179}$$

$$\sigma_{ti} = 79{,}5 \text{ kg/cm}^2 \tag{180}$$

Aus einem Vergleich mit der Theorie von MÜLLER-ESSLINGER (vgl. Tab. 15, Spalte $6M/s^2$, 1. Zeile), aber auch mit der von BAUD (vgl. Tab. 59, 4. Spalte, 1. Zeile) ersieht man, daß die maximale Biegespannung σ_b nach TIMOSHENKO viel zu hoch ist; die Tangentialspannung σ_{ti} ergibt sich dagegen in der richtigen Größenordnung (vgl. Tab. 16, 5. Spalte, 1. Zeile).

Zu erwähnen bleiben noch einige neuere Flanschtheorien und Berechnungsverfahren, insbesondere die *Berechnung der Flanschverbindungen im Behälter- und Rohrleitungsbau* nach SCHWAIGERER. Wir haben uns oben schon zur Berechnung der Schraubenkraft der von SIEBEL und SCHWAIGERER entwickelten Methode bedient und gesehen, daß die so berechneten Verzerrungen durchaus richtig herauskommen. Der mathematische Ansatz, den SCHWAIGERER für die radiale Ausbiegung (y) des Zylindermantels in Gl. (18) seiner Untersuchung macht, stimmt naturgemäß vollkommen mit unserem Ansatz in Gl. (38) überein. Aber die Randbedingungen sind bei SCHWAIGERER andere. Die mathematische Schnittstelle $x = 0$ ist bei SCHWAIGERER nicht die Flanschunterkante, sondern die höchstbeanspruchte Stelle, an der es bei stetiger Steigerung der Schraubenkraft zur Ausbildung eines *plastischen Gelenkes* kommen soll. Auch bei der weiteren Aufstellung einer Festigkeitsbedingung für Flansche nimmt SCHWAIGERER an, daß der vollplastische Zustand erreicht ist. Dies ist natürlich für unser Beispiel des 6000 l-Kessels bei den in Frage kommenden Beanspruchungen und Drucken nicht der Fall; wir haben ja schon in Abschn. III gesehen, daß bei allen Meßstellen ein linearer Zusammenhang zwischen Verzerrung und Innendruck besteht, so daß also in dem untersuchten Druckbereich keine bleibenden Verformungen auftreten. In den analytischen Ausdrücken für die Axialspannung σ_r und die Umfangsspannung σ_u kommen die beiden Unbekannten, nämlich der Drehwinkel φ_0 (an der Stelle $x = 0$) und die Konstante c vor, die durch die Beziehung

$$y_0 = \text{Radiale Ausbiegung an der Stelle } x = 0; \qquad y_0 = \varphi\, c$$

miteinander verknüpft sind. Nun sind von vorneherein weder φ noch c, noch die Lage der höchstbeanspruchten Stelle bekannt, falls man über diese keine Annahmen macht. Die SCHWAIGERERschen Gln. (24) und (26) hängen also etwas in der Luft, weil die mathematische Behandlung des Flanschtellers entweder als Kreis-, Kreisringplatte oder einfach als Kreisring fehlt. Vermutlich ist diese Art der Behandlung bei SCHWAIGERER auch gar nicht beabsichtigt, weil er die Ableitung einer Festigkeitsbedingung für Flansche im Auge hat. Für unsere Zwecke genügen indessen die Gln. (24) und (26) nicht; denn sie gestatten nicht ohne zusätzliche Annahmen die Spannungen zu berechnen. Allerdings könnte man durch Heranziehung zweier Messungen an zwei verschiedenen Meßstellen die beiden unbekannten Konstanten bestimmen, aber dies würde den in diesem Buch befolgten Grundsätzen zuwiderlaufen, nach denen sowohl die Messungen als auch die Berechnungen einzeln und als Ganzes für sich betrachtet und ausgewertet und erst danach miteinander verglichen werden.

Neuerdings hat H. JUNG [68] einen Beitrag zur Berechnung von Rohrflanschverbindungen geleistet, der sich dadurch vor den anderen Flanschtheorien auszeichnet, daß die Schraubenkraft P zusammen mit dem einen statisch unbestimmten Moment M_i bestimmt wird, das am Dichtkreisradius des als Platte aufgefaßten Flanschtellers wirkt, und mit dem anderen statisch unbestimmten Moment M_0, das an der Flanschunterkante in der Mitte des kegelförmigen Ansatzes angreift. Die Kreisringplatte wird in einen äußeren, elastisch gelagerten, und in einen inneren Ring unterteilt, der unter konstanter Belastung durch den Innendruck steht. Die Stetigkeitsbedingungen an der Grenzfaser beider Ringe und die Bedingung der Neigungswinkelgleichheit für den inneren Kreisring und den Flanschhals liefern die notwendigen

Gleichungen zur Bestimmung der drei statisch unbestimmten Größen. Wendet man die Theorie auf unser Beispiel an, so erhält man für die Schraubenkraft im Betriebszustand einen Wert, der innerhalb einer Genauigkeit von wenigen Prozent mit dem von uns benützten Wert übereinstimmt, der nach der Methode von Siebel-Schwaigerer berechnet wurde. Für die Momente ergeben sich jedoch Werte, die mindestens eine Zehnerpotenz höher liegen als der Wert M_0 nach W. Müller. Wir haben daher davon Abstand genommen, die Theorie von Jung so ausführlich darzustellen wie die Theorie von Müller-Esslinger und von Baud.

Schrifttum

Einleitung

[1] PETZOLD, A.: Email. Berlin: VEB-Verlag Technik 1955.

[2] DIETZEL, A., u. K. MEURES: Sprechsaal Keram., Glas, Email Coburg Bd. 66 (1933) H. 44, S. 746/52.

[3] BLAKELY, A. M.: J. Amer. ceram. Soc. Bd. 21 (1938) H. 7, S. 239/51.

[4] JONES, R. A., u. A. J. ANDREWS: J. Amer. ceram. Soc. Bd. 31 (1948) H. 10, S. 274/79.

[5] KERSTAN, W.: Glas-Email-Keramo-Technik Bd. 4 (1953) H. 1, S. 9/13.

[6] WALTON, J. D. jr.: J. Amer. ceram. Soc. Bd. 37 (1954) H. 3, S. 153/60.

[7] ESSLINGER, MARIA: Statische Berechnung von Kesselböden. Berlin/Göttingen/Heidelberg: Springer 1952.

[8] MEISSNER, E.: Stodola-Festschrift 1929, S. 406.

[9] FLÜGGE, W.: Statik und Dynamik der Schalen. Berlin: Springer 1934.

[10] GECKELER, J.: Forsch. Gebiete Ingenieurwes. Bd. 276 (1926) S. 2/52.

[11] SCHILHANSL, M.: Wasserkr. u. Wasserwirtsch. Bd. 36 (1941) H. 7, S. 161 ff.

I. Das Meßverfahren

[12] BOITEN, R. G. in FINK, K.: Grundlagen und Anwendungen des Dehnungsmeßstreifens, S. 86. Düsseldorf: Stahleisen 1952.

[13] BOITEN, R. G. in FINK, K.: Grundlagen und Anwendungen des Dehnungsmeßstreifens, S. 105. Düsseldorf: Stahleisen 1952.

II. Die Bedeutung der wichtigsten Festigkeitsstoffwerte für die Bestimmung der Beanspruchung

[14] PETZOLD, A.: Email, S. 58. Berlin: VEB-Verlag Technik 1955; vgl. auch DIETZEL, A., u. W. STEGMAIER: Ber. dtsch. keram. Ges. Bd. 29 (1952) H. 5, S. 178/83.

[15] VIELHABER, L.: Emailtechnik, 2. Aufl., S. 142. Düsseldorf: Deutscher Ing.-Verlag 1953.

[16] MAURER, E.: Kruppsche Mh. Bd. 5 (1924) H. 7, S. 115; vgl. auch JUNGBLUTH, H.: Stahl u. Eisen Bd. 44 (1924) H. 48, S. 1522/24; WELLINGER, K., u. H. UETZ: Das Industrieblatt Bd. 51 (1951) H. 11, S. 291.

[17] DIETZEL, A., u. H. LEMME: Sprechsaal Keram., Glas, Email Coburg Bd. 83 (1950) H. 1, S. 5.

[18] STUCKERT, L.: Die Emailfabrikation, 2. Aufl., S. 248. Berlin: Springer 1941.

[19] SCHLECHTWEG, H.: Gießerei, Techn.-wiss. Beih. 1955, H. 15, S. 801/03.

[20] DIETZEL, A., u. K. MEURES: Sprechsaal Keram., Glas, Email Coburg Bd. 66 (1933) H. 44, S. 746/52.

[21] PETZOLD, A.: Email, S. 360. Berlin: VEB-Verlag Technik 1955.

[22] PETZOLD, A.: Email, S. 229. Berlin: VEB-Verlag Technik 1955.

[23] Zitat nach Keram. Rdsch. Bd. 45 (1937) H. 46, S. 533.

[24] JOHNSON, A. M., u. J. J. CANFIELD: J. Amer. ceram. Soc. Bd. 25 (1942) H. 1, S. 29.

[25] RICHARD, K.: Werkstoffe u. Korrosion Bd. 2 (1951) H. 12, S. 457/61.

[26] PETZOLD, A.: Email, S. 231. Berlin: VEB-Verlag Technik 1955.

[27] SCHAEFER, CL., u. H. NASSENSTEIN: Z. Naturforsch. Bd. 8a (1953) H. 1, S. 90/96.

[28] STUCKERT, L.: Die Emailfabrikation, 2. Aufl., S. 20. Berlin: Springer 1941.

III. Auswertung von Dehnungsmessungen

[29] KOLLER, S.: Graphische Tafeln zur Beurteilung statistischer Zahlen, 3. erg. Aufl., S. 10/11. Darmstadt: Steinkopff 1953.

[30] KOLLER, S.: Graphische Tafeln zur Beurteilung statistischer Zahlen, 3. erg. Aufl., S. 48/49. Darmstadt: Steinkopff 1953.

[31] RÖTSCHER, R., u. F. JASCHKE: Dehnungsmessungen und ihre Auswertung, S. 55. Berlin: Springer 1939.

[32] SCHWAIGERER, S.: Z. VDI Bd. 94 (1952) H. 32, S. 1030.

IV. Die Berechnungen (Schalentheorie)

[33] TIMOSHENKO, S.: Theory of plates and shells, S. 1/350. New York u. London: Mc Graw Hill Book 1940.

[34] SIEBEL, E., u. S. SCHWAIGERER: BWK Bd. 2 (1950) H. 2, S. 37/42.

[35] SIEBEL, E., u. F. KÖRBER: Mitt. Kaiser-Wilhelm-Inst. Eisenforsch. 1926, Nr. 8, S. 6.

[36] SIEBEL, E., u. F. KÖRBER: Mitt. Kaiser-Wilhelm-Inst. Eisenforsch. 1925, Nr. 7, S. 119.

[37] MÜLLER, WILHELM: Ingenieur-Arch. Bd. 13 (1942) S. 185/96.

[38] ESSLINGER, MARIA: Statische Berechnung von Kesselböden, S. 42 u. 100. Berlin/Göttingen/Heidelberg: Springer 1952.

[39] SCHWAIGERER, S.: Z. VDI Bd. 96 (1954) H. 1, S. 7/11.

[40] SCHWAIGERER, S., u. F. RÖMER: Mitt. Verein. Großkesselbesitzer 1951, Nr. 15, S. 338/43.

[41] ESSLINGER, MARIA: Statische Berechnung von Kesselböden, S. 57. Berlin/Göttingen/Heidelberg: Springer 1952.

[42] SIEBEL, E., u. S. SCHWAIGERER: BWK Bd. 2 (1950) H. 2, S. 39/40.

[43] TIMOSHENKO, S.: Theory of plates and shells, S. 456/57. New York u. London: Mc Graw Hill Book 1940.

[44] SCHWAIGERER, S.: BWK Bd. 3 (1951) H. 12, S. 411/14.

[45] SCHULZ, E.: Wärme Bd. 59 (1936) H. 43, S. 709/15.

[46] HEIN, G.: Zeitschrift TÜV München Bd. 7 (1955) H. 7, S. 205/11; Bd. 7 (1955) H. 8, S. 246/56.

[47] TIMOSHENKO, S.: Theory of plates and shells, S. 469. New York u. London: Mc Graw Hill Book 1940.

V. Vergleich zwischen Messung und Berechnung (Zusammenfassung aller Ergebnisse und Schlußfolgerungen)

[48] DIETZEL, A., u. K. MEURES: Sprechsaal Keram., Glas, Email Coburg Bd. 66 (1933) H. 44, S. 747.

[49] WALTON, J. D. jr.: J. Amer. ceram. Soc. Bd. 37 (1954) H. 3, S. 156.

[50] TIMOSHENKO, S.: J. opt. Soc. America Bd. 11 (1925) S. 233/55.

[51] BLAKELY, A. M.: J. Amer. ceram. Soc. Bd. 21 (1938) H. 7, S. 245.

[52] WALTON, J. D. jr.: J. Amer. ceram. Soc. Bd. 37 (1954) H. 3, S. 159/60.

[53] TROLTENIER, U.: Unveröffentlichte, den Verfassern freundlicherweise übersandte Mitteilung.

[54] MELAN, E., u. H. PARKUS: Wärmespannungen infolge stationärer Temperaturfelder, S. 106. Wien: Springer 1953.

[55] PETZOLD, A.: Email, S. 246. Berlin: VEB-Verlag Technik 1955.

[56] MELAN, E., u. H. PARKUS: Wärmespannungen infolge stationärer Temperaturfelder, S. 21. Wien: Springer 1953.

[57] FÖPPL, A., u. L. FÖPPL: Drang und Zwang, Bd. II, S. 272. München: Oldenbourg 1928.

[58] MATZ, W.: Berechnung der Ausmauerung stählerner Gefäße, Verfahrenstechnik in Einzeldarstellungen, Bd. 1. Berlin/Göttingen/Heidelberg: Springer 1953.

[59] ESSLINGER, MARIA: Statische Berechnung von Kesselböden, S. 93. Berlin/Göttingen/Heidelberg: Springer 1952.

VII. Anhang

[60] BAUD, R. V.: Schweiz. Arch. angew. Wiss. Techn. Bd. 8 (1942) H. 3, S. 67/76; H. 4, S. 122/29; H. 9, S. 274/88; H. 10, S. 315/22.

[61] BAUD, R. V.: Schweiz. Arch. angew. Wiss. Techn. Bd. 8 (1942) H. 3, S. 67.

[62] ESSLINGER, MARIA: Statische Berechnung von Kesselböden, S. 41. Berlin/Göttingen/Heidelberg: Springer 1952.

[63] WESTPHAL, M.: Z. VDI Bd. 41 (1897) H. 6, S. 169/70.

[64] SCHULZ, E., u. A. SCHILLER: Wärme Bd. 58 (1935) H. 31, S. 493/98; Bd. 58 (1935) H. 32, S. 519/23.

[65] Vgl. dazu DIN 2505 und DIN 2506.

[66] WATERS u. TAYLOR: Mechan. Engng. Bd. 49 (1927) S. 531 u. 1344 ff.

[67] HOLMBERG u. AXELSON: Trans. ASME appl. Mech. Bd. 54 (Januar 1932) H. 2.

[68] JUNG, H.: Österr. Ing.-Arch. Bd. 9 (1955) H. 4, S. 343/52.

Namen- und Sachverzeichnis

Abklingen der Krempenstörung 65
Abkühlen des Kesseleinsatzes 173, 175
Abkühlungsintervall 161
Ableitung 7
Abplatzen des Emails 35, 158
Abstand 45
Adern 22
ANDREWS, A. J. 1, 225
Anhaften des Emails 54
Anordnung der Meßstellen 37 ff.
Ansatz, kegelförmiger 79, 92, 200 f.
Ansprechen, verzögertes 46
Anstrengung 72, 98
Anzeigegenauigkeit 2, 45
Anziehen der Schrauben 89
Asplittkitt 18
Aufbau, chemischer des Emails 1
Aufbrennvorgang 160
Aufgaben 58, 59, 60, 61, 65, 96, 107,
    120, 121, 181—199
Aufgebranntes Grundemail 33
Aufheizung des Kesseleinsatzes 173, 175
Auflagepunkt 149
Aufweitung, radiale 58, 59, 75, 103,105
Ausbeulungen 44, 55
Ausbiegung, radiale 75, 222
Ausdehnungskoeffizient, mittl. kubi-
    scher 7, 22, 33, 34, 160, 168
Ausreckung 44
Ausreißer 42
Ausschlagsmethode 10
Auswertung, statistische 39, 42, 43
— von Dehungsmessungen 37 ff.
AXELSON 220
Axial-dehnungen s. Normalverzerrungen
—-spannungen s. Normalspannungen
—-kraft 161, 162
Azeton 17

BACH, C. 220
Balken 164
BAUD, R. V. 94, 205

Beanspruchung, maximale 127
Behälterdeckel, Festigkeit flachgewölb-
    ter 114, 132
Belastungsprobe 16
Bereich, elastischer 39
Berührungsfaser von Gußeisen und
    Email 174, 176
BESSELsche Diff.-Gl. 4
Beton 9
Betriebs-bedingungen 36
—-dichtungskraft 132
—-zustand 86, 88, 136, 143, 146
Biegemoment 4, 54, 57, 60, 65, 76, 78,
    79, 91, 102, 122
—, radiales 84, 121
—, tangentiales 84, 107, 121
Biegung 11, 164, 172
Bimetallstreifen 163
BLAKELY, A. M. 1, 166, 225
Blasenfreiheit 8, 9
Blatt, negatives 52, 53, 54
Bleigläser 35
Blockschaltbild 10, 11
Boden 2, 50, 62, 65, 67
—-kraft 132
—-krempe 2, 39, 40, 43, 50, 54, 56, 59,
    60, 61, 62, 64, 66, 72
—-mitte 65
—-tasche 38, 69, 71
—-wölbung 71, 73
BOITEN, R. G. 8, 9, 225
Bördelrand 95

CANFIELD, J. J. 35, 226
Clophen 17
CROCKER-SANFORD 220
Cu-Leitung 17
CZOLGOS 35

Deckel 89, 94 ff., 97, 110, 114, 141, 142,
    146, 150
—, starr eingespannter 115, 116 f.

Deckel-rand, radial frei nachgiebiger 119, 127
—-wölbung 110, 118
Deckemail 32, 33, 34, 168, 169, 172
Deformationen 59, 60, 105, 129
Dehnungen 2, 7, 19
Dehnungs-Lemniskaten 49, 51, 52, 53
—-maximum 65
—-meßstreifen 2, 5, 6f., 11
—-messungen 13, 15f.
—-symbole 50, 51
—-spitze 70
Desmokoll 18
DETTMAR, H. K. 2, 5, 66, 92, 180
Dichtung 77, 79, 150, 221
Dichtungs-kennwert 79, 86
—-kreis 78
DIETZEL, A. 1, 20, 23, 33, 35, 160, 225, 226
Differential-Gleichung der beanspruchten Kugelschalen 3, 56
Doppelbrücke 10, 11, 18
Drehwinkel 50, 130
Dreifach-Meßstellen 38, 49
Druck-festigkeit des Emails 169, 178
—-kraft 65, 170
—-Verzerrungs-Diagramm 41, 43
—-vorspannung 35, 170
DUBS 220
Durchbiegung kreisförmiger Platten, Theorie der 77, 220
Durchbruch, zentraler 4, 39, 94, 96, 99, 102, 110, 150

Eichung 11f.
Eigenspannungen 1, 160.
Einbeulungen 44
Einleitung 1—5
Einspann-möglichkeiten 115
—-momente 65
Eisen-oxyde 34, 35
—-stab 11
Email 1, 35, 36, 37, 38, 54, 73, 176
—-faser 5, 74, 175
—-fehler 22, 35, 179
—-schäden 34, 160
Emaillierbarkeit 19
Emaillierung, dünne 170
E-Modul 7, 12, 19, 24, 25, 31, 32, 35f., 58, 68
Empfindlichkeit des Streifens 7
Entfettung 17

Erweichungstemperatur 33
ESSLINGER, M. 2, 3, 4, 56, 60, 63, 66, 70, 73, 76, 94, 102, 104, 130, 180
Exzentrizität der Wandstärken 200

Faser, neutrale 166
Fehlerrechnung 28
Feinmanometer 19
Feinzementschicht 9
Ferritischer Untergrund 21
Festigkeitslehre 19, 56—148
—, nichtlineare 32
Festigkeits-Stoffwerte 19f., 32
Feuchtigkeit 17
Feuchtigkeitsschutz 8
Flachdichtung 79
Flansch 39, 46, 53, 54, 56, 75f., 149, 205ff.
—-ansatz 50, 83
— —, kegelförmiger 92, 200
—-ende 85
—-halbmesser 77
—-hals 35, 79, 180
—-innenkante 221
—-oberkante 75, 83
—-profil 149
—-ring 75
—-schrauben 77, 207
—-stärke (Flanschdicke) 83, 207
—-teller 35, 77, 84, 85, 87, 92, 110, 122, 150
—-theorie 75ff., 120f., 205ff.
—-unterkante 83, 88, 91, 92, 150
—-verbindung, Berechnung 222
FLÜGGE, W. 3, 4, 56
Flüssigkeit, isolierende 16
FÖPPL, A. u. L. 176, 227
Formänderungsfestigkeit 86
Formfaktor 71
Fotografie des Kessels 16, 37
Funktion, logarithmische 174

Galvanometer 9
Geberfaktor 7
GEBERG, A. 2
GECKELER, J. W. 3, 134, 225
Gefüge der Randzone 19, 20f.
— abseits der Randzone 19, 20f.
—-bilder 22, 29, 30
Gegenmoment 220
Gehänge 11
Gelenk, plastisches 223

Genauigkeit des Meßverfahrens 44, 45, 55
Gerade, statistische 41, 43
Geradlinigkeit 30, 69
Gesamt-fehler für DMS 8
——-kraft 206
——-normalkraft 143
——-verlauf der Dehnungen 67
Gläser, technische 35
—, optische 36
Glühen 21
Glühungen 21, 28
Gordon 19
Graphit 20, 21
Grenzwinkel 100, 104
Grundemail 32, 33, 168, 169, 172
Gummikappen 9
Gußeisen 17, 22, 24, 33, 34, 38, 44, 69, 148, 176
——-temperatur 176
Gußpuderemails 1

Haarrisse 1
Haftverhalten 170
Handpreßpumpe 13, 19
Hauptdehnungen 37, 46f., 50f., 73
Hayashi, K. 96, 102, 106
Hein, G. 134, 135, 137, 139, 143, 146
Holmberg 220, 227
Hookesches Gesetz 7, 25, 30, 32, 39, 165
Horizontalkomponente der Bodenkraft 132
Hülse 162
Hyperbel, gleichseitige 169
Hypergeometrische Reihe 3
Hysteresis 8, 9

Inhomogenität des Gußeisens 22, 29, 30, 37, 54, 55, 67, 69, 70, 91, 134
Innendruck 39, 57, 173
Innere Kräfte 57, 59, 63, 69, 77, 87, 95, 96, 100, 105, 106, 118, 124, 135, 137, 141, 145, 146
Integrationskonstanten 203

Jaschke, F. 50, 226
Johnson, A. M. 35, 226
Jones, R. A. 1, 225
Jung, H. 223, 227

Kabelbaum 18
Kennzahl 72

Kern 69
Kerstan, W. 1, 225
Kessel, gußeiserner 6000 l 2, 15f., 19, 55, 58, 59, 60, 61, 65, 96, 107, 211
Kieselglas 35
Kleben der DM 2
Kleber 17, 44
Klebkraft 9
KM-Harz 17
Kohlenstoff-gehalt 19, 21
——-stahl 11
Koller, S. 40, 41
Kompensationsstreifen 7
Konstantan 7
Kontinuität, stoffliche 208
Konvergenz-Methode 105
Koordinatenursprung 44
Korbbogenböden 72
Körber, F. 72, 226
Korrelationskoeffizient 40, 41, 42, 43, 45
Kreis-ring-platte 75, 77
— —-schale 56
——-zylinderschale 57
Krempen-berechnung 4, 58f., 70, 99f., 102, 104, 106
——-halbmesser 57
——-mittelpunkt 71, 104
——-spannungen 66, 67, 72
——-theorie 56, 66, 99ff.
Kriecherscheinungen 8
Krümmung 72
Kugelboden 60, 61
Kunststoffolien 9

Lackträger 7, 9, 11
Längs-kraft 3, 57
——-spannungen 13, 14, 211
——-zugkraft 206
Langzeit-messungen 11
——-versuche 11
Lastdruckspannung 169
Lattengerüst 16, 17, 18
Leimschicht 8
Lemme, H. 22, 23, 225
Lochkreis 77, 85, 150
——-halbmesser 77
Luft 16
——-blasen 12
——-kanal 18

Mannlochrand 98
Manometer 44

Materialkonstanten, elastische 152
Matz, W. 179, 227
Mauerwerk 179
Maurer, E. 21, 22, 225
Meissner, E. 3, 225
Melan, E. 176, 227
Membran-beanspruchung 69, 81, 100, 110
— -kraft 132
— -spannung 66, 81, 98
— -theorie 50, 67, 163
Meridian, projizierter 61, 62, 63, 96
— -schnitt 57
— -spannung 71
Meß-apparatur 9f.
— -brücken 10, 12
— -länge 16
— -stellen, Wahl 37ff., 47, 48
Meures, K. 1, 33, 35, 160, 225, 226
Mindest-druck 44
— -wandstärke 173
Mittel-durchbruch 114
— -ebene der Platte 85, 119
Mn 20, 21, 22, 23, 29
Moment, äußeres 132, 135, 136, 139
Montagezustand 86, 89, 90, 116, 135, 136, 137, 141, 142, 150
Müller, W. 75, 77, 81, 92, 94, 152, 205, 226

Nassenstein, H. 36
Naviersches Geradlinien-Gesetz 167
Neigung der Platte 77
Neigungsänderung 4, 59, 103, 105
Nester 57
Normal-kraft 60, 76, 80, 139
— -spannungen 61, 66, 108, 109, 119, 124, 125, 137, 138, 139, 141, 145, 146, 147, 148, 149, 151
— -verzerrungen 61, 62, 64, 65, 97, 111, 112, 123, 125, 142, 143, 154, 155
Nullpunkt 7, 9, 18, 44, 45
Nullpunktsverhalten 2, 9, 11f., 25, 29, 54

Öffnungswinkel 57
Öl 16, 19
Operator, Meissnerscher 3

Papierträger 6, 9, 11
Paraffin 11, 17
— -überzüge 9

Parkus, H. 176, 227
Perlitzerfall 21
Petzold, A. 34, 36, 225, 226, 227
Phosphidentektikum 22
Phosphor 19, 20, 21, 22, 23
Plattentheorie 56, 77, 119f.
Polarkoordinaten, räumliche 177
Poliermittel 17
Präzisions-Meßbrücken 7
Preß-druck 206
— -ring 206
Pressung 163
Probestab 24, 25
Prüflast 11

Quadrate, Methode der kleinsten 40, 41
Querkraft 3, 100, 134
Querkontraktionszahl 19, 24, 25, 29, 31, 32, 35f., 36, 68, 70, 91, 92

Radiale Aufweitung s. Aufweitung
Radial-kraft 57
— -spannungen 211
Radius der Deckelkrempe 104
Rand, radial fester 116f.
—, — starrer 116f.
— -randbedingungen 99, 100
— -deformationen 126
Reaktionskräfte 161, 162, 206
Rechenmaschine, elektronische 56, 66, 92, 180
Regressionskoeffizient 37, 40, 41, 42, 43, 45, 46, 47, 48
Richard, K. 35, 36, 226
Ringspannungen 210
Risse 9
Rohr, austenitisches 13
—, dickwandiges 68, 174
—, endlich langes 200
—, halbunendlich langes 200
— -bogen 13
— -kraft 78
Rotations-achse 57, 59, 97, 102, 104
— -symmetrisches Problem 57, 69
Rötscher, R. 50, 226
Rückfederung, elastische 173
Rückfederungskurven 25, 26f., 30
Rührwerkskessel s. Kessel, gußeiserner 6000 l

Schaefer, Cl. 36, 226
Schalen konstanter Wandstärke 64, 100

Schalen nichtkonstanter — 64, 101
— -elemente 5
— -punkt 59
— -rand 75
— -theorie 3, 5, 55ff., 64, 66, 74
Schichtdicke des Emails 74
SCHILHANSL, M. 4, 56, 92, 225
SCHILLER, A. 219, 227
SCHLEICHERsche Z-Funktionen 4, 95,
    100, 102, 106, 116, 135
Schmiedeeisen 32
Schmirgelstein 17
Schraubenkraft 78, 86, 132, 135, 149
—, gleichwertige 220
Schrumpfdruck 163, 168
Schubkräfte 3, 206
SCHULZ, E. 127, 151, 219, 227
SCHWAIGERER, S. 55, 71, 72, 85, 98,
    132, 133, 136, 137, 142, 144, 151, 226
Schwankungen, zufällige 46
Schwefel 20, 21, 22, 23
Sicherheit, statistische 40
SIEBEL, E. 70, 71, 72, 73, 74, 98, 130, 226
Silikatglas 35
Silizium (S) 19, 20, 21, 22, 23
SIROVY 35
Spannung, reduzierte 164
Spannungs-prüfer, STEGERscher 1
— -schwankungen 10
— -spitzen 66, 147, 180
— -verlauf, SCHWAIGERERscher 129, 151
— —, E. SCHULZscher 129, 151
— -verteilung, gleichmäßige 163
Speisespannungen, stabilisierte 10
Spezialleim 9
Spitzenspannung 168
Sprödigkeit 9
Stahl 11
Statische Berechnung von Kesselböden
    56f.
Statisch unbestimmte Größe 60, 102,
    105, 128
Stauchungen 19, 27, 28, 31, 43, 46, 54, 55
Steadit 22
Steg 13
STEGMAIER, W. 20, 225
Stoffe, isotrope 167
Stopfbuchse 18
Störungen 67, 74, 83, 150
Streuung der Meßwerte 45
Strukturdiagramm des Gußeisens 21f.,
    22

STUCKERT, L. 24, 37, 225, 226
Stufenkörper 58f., 92, 104, 105, 106
—, zylindrische verschiedener Wand-
    stärke 200
— -verfahren 4, 56
Stutzen, nichtzentrale 54, 159
Stützlinie 72
Sulfide 22

Tangential-kraft 4, 60, 80, 161, 162
— -spannungen 2, 4, 13, 61, 82, 110,
    140, 141, 147, 149, 151
— -verzerrungen 39, 55, 62, 63, 66, 83,
    86, 87, 98, 113, 126, 142, 144, 155,
    158
— —, gleichartige 37, 54f.
TANNER 220
TAYLOR, J. H. 220, 227
Tellerboden 148
Temperatur-gefälle 178
— -koeffizient 7
— -profil 174
— -verlauf 174
Tepic 44, 45
— -länge 62
Thermischer Ausdehnungskoeffizient
    des Emails 1, 19, 32
— — — Trägerwerkstoffs 22, 175
THOMA, D. 4
TIMOSHENKO, S. 56, 101, 134, 137, 139,
    145, 146, 163, 164, 220, 226
Träger-frequenz 9
— -werkstoff 24, 170
Trenn-faser 163
— -schnitt 206, 207
Trockenzeit 9
TROLTENIER, U. 173, 174, 227

Übergang zwischen Deckelkrempe und
    Deckelflanschteller 110, 111, 114,
    125
Übergangsteil, konischer 92, 150, 180
Übertragungsverzögerung 44
Umfangsspannung 221
Undichtigkeiten 19
Unebenheiten 44
Unrundheiten 44, 55
Unterschied der Verzerrungen 156f.

Vaseline 8
Verbiegungen 67
Verbotene Zone 157, 158, 159

Verformung, bleibende 223
Verschiebung, horizontale 127
Vertikalkomponente der Bodenkraft 132
Verzerrungen 45, 142, 153, 156, 159, 175
Verzerrungs-lemniskaten 51, 52, 53, 54
—-richtungen 45
VIELHABER, L. 21, 225
Vollboden 71
Vorspannungen 160, 169
— des Emails 24, 160
—, reduzierte 170

WALTON, J. D. 1, 163, 170, 225, 226, 227
Wandstärke, nichtkonstante 4, 200
Wandstärken-änderungen 92, 205
—-bemessung 167, 169
Wärme-ausdehnungskoeffizient, mittlerer linearer s. Thermischer Ausdehnungskoeffizient
—-leitfähigkeit 1, 174
—-leitungs-Differential-Gleichung 174
—-spannungen 173, 176
— —, maximale 176
WATERS, E. O. 220, 227
Wechsel-spannung 10
—-strombrücken 9, 10
Weichstoffdichtung 86
WEISS, L. 2
Wendepunkt 205

WESTPHAL, M. 209, 227
WHEATSTONEsche Brücke 9
Widerstands-moment 12
—-veränderung 7, 9
Winkeländerung 58
Wölbungs-halbmesser 57
—-höhe 71
Wurzel-dicke 92, 180
—-länge 92, 180

Zementit 21
Zentriwinkel 3, 59, 61
Zerreißfestigkeit 19, 24, 35f., 36
Zufallshöchstwert 42, 45
Zug-festigkeit 35
—-stab 25, 29
—-versuche, am Email 39
— —, am Gußeisen 29, 39, 44, 67, 68, 69, 91
Zuleitungsdrähte 7
Zusammenfassung aller Rechenergebnisse 148—151
Zusammenhang, geradliniger 41
Zusammensetzung des Emails 1
— des Gußeisens 19
Zweiseit 157, 158
Zylinder, dicker 68, 210
—-mantel 63
Zylindrischer Teil 2, 18, 29, 39, 40, 43, 53, 54, 56, 59, 63, 65, 67f.